아인슈타인의 최대 실수

우주물리학에 있어서의 우주학 상수와
적당히 꾸며낸 다른 요소들

도널드 골드스미스

박범수 옮김

東文選

아인슈타인의 최대 실수

Donald Goldsmith
Einstein's Greatest Blunder?

This book was published by arrangement
with Harvard University Press
through Sibylle Books, Seoul

차 례

1

앨리스의 우주 식당

"대폭발 이론은 거대한 실패작인가?"
"허블의 주장에 대한 공방 계속되다"
"우주가 안고 있는 문제점"
"위기에 처한 우주"

최근 들어서 이러한 것들처럼 세상 사람들을 놀라게 만들 수 있는 뉴스 제목들은 전염병이나 폭동에 대한 것과 같은, 좀더 규모가 작은 뉴스들 가운데서 우리에게 주의를 기울여 달라고 시끄럽게 요구해 왔다. 일간 신문이나 주간 잡지의 과학란을 충실하게 읽는 독자들은 우주의 대부분이 '사라져 버린' 것처럼 여겨지게 되거나, 아주 오랜 옛날에도 모든 우주 공간은 빛의 속도보다도 훨씬 더 빠르게 팽창하고 있었다거나, 우주는 그 자체보다도 더 나이가 든 별들을 포함하고 있다고 생각해 볼 수도 있는 가능성들에 직면해 왔다.

전문가는 아니지만 사고력을 가진 사람이라면 누구나, 마침내 천문학자들이 자신들도 감당 못할 정도의 무리한 주장들을 펴온 것이 아닌가 하는 의구심을 가져 보게 되는 것도 당연한 일일 수가 있다. 천문학자들은 일관성 있는 우주의 모습을 제시한 적이 있었던가? 만약 그러한 모습이 제시된다면 그것은 비전문가인 일반 독자들이 이해할 수 있는 어떤 것이 될 수가 있는가? 현재 우리가 갖고 있는 우주의 모습이 내년에는 완전하게 새로 그려지지 않을 것이라는 점을 보장해 줄 수 있는 것으로 우리는 어떤 것을 갖고 있는가?

이 책은 우리에게 친숙한 대폭발 이론에 근거한 우주의 모형이 엄청나게 위험한 것일 수도 있다고 두려워하는 독자들에게 약간이나마 위안을 주고자 하는 의도에서 기획된 것이다. 딱히 그러한 우려를 하고 있지 않은 사람들에게는 우주학에서 어떤 문제들이 가까운 장래에 진짜 위기의 수준으로까지 가게 될 것인지를 올바르게 인식하는 데 도움을 줄 수 있도록, 현재 우리가 이해하고 있는 우주에 대하여 충분한 기본적인 사실들을 제공하게 되길 바란다.

오늘날의 우주학자——우주의 구조 · 기원, 그리고 진화에 대해 연구하는 사람——가 우주의 98퍼센트는 우리가 이제까지 발견해 왔던 그 어떤 물질과도 다른 것으로 구성되어 있다고 주장한다면, 과학자가 아닌 사람은 혼란스러워 마음——그 자신의 것이든, 아니면 우주학자의 것이든——이 동요하고 있음을 느끼게 될 수도 있다. 하지만 이 책의 거의 매장(每章)은 그러한 결론을 담고 있으며, 직관적인 불신을 기꺼이 잠시 유보해 두려 들지 않는 사람은 그 누구도 우주학이 즐거운 학문이 되기를 바랄 수는 없다.

우주의 모형——왜 비가 내리게 되는가, 혹은 무엇이 농작물을 자라게 만드는가 하는 것에 대한 모형과는 달리——은 그 어느것이나 우주는 끝간 데를 알 수 없을 정도의 크기를 가지고 있다는 새로운 사실을 알림으로써, 모닥불을 둘러싸고 모여 앉은 동료들이 감명을 받게 만들었던 최초의 우주학자에게는 명백한 것이 되어왔을 역설적인 상황을 만들어 내게 되는데, 그 당시의 그들이나 오늘날의 우리들이나 그 어느쪽도 우주라는 것이 진정으로 어떠한 것이라는 점을 생각해 낼 수 없다는 것이다. 정의를 내려 본다면, 우주라는 것은 우리가 관측할 수 있는 범위의 그 너머에 존재하는 엄청난 용적의 공간을 포함, 존재하는 모든 것들로 구성되어 있는 것이다. 잠시만 생각을 해봐도 우리의 마음속에 우주를 담을 수 없으리라는 것이 증명될 것이며, 그렇게 해서 우리는 우주 전체의 모습을 그려 볼 수 있게 되는 것이다. 나아가 잠시만 더 생각해 본다면, 인간의 정신이 감당해 낼 수 있는 우주의 그 어떤 모형도 우주 전체를 포함하고 있지는 않다는 사실을 우리는 납득하게 될 것이다. 물리적으로 우리가 우주의 테두리를 벗어나거나, 그렇게 함으로써 우주의 밖에서 우주를 바라볼 수 있게 되길 기대할 수 없는 것과 마찬가지로, 우리는 우리의 마음속에서도 그러한 재주를 부려 보기를 거의 기대할 수 없는 것이다. 우리는 우주에 대한 생각을 우주 안에서 구성해야 하는 운명이다——그것은 우리가 해낼 수 있는 관측뿐만 아니라 우리가 가질 수 있는 생각까지도 지배하는 하나의 법칙인 것이다.

따라서 우리는 우주가 우리의 직관에 맞춰 움직여 주기를 합리적으로 기대할 수가 없다. 지구에서의 제한된 경험들에 의해 형성된 것인 까닭에, 우리가 내리게 되는 직관적 결론들은 하나의 전체로서의 우주에 대해 광범위하게 미치는 진리를 포함하고 있다는 논리적인 주장을 가질 수가 없게 되는 것이다. 그러나 직관적인 것이기 때문에 그 결론들은 불가피하게 논리적이라는 주장을 하게 된다. 과학적인 관점에서 우주학을 이해하고 즐기려는 사람은 누구나 틀에 박히지 않은 것처럼 보이는 가설이, 우주는 어떻게 움직여야만 한다는 우리의 믿음과 단지 들어맞지 않는다는 이유로 인해 그것을 받아들이지 않게 되지 않도록 끊임없이 경계를 해야만 한다.

이것은 하나의 가설이 기괴한 것일수록 그것이 더욱 올바른 것일 가능성이 있다는 뜻은 아니다. 직관에 대한 지나친 주장보다도 한층 더 실수의 여지가 있는 것은, 우주에 관해 나타나게 되는 모든 기발한 가설들을 너무도 쉽사리 수용하는 것이 될 수 있다. 삶의 다른 영역에서와 마찬가지로 이에 대처하는 요령은 대안이 될 수 있는 가설들이 활발한 경쟁——가장 진리일 가능성이 있는 대답을 산출하게 될 경쟁——을 벌이기에 충분할 만큼만 직관에 의한 결론을 유보하는 것이다.

모형 만들기

만약 직관이라는 것이 억제되어야 하는 것이라면 우주에 대한, 서로 경쟁을 벌이고 있는 갖가지 설명들을 판단하기 위해 우주학자들은 어떤 방식을 이용해야 하는가? 제대로 된 모형이나 이론을 판단하는 기준은 기본적으로 네 겹이다.

1) 그것은 우리가 우주에 대해 알고 있다고 생각하는 어떤 것의 한 가지 혹은 그 이상의 측면들에 대해, 아주 확실한 것처럼 보이는 다른 결론들과 모순됨이 없이 일관된 설명을 제공하는 것이어야 한다.

2) 그것은 수학적으로 정확한 것이어야 하며, 우주를 묘사하는 데 일반적으로 적용되는 물리학적 법칙을 벗어나지 않는 것이어야 한다.

3) 그것은 있을 수 있는 특이한 가설들, 즉 이 모형을 다른 것들과 구별지어 주는 특이성들인 '적당히 꾸며낸 요소들'의 수가 가장 적어야만 한다.

4) 그것은 그 모형을 시험해 볼 수 있게 해주는——최소한 이론상으로, 그리고 (훨씬 더 좋겠지만) 실제로——우주에 대한 새로운 결론들을 1개, 혹은 그 이상 제시할 수 있어야 한다. 이 모형이 시험을 통과하게 되는 것은 단순히 그것의 가설로서 내세워진 설명이 이미 우리가 알고 있는 것과 일치되게 하는 것으로서가 아니라, 오히려 우

리가 알고 있지 못한 것을 (한층 더 설득력 있게) 예측하는 것에 의해서이지만, 그것은 계속해서 우리가 그 결론들을 조사하게 될 때 그 모형이 제시하는 것을 발견해 낼 수 있게 되는 것에 의해서이다.

친숙한 예를 한 가지 들어 보면, 아이작 뉴턴에 의해 최초로 정교하게 다듬어진 중력 이론은 이 네 가지 시험 모두를 상당히 훌륭하게 통과했는데, 만약 그렇지 못했더라면 그것은 그처럼 유명해지지 못했을 것이다.(2장) 그것은 우주에서 어떤 일들이 진행되고 있는지에 대해 엄청난 양의 설명을, 그것도 아주 효율적으로 짜임새 있게 해내고 있다. 만약 중력이라는 것으로 모든 수직 낙하를 설명해 낼 수 있다면, 우리는 그것을 설명하기 위해 모든 것을 땅을 향해 잡아당기는 존재로서 우리 눈에 보이지도 않는 땅속의 거인〔troll; 스칸디나비아 신화에 나오는 거인, 혹은 장난꾸러기 난쟁이로 땅속이나 동굴에 산다〕을 불러낼 필요가 없는 것이다. 그밖에도 중력 이론은 우주가 어떠한 것인지를 들여다볼 수 있게 하는 통찰들을 계속해서 제시해 왔다. 이것들은 알베르트 아인슈타인이 뉴턴의 이론은 수정되어야만 한다는 점을 입증해 보일 때까지는 모두 올바른 것으로 증명되었다. 아인슈타인의 일반상대성 이론에서 구체화된 그러한 변화들은 그 4개의 시험 —— 특히 네번째 것 —— 을 우수한 평점으로 통과하게 되는 더 나은 이론을 낳았다.

하지만 이론적인 모형들이 이해에 도달하는 진정 최선의 방법인가? 물은 어째서 골짜기를 향해 흘러가게 되는지를 알아내고 싶다면, 가장 효과적인 절차는 추상적인 방식이 아닌 어떤 개울이나 시내라는 실체를 통해서 직접적으로, 그리고 정확하게 흐르는 물을 연구해 보는 것일 수가 있다. 그러나 이러한 접근 방식은 과학적 탐구의 본질을 놓치게 하는 것이 된다. 고대의 철학자들은 그들 주변의 세상에 대한 관찰이 자연에 관해 많은 사실들을 산출하게 된다는 점——예컨대 바위는 단단하고 물은 부드러우며, 깃털들은 공중에 떠다니지만 빗방울들은 아래쪽으로 낙하하게 된다는 것과 같은——과, 그것은 과학을 구성하게 되는 근본적인 재료들을 제공하게 된다는 점을 재빠르게 간파했다. 그러나 이러한 사실들은 그 자체만으로는 결국 과학자들이 우표 수집이라고 부르는 어떤 것 이상은 되지 못한다. 사실들이 유용하고 의미심장한 것이 되는 것은, 오로지 우리가 그것들 이면에 놓여 있으면서 그것들의 계통을 세워 주고 있는 원칙들을 인식하게 되기 시작하면서부터이다. 좋은 이론이란 우리가 평생 동안 버리지 않고, 온갖 상황에 적용해 볼 수 있는 계통을 세워 주는 원칙을 제공하게 되는 것이다. 그것이 없이는, 찰스 다윈——그 자신도 이론화에 있어서는 결코 게으름쟁이가 아니었던——이 지적한 대로 "자갈 채취장에 들어가서 조약돌의 숫자나 헤아리고, 그것들의 색깔이나 설명하고 있는 것이 차라리 나을" 것이다.

우리들은 누구나 마음속에 그리고 있는 일련의 모형들을 창조해 내게 되는데, 그 각각은 우리가 겪어온 세계의 한 측면을 다루고 있게 되며, 앞서 그 개요를 밝힌 4개의 시험을 우주학자들이 거치게 되는 것과 아주 동일한 방식으로, 우리는 그것들을 일상 생활을 해 나가는 과정에서 끊임없이 시험하고 개량시키게 된다. 그러나 과학에 있어서와 마찬가지로 우리의 일상 생활에 있어서도 계통을 세워 주는 이론을 '발견하기' 위해 지나치게 서두르거나, 우리의 믿음을 일시적으로 중지하고 의심스러운 점이 있다는 것을 인정하기보다 잘못된, 혹은 부분적으로 잘못된 이론을 잡고 늘어지게 될 때 커다란 위험이 생겨나게 된다. 부모들은 그들의 자식들보다 큰 것이 당연하며, 따라서 큰 벌레들은 모든 작은 벌레들의 부모들임에 틀림없다. 절대 그렇지 않다! 공중으로 던져올린 동전은 그 절반에 해당하는 횟수만큼 앞면이 나오게 되며, 따라서 연달아서 5번 앞면이 나왔다면 그 다음 던졌을 때는 앞면보다는 뒷면이 나오게 될 확률이 더 높다. 여전히 그렇지가 않다! (전문 도박꾼들을 부자로 만들어 주는 한 가지 사실이다.)

우리가 마음속에서 그려 보게 되는 모형들의 일부——물은 언제나 골짜기를 향해 아래로 흐른다——는 우리가 보게 되는 것들을 단순히 요약한 것들이다. 그러나 일부는 대단히 '더 심오한' 것이며, 적용하는 데 있어서 통찰이 더욱 풍부하고, 융통성이 있는 것일 수가 있다——중력이 지구의 중심을 향해 잡아당기기 때문에 물은 아래를 향해 흐르게 된다는 것과 같은 것이 그러한 예이다. 이 원칙은 뉴턴의 만유인력의 법칙에 구체화되어 있는 한층 더 보편적인 원칙을 특정한 경우에 적용한 것으로서, 이것은 다른 행성에서도 물은 아래를 향해 흐르지만, 별들이나 행성들과는 멀리 떨어진 우주 공간에서는 물이(만약 존재한다면) 전혀 흐르지 않을 수도 있다는 의미를 함축하고 있다. 뉴턴의 중력 법칙은 중력의 역할에 대해 단지 우리가 지구에서 볼 수 있기 때문만이 아니라, 우리가 직접적으로 접하고 있는 주위 환경을 넘어선 먼 곳에까지 이르는 것에 대해서도 이해할 수 있게 해주는 모형을 창조해 낸다.

물론 계통을 세워 주는 한층 더 위대한 원칙들, 한층 더 심오한 모형들이 뉴턴의 법칙 너머에 자리잡고 있다. 무엇이 중력을 '작용' 하게 하는가? 어째서 중력은 언제나 끌어당기기만 하고 결코 물리치지를 않는가? 아인슈타인의 일반상대성 이론은 이에 대한 설명의 일부를 제공하지만 과학자들은 여전히 이러한 물음들에 대한 완전한 대답, 즉 중력의 효과들을 설명해 낼 뿐만 아니라 다른 것이 아닌 중력이 어떻게, 그리고 왜 이러한 효과들을 만들어 내게 되는가 하는 점까지도 입증해 줄 수 있는 계통을 세워 주는 원칙들을 찾고 있다. 우주 전체를 지배하는 법칙을 이해하고자 하게 되는 이러한 영역들에 일단 우리가 들어서게 되면, 우리는 우리의 경험이 생성시킨 직관은 거의 중요한 것이 되지 못하며, 우리의 무지가 엄청나게 중요한 것이라는 사실을 받아들여야만 한다. 인간보다 열등한 종의 동물들이라면 인간이 우주에 대해 고민을 조금 덜하고, 우리의 다음 끼니에 대해 더 걱정을 하는 편이 낫지 않겠느냐고 결론을 내려 버릴 수도 있겠지만, 우리 인간의 상상력은 다른 장단에 맞춰 움직이는 것이 아니겠는가.

물리학과 우주학에 있어서의 적당히 꾸며낸 요소들

1917년 알베르트 아인슈타인 자신도, 오늘날의 많은 이론가들이 자신들의 '위기들'에 대처하기 위해 시도했던 것과 아주 동일한 방식으로 처리해 냈던 '우주학에 있어서의 위기'에 봉착하게 되었다. 당혹스럽게도 아인슈타인은 자신의 일반상대성 이론의 방정식이 팽창하고 있는 우주, 혹은 수축하고 있는 우주 어느쪽이건 나타낼 수 있는 것이었다는 사실을 깨달았던 것이다. 그 당시에는 아무도 우주가 실제로 팽창하고 있다는 사실을 의심하지 않고 있었기 때문에(아니면 그 문제에 관해 우주가 수축하고 있었다고 상상했거나), 아인슈타인은 자신의 방정식에, 이제는 '우주학 상수'라고 불리는 새로운 용어를 도입했다. 우주학 상수라는 입장에서 보면, 팽창하거나 수축되는 일이 없는 우주의 수학적 모형의 존재가 가능한 것이다. 아인슈타인이 자신의 글에서 밝히고 있는 것처럼, "그것(상수)은 단지 물질의 의사 정지 상태 분포를 가능하게 하려는 목적에서만 필요한 것이다." 몇 년 후, 에드윈 허블이 우주는 팽창하고 있다는 사실을 밝혀

내자(5장) 아인슈타인은 우주학 상수를 자기 생애 '최대의 실수'라고 일컬었다.

하지만 오늘날에는 우주의 팽창에 대한 거듭되는 증명에도 불구하고, 그리고 우주배경복사(6장)의 발견과 측정에 의해 얻게 된 대폭발의 증거에도 불구하고, 우주학 상수는 여러 가지 이론적 모형들에서 여전히 자리를 잃지 않고 있다. 비록 많은 과학자들은 이 상수라는 것이 0과 같은 것이라고(말하자면 존재하지 않는 것이라고) 믿고 있지만, 다른 과학자들은 아인슈타인이 맨 처음 공식화한 기본적인 방정식에서의 0이 아닌 우주학 상수가 그들의 이론 속에서 관측된 결과와 일치된 상태로 유지될 수 있는 것임을 발견했다.

우주학 상수를 놓고 벌어지는 오늘날의 논쟁은 과학이 어떻게 작동하는가에 대한 교과서적 사례를 제공한다. 서로 경쟁을 벌이고 있는 이론들은 과학자들의 마음을 얻기 위한 의사 다윈적 투쟁을 벌인다. 그렇게 하는 과정에서 어떤 이론들은 영원히 소멸하게 되지만, 대다수가 육안으로 확인되는 흔적에 지나지 않는 특징에 대한 창조적 이용법을 발전시킴으로써 새로운 이론으로 발전하게 된다.

이 책에서 나는 '적당히 꾸며낸 요소들'이라는 용어를 사용했는데, 그것은 아인슈타인의 우주학 상수가 그러했던 것과 마찬가지로 이론이 안고 있는 절박한 문제점을 해결하기 위해 수용할 수는 있지만, 심미적인 측면에서는 만족스럽지 못한 방식으로 이론에 도입된 현저한 특징이 되는 요소들을 설명하기 위해서이다. 이것은 '적당히 꾸며낸 요소들'을 어리석은 것이라거나 불필요한 것이라고 얕잡아 본다는 뜻이 아니다. 때때로 그것들은 극도로 유용하거나 옳기까지 하다는 것을 입증하며, 그런 까닭에 나는 이론가들의 우주에 대한 모형들에 있어서 새로운 특징이 되는 요소들을 창조해 내려는 저변에 깔린 동기를 독자들에게 일깨워 주고자 이 용어를 사용하는 것이다.

마치 무정한 스크루지의 선행에 대해 경멸하는 것이 어리석은 것이듯, 마찬가지로 우리는 과학의 세계에 있어서도 이 적당히 꾸며낸 요소들이 때로는 귀중한 것으로 변화하게 된다는 점을 인정해야만 하는 것이다.

이론가들은 거의 단정적으로 우리들 가운데서 가장 창조력이 풍부한 상상력을 지닌 사람들이라고 볼 수 있기 때문에, 그들의 이론들 중 하나를 쓸모없는 것이라고 매장해 버리는 것은, 헤라클레스가 머리가 여럿 달린 히드라〔그리스 신화에서 헤라클레스가 처치한 괴물 중 하나인 머리가 9개 달린 뱀으로, 머리 하나를 자르면 그 자리에서 2개가 생겨났다고 한다〕를 죽이는 것만큼이나 어려운 일임이 증명되어 왔다. 대부분 이론들은 그것들의 창시자들이 죽어 사라져야만 결정적인 죽음을 맞이하게 되는데, 그 이유는 이론가가 어떤 이론이 관측 결과와 일치하지 않기 때문에 실패작으로 여겨 폐기하기보다는 그것을 살려낼 수 있는 변경 사항을 찾아내려 들 정도로, 이론이란 것은 이론가의 마음속 가까운 곳에 자리잡고 있기 때문이다. 아인슈타인과 같은 뛰어난 이론가도 결국 정신적 산물인 자신의 이론을 큰 실수라고 공언하기는 하였지만 우주학 상수가 포함된 자신의 이론을 '살려내기' 위해 한동안 애를 썼던 것이다. 화학자인 조지 월드는 새로운 아이디어가 떠오를 때마다 곧바로 생각을 멈추고 반드시 그것에 대해 한동안 음미해 보았는데, 그 까닭은 그 생각이 잘못된 것으로 밝혀지는 경우가 거의 확실하기 때문이라고 말함으로써 대부분의 이론가들이 직면해 있는 문제점을 잘 요약하고 있다. 오직 위대한 영혼을 가진 이론가만이 의식을 가진 정신 속에서 그토록 단호하게 이러한 태도를 가질 수가 있는 것이다.

과학의 승리는 개인적으로 끌리는 이론에 책임을 지고 있는 개개 과학자들간의 경쟁이 갖고 있는 힘을, 우주에 대한 우리의 전반적인 지식을 진보하게 하는 데 이용해 왔다는 것이다. 우주의 모형을 놓고 벌어지는 오늘날의 전쟁은(그 어느 때보다도 더욱!) 미미한 수정을 통해 자신들의 이론을 살려내 보려는 이론가들의 성향을 포함, 이러한 투쟁의 훌륭한 예를 제공한다.

1991년도 《물리학 평론》에 실린 한 기사에서, 조지 블루멘탈은 몇 가지의 적당히 꾸며낸 요소들이 들어 있으며, 그것들의 가치가 관측 결과에 의해 아직 제한을 받지 않는 우주의 한 모형을, '원하는 것은 무엇이든 시킬 수 있는' 앨리스의 식당에 비유함으로써 이러한 융통성을 개괄적으로 표현했다. 나이가 지긋한 세대의 사람들이 이 일화에서 느낄 수 있는 신랄함은, 이 기사를 훨씬 나이가 어린 동료 학자와 함께 공동 저술했던 블루멘탈이 그의 동료 학자에게 도대체 앨리스의 식당이란 게 무엇인지를 설명해야 했었다는 데 있다. 30세가 조금 지난 그의 공동 저자는, 현재는 우주학 연구를 그만두고 월 가의 금융계에서 일하기 위해 떠난 상태이다.

우리가 알고 있는 우주

이론가들은 우주의 모형들로부터 정말로 그들이 원하는 것은 무엇이든 얻어낼 수 있는 것일까? 이에 대한 대답은 틀림없이 '아니오'인데, 만약 그렇지 않다면 그들은 어떤 모형이 실제 우주와 가장 잘 들어맞는 것인지에 대한 논쟁을 벌일 하등의 이유가 없을 것이니까 말이다. 이론가들은 보다 많은, 혹은 보다 적은 정도로까지 경험적인 관측에 의해 제약을 받는다. 그들이 내세우는 모형들은 전문적으로 관측을 하는 천문학자들이 몇십 년 동안에 걸쳐 애써 축적해 온 것인, 널리 받아들여지는 사실들이라는 극도로 넓은 기본적 사항들을 무시할 수가 없는 것이다.

하지만 관측은 본질적으로 '바탕이 되는' 것을 제공하는 것이고, 이론은 그것들을 '운용하는' 것으로 가정하는 것은 잘못된 일일 것이다. 뒤이어 오게 되는 장(章)들의 곳곳에서 볼 수 있게 되겠지만, 훌륭한 이론들의 대다수가 모순되는 관측 자료들에도 불구하고, 혹은 그러한 자료조차 전혀 없음에도 불구하고 그것들의 입장을 고수해 왔다. 오늘날 우주학에 있어서의 '위기들' 중 몇 가지——별들의 나이 대 우주의 나이를 놓고 벌어지는 충돌과 같은(8장)——는 관측 결과에 들어맞게 단순히 이론을 조정하는 것에 의해서 뿐만 아니라, 우리가 현재 알고 있는 가장 확실하다는 천문학적 '사실들' 중 얼마는 실제로 실수의 여지를 가지고 있다는 점을 인식하는 것에 의해서도 또한 해결될 수 있는 그러한 것들이다.

그렇다면 현재 천문학자들은 합리적인 확실성을 가지고 우주의 구성에 대해서 우리에게 무엇을 말해 줄 수 있을 것인가? 그들은 별들에 관해서, 즉 그 각각이 거대하며 불타는 가스 덩어리로서, 그 중심에서 고온에 의한 핵융합 과정을 통해 에너지를 방출한다는 것(3장)에서부터 이야기를 시작할 것이다. 별들은 은하로 분류되는데, 은하라는 것은 별들끼리 서로간의 중력에 의한 인력으로 수십억 개에서 수조 개에 이르는 별들이 결합되어 있는 집합체들이다.(4장) 지구가 속해 있는 우리은하와 같은 거대한 은하는 10만 광년의 거리에 걸쳐 있으며, 그것은 빛이 1년 동안 진행하는 거리인 6조 마일에 10만을 곱한 거리이다. 만약 우리가 차 쟁반을 가지고 그러한 은하의 모형을 만든다면, 태양은 차 쟁반의 중심에서 가장자리 사이의 절반 정도의 위치에 놓여 있게 될 것이며, 구름이 끼지 않은 밤에 우리의 육안으로 보이는 모든 별들은 태양을 중심으로 3밀리미터 이내의 거리에 자리잡고 있게 될 것이다. 이 모형에서 태양의 행성 9개 모두는 가장 정밀한 현미경을 쓴다 해도 거의 간격이 보이지 않을 정도로 가까이 붙어 있게 될 것이다.

은하들 그 자체는 **은하 무리**라고 불리는 무리를 형성하며, 그 각각은 수천 개나 되는 은하들을 포함하고 있게 된다. 우리은하의 차 쟁반 모형에서 은하들의 국부적인 별무리——우리은하가 속해 있는 작은 집단——에는 수십 개의 차 쟁반들, 파이 접시들, 마시멜로들, 거미줄들의 크기에 해당하는 별무리들이 몇 피트에서 10여 야드의 범위에 이르는 거리가 떨어진 채로 포함되어 있게 된다. 처녀자리성단이라고 불리며, 가장 가까이 있는 대규모의 은하 무리는 그 중심이 우리은하로부터 몇백 야드 떨어져 있고, 그 너비도 그와 비슷한 거리이며, 소규모의 국부적 별무리들과 비슷한, 보다 작은 은하들과 함께 보다 작은 수백 개의 차 쟁반들, 파이 접시들, 그리고 메디신 볼들의 크기에 해당하는 별무리들을 포함하고 있게 된다.(도해 1) 8장에서 보게 되겠지만 현대우주학에서 가장 커다란 논쟁은 이 '몇백 야드' 라는 거리를 보다 정확한 것으로 만들어 보려는, 즉 처녀자리성단의 중심까지의 실제 거리를 결정해 보려는 천문학자들의 시도에 집중되고 있다.

천문학자들은 처녀자리성단 너머에서 코마성단〔처녀자리의 북쪽, 그리고 목동자리(또는 사냥꾼자리)와 사자자리 사이에 자리잡고 있는 작은 별자리. 프톨레마이오스 필라델포스의 딸로서 아름다운 머리칼로 유명했던 베레니케의 이름을 딴 것으로 '베레니케의 머리칼' 이란 뜻이다〕(우리의 모형에서 1마일 정도 떨어져 있는)이나 쌍둥이자리성단(거의 4마일 정도 떨어져 있는)과 같은 더 많은 엄청난 크기의 은하 무리들을 발견하게 된다. 이러한 '보다 가까이 자리잡고 있는' 은하 무리들은 '겨우' 몇억 광년(빛이 1년 동안 진행하는 거리인 6조 마일의 겨우 몇억 배)의 실제 거리를 갖고 있다. 그것들은 그들이 속해 있는 것처럼 보이는 별자리들의 이름을 따서 명명된 것인데, 말하자면 은하 무리들은 그 별자리들을 형성하고 있는 우리은하에 들어 있으며, 가까운 곳에 자리잡고 있는 개별적인 별들과 같은 방향에 놓여 있긴 하지만 그 별들에 대한 몇십 광년이란 거리보다 몇백만 광년이 더 떨어진 거리에 있다는 뜻이다. 천문학자들은 이러한 '가까운 곳에 있는' 성단 너머에서——여기서 사용하고 있는 비례의 모형에서는 50마일, 혹은 그 이상의 거리가 떨어져 있는 것으로 되어 있는——처녀자리성단까지의 거리보다 몇백 배 더 떨어진 거리에 있는 은하 무리들의 정체를 확인해 낼 수 있다.

이러한 성단의 수가 너무도 많고, 또한 너무도 희미하기 때문에 천문학자들은 우리 시계의 가장 멀리 떨어진 경계선에 있는 우주의 위치를 상세하게 천체도로 만들어 내는 일을 아직도 해야 한다. 하지만 최근 몇 년 동안, 천문학자들은 몇억 광년 안의 거리에 존재하는 은하들을 천체도로 만들어 왔다. 그들의 예상과는 반대로, 그들은 천체도만큼이나 광대한 거리에 걸쳐 뻗어 있는 거대한 구조물들(7장)——고리와 판 모양으로 배열된 은하들——을 발견했던 것이다. 이처럼 우주에 있는 물질이 그 자체를 구성해 온 가장 큰 구조물들에 대한 의문점은 여전히 미결정인 채로 남아 있으며, 한층 더 먼 거리에까지 뻗게 되는 천체도 제작의 기획을 기다리고 있는 것이다.

한편 천문학자들은 보다 절박한 우주학적 문제들에 더 관심을 가지고 있다. 현재 가장 주의를 끌고 있는 네 가지 문제들은 다음과 같다.

1) 어떻게 해서 우주는 그것이 시작된 이래, 적어도 이것이 갖고 있는 현재의 연대에 있어서 '겨우' 80억에서 1백30억 년이라는 기간 동안 그처럼 놀라울 정도의 크기를 형성하게 되었는가?(13장)

2) 우주 공간의 팽창, 그리고 대폭발과 함께 시작된 시간은 영원히 계속될 것인가, 아니면 어느 날 우주는 어쩌면 또 하나의 대폭발을 향해 수축하기 시작할 것인가?(9장)

3) 우주의 대부분은 어떤 것으로 구성되어 있는가? 우리는 그것이 눈에 보이는 물질에 중력의 영향을 끼치는 것을 측정해 낼 수 있기 때문에 '물질의 가설적 형태' [전자기 복사를 발출하거나 흡수하지 않는 가설상의 물질로서, 우주에 존재하는 인력의 원인으로 여겨진다]가 존재한다는 것을 알고 있지만, 그것의 형태에 대해서는 아는 바가 전혀 없다.(11 · 12 · 14장) 2)의 질문에 대한 분명한 대답을 함축하고 있게 되는 것이며, 현재 인기를 얻고 있는 우주의 팽창 이론(10장)의 요건을 만족시킬 수 있는 이 사라져 버린 물질은 충분한가?

4) 아인슈타인이 최초로 소개한 '실수' 즉 0이 아닌 우주학 상수에 대한 증거는 어느 정도나 유력한 것인가? 0이 아닌 우주학 상수를 상정하는 것은 일부 이론가들로 하여금 앞선 세 문제에 대한 답을 하는 데 도움을 주는 것이지만, 대부분의 우주학자들은 우주학 상수가 없는(그래서 그들 대부분에게 훨씬 더 만족스러운 것이 되는) 우주에 대한 보다 단순한 개념을 폐기하는 것을 꺼리고 있다.

이 책에서 위의 네 가지 질문 모두에 대한 확실한 답을 하게 되지는 않겠지만, 관측을 전문적으로 하는 천문학자들과 이론을 다루는 우주학자들이 이론과 관측 결과 사이에서 논쟁을 벌이는 것이 우주를 이해하는 데 그리 의미가 없는 것만은 아니었다는 것을 입증해 보이기 위한 시도로서 그 문제들을 다뤄 보겠다. 현재 나타나고 있는 우주의 모형들을 이해하기 위해서는 우리의 정신이 때때로 동요하도록 내버려둘 태세가 되어 있어야만 할 것이다. 이 책을 차근차근 읽어나가는 독자들은 같은 시대를 살아가는 대부분의 다른 사람들보다 현재의 우주학에 대해서 훨씬 더 많은 지식을 얻게 될 것이며, 분명한 것은 그것이 앞으로 더 알아내야 할 것과 비교해 보면 결코 충분한 양의 지식은 되지 못하지만, 그 자체로서는 비교적 대단치 않은 양의 정보로부터 모형들의 제국을 건설해 내는 우리 인간의 능력에 대한 작지만 기념비적인 일인 것이다.

2

중력, 운행, 그리고 빛

빙하 시대 인류의 조상들이 맨 처음 밤하늘에 빛나는 별들을 바라보며 그것들이 무엇일까 궁금해했던 이래로부터 계속해서, 인간들은 지구의 상공을 항해하는 것처럼 보이는 복잡하게 배열된 천체의 빛들을 해석해 내려는 시도를 해왔음이 틀림없다. 역사적 기록에서 우리는 2천 년이 훨씬 넘게 대부분의 인간들이 공통적으로 마음속에 지니고 있는 우주의 모형은 지구가 우주의 중심을 이루고 있는 그러한 것이었음을 알고 있다. 그 어떤 '사실'도 지구는 움직이지 않고 한 자리를 지키고 있고, 반면에 태양과 달, 그리고 별들이 머리 위의 상공을 지나간다는 결론보다 더 분명한——혹은 더 잘못된——것일 수가 없었다.

우주의 중심이라는 왕좌에서 지구를 끌어내린 것에 대한 치하를 받을 자격이 있는 사람은 16세기 학자 니콜라스 코페르니쿠스(1473-1543)였다. 현재는 폴란드 땅인 곳에서 그리 높지 않은 성직자였던 코페르니쿠스는 학생으로서 크라쿠프와 이탈리아에서 보내게 되었던 몇 년 동안 자신이 관심을 가지고 연구했던, 지구가 우주의 중심이라는 모형에 대해 생각을 해보게 되었다. 서기 2세기경에 이집트의 천문학자였던 프톨레마이오스에 의해 새롭게 고쳐진, 이 고대 그리스의 모형에 따르면 달 · 수성 그리고 금성은 태양과 화성 · 목성 · 토성, 그리고 궤도를 그리면서 돌고 있는 항성들에 둘러싸인 채 지구에서 가까운 쪽의 천체를 차지하고 있다. 지구가 아닌 태양이 우주의 중심이 되어야만 한다는 코페르니쿠스의 궁극적인 결론은 전혀 관측에 의한 증거에 기초하고 있는 것이 아니었지만, 그의 모형은 실제와 더 잘 부합되는 것이다. 태양을 중심으로 삼고 있는 그의 우주는 과학적인 영감의 샘으로부터라기보다는 신비주의적인 것으로 불릴 수 있는 것에서 그 본질을 이끌어 내고 있는 것이었으며, 그것은 어느 정도까지는 운이 좋았던 추측이었다. 프톨레마이오스의 모형은 당시에 이용할 수 있었던 관측 자료와 일치시키기 위해 엄청난 수의 '적당히 꾸며낸 요소들'을 필요로 했다——그러나 그 점은 코페르니쿠스의 모형에서도 마찬가지였다. 사실 코페르니쿠스의 모형에서는 그러한 요소들을 한층 더 많이 필요로 했다. 그러나 후대의 관측 결과들은 프톨레마이오스의 모형보다 코페르니쿠스의 모형이 실제 우주를 훨씬 더 잘 설명해 주고 있다.

환영받지 못하는 사상을 출판하는 것이 가지는 위험성을 염두에 두고 있었던 코페르니쿠스는, 그의 위대한 저술인 《천구의 회전에 관하여》를 세상에 알리는 것을 그의 죽음이 임박한 시점인 1543년까지 미뤘다. 태양이 우주의 중심이라는 그의 모형이 비록 그 당시 사상가들에게는, 그로부터 거의 2천 년 전의 인물인 에우독소스〔기원전 3세기경 그리스의 수학자 겸 천문학자로서, 최초로 천체의 모든 현상을 단일한 기하학적 모형으로 단순화시켜 보려고 시도했다〕가 제안한 우주의 배열에 대한 이론의 흥미로운 부활이라는 강한 인상을 주는 것이었지만, 코페르니쿠스의 생각은 1세기 동안 그리 대단치 않은 진척만 보였을 뿐이다. 이 이론은 이제는 관측의 암초라고 여겨질 수 있는 어떤 것, 특히 16세기 후반의 가장 위대한 천문학자였던 티코 브라헤(1546-1601)〔덴마크의 천문학자. 그의 관측 결과를 독일의 천문학자 요하네스 케플러가 행성의 움직임에 관한 세 가지 법칙을 공식화하는 데 이용했다)에 의한 관측 결과에 의해 붕괴되는 것처럼 보였다.

브라헤의 우주 모형 만들기

브라헤는 우주를 이해하는 열쇠로서의 정확하고 반복적인 관측을 고집함으로써 그 명성을 얻었다. 오늘날의 스웨덴과 덴마크 사이의 해협에 있는 한 섬을 사용할 수 있도록 허가를 받자 그는 천문대를 세웠는데, 비록 거기에 망원경은 없었지만(1609년까지는 발명되지 않았다) 다른 육안 관찰자들이 결코 뛰어넘을 수 없을 정도의 정확성을 가지고 브라헤가 하늘에 떠 있는 별들의 위치를 측정할 수 있게 해주는 도구들이 갖춰져 있었다. 브라헤의 관측에 근거한 별의 목록은 관측천문학에 있어서 1천4백 년 만에 최초로 진정한 진보를 이룩할 수 있게 해주었다.

브라헤가 반복적으로 관측한 별들 중 어떤 것도 지구가 태양의 주위를 1년에 한 바퀴 도는 것에 의해 나타나는 것으로——코페르니쿠스의 모형에서——하늘에 떠 있는 별들의 위치가 변하는 것처럼 보이는 현상인 **패럴랙스 변화**를 나타내지 않았다. 만약 코페르니쿠스가 옳았다면, 궤도를 돌고 있는 지구의 움직임은 우주라는 회전목마가 그리게 되는 원처럼, 상대적으로 가까이 있는 별들은 배경을 이루는 보다 멀리 있는 별들과 대조하여 볼 때 그 위치의 변화를 일으키게 하는 것이어야만 한다. 코페르니쿠스는 이미 모든 사람들이 이러한 패럴랙스 변화들의 관측에 실패하게 되는 것에 대한 정확한 설명을 제시했다. 즉 별들은 모두 너무나 먼 거리에 있기 때문에 그것들의 패럴랙스 변화는 측정할 수 없을 정도로 미미하게 나타난다는 것이 그것이다. 천문학 이론에 있어서의 보수주의자인 브라헤는 다른 해석을 제시했는데, 그것은 그가 깊이 믿고 있는 것처럼 지구를 우주의 중심으로 남겨두게 되지만, 다른 행성들과 상대적인 관계에 있는 태양의 중요성을 고려하겠다는 것이다. 브라헤는 지구를 제외한 모든 행성들이 정말로 태양 주위의 궤도를 따라 돌고 있지만, 그 태양은 지구 주위를 돌고 있다고 주장했다. 달리 말하면, 브라헤는 오랜 세월 동안 소중히 간직해 온 생각인 우주의 중심이라는 자리에 지구를 그대로 남겨두게 되는, 새롭게 적당히 꾸며낸 요소에 대한 생각을 갖고 있었던 것이다.

브라헤의 모형은 오랫동안 고수해 온 믿음에서 새로운 이해로 이행되는 기간 동안에 사람들이 하게 되는 절충의 전형적인 유형을 반영하고 있다. 브라헤는 훌륭한 모형은 관측에 의해 그것이 무효라는 유력한 증거도 없이 폐기시킬 수는 없는 것이라고 느꼈기 때문에 그가 할 수 있는 한 프톨레마이오스식의, 지구가 우주의 중심인 모형을 고수했던 것이다. 하지만 브라헤는 다른 행성들은 태양에 종속된 것으로 만듦으로써 부분적으로는 코페르니쿠스에 의해 주장된 급진적인 우주관을 향해 한층 더 다가가게 되었다. 지구는 움직이지 않고 있는 것으로 주장하고 있는 그의 잡종 모형은, 비록 그것이 일단 새로운 관측 기술이 별들의 위치를 보다 정확하게 측정할 수 있게 할 경우에는, (코페르니쿠스가 예견했던 것처럼) 완전히 반박당할 운명에 처해 있는 것이었지만, 패럴랙스 변화의 부재에 대한 전적으로 합리적인 설명이었다.

케플러와 행성들의 타원형 궤도

17세기 초기에 코페르니쿠스의 태양계 모형은 티코 브라헤의 전직 조수였던 요하네스 케플러(1571-1630)에 의해 크게 개량되었는데, 그는 태양의 주위를 도는 행성들이 갖고 있는 궤도의 정확한 형태를 추론해 내기 위해 브라헤가 기록해 놓은 많은 관측 결과들을 이용했다.

이러한 궤도들은, 고대 그리스 학자들이나 코페르니쿠스에 의해 가정된 것처럼 완벽한 원형이 아니라 오히려 타원으로 되어 있는, 즉 그 타원의 모든 지점으로부터 초점이라고 불리는 2개의 고정된 지점까지의 거리의 총계는 일정하게 유지된다는 사실에 의해 정의되는, 약간 잡아늘여진 것과 같은 곡선들인 것이다. 만약 그 2개의 초점이 일치하게 되면 타원은 원이 되겠지만, 그 초점들이 멀리 떨어져 있기 때문에 타원은 둥근 고리 모양에서 영구적으로 눈에 띄게 벗어나게 되면서 점진적으로 보다 더 양쪽을 잡아늘여 놓은 것과 같은 형태가 되는 것이다.

브라헤에 의해 가장 철저히 관측되었던 행성인 화성은, 그것의 궤도 직경 전체 거리의 약 5퍼센트 정도에 의해 2개의 초점이 분리되어 있는 궤도 안에서 움직이는 것으로 케플러는 계산해 냈다. 태양은 두 초점 중의 하나를 차지하고 있고, 나머지 초점 1개는 궤도기하학에 있어서 그것이 가지게 되는 역할을 제외하면 그것을 표시해 줄 수 있는 어떤 것도 가지고 있지 못하다. 마찬가지로 다른 행성들도 모두 각기 다른 크기를 지니고 있고, 완벽한 원형에서 각기 다른 정도의 편차를 가지고 있으며, 태양이 한쪽의 초점을 차지하고 있는 타원형의 궤도를 가지고 있다. 행성과 태양을 이어 주는 가상의 선

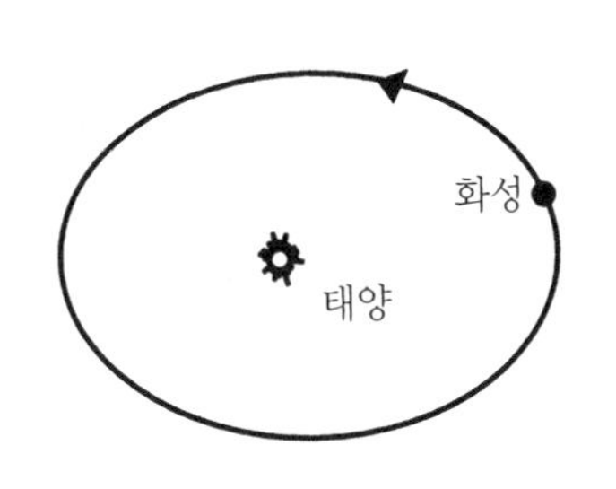

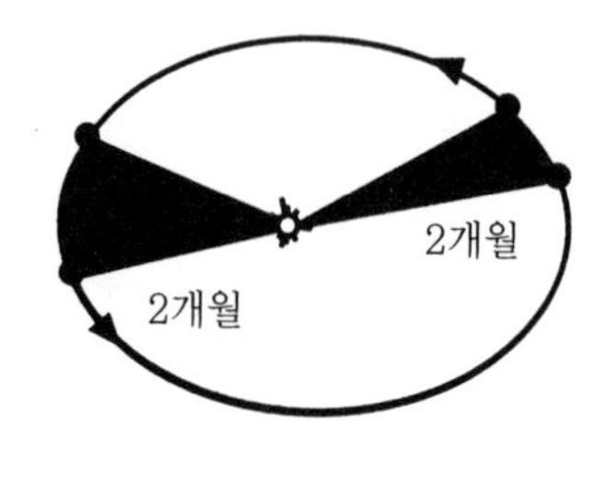

이 동일한 시간 간격에 동일한 넓이의 지역을 훑고 지나가게 되는 것과 마찬가지의 방식으로, 각 행성은 태양에서 좀더 멀리 떨어져 있을 때는 보다 천천히 움직이고, 태양에 좀더 가까이 있게 되면 보다 빨리 움직이게 된다.

케플러의 이론적인 계산은 그를 수리천문학의 대가라고 인정하고 있는 그의 동시대인들에게 감명을 주는 것이었지만, 그의 논증은 실제로 연구를 하고 있는 대다수의 천문학자들에게는 설득력을 갖지 못하는 것으로 남아 있다. 그들로 하여금 지구가 우주의 중심이 되는 모형보다는 태양이 우주의 중심인 코페르니쿠스의 모형이 신뢰할 수 있는 것이라고 여기게끔 만들었던 것은, 그 대부분이 재기에 넘치며 호언장담을 일삼았던 이탈리아인 갈릴레오 갈릴레이(1564-1642)에 의해 제공된 것인, 행성들과 그것들에 딸린 위성들의 움직임에 대한 관측을 통해 추가로 얻어내게 된 증거들이었다.

갈릴레오의 증명

케플러가 화성의 타원형 궤도에 대해 설명하는 글을 발표했던 것과 같은 해인 1609년에, 갈릴레오는 네덜란드의 한 광학기계 상인이 렌즈 2개를 나란히 놓아 그걸로 들여다보는 모든 것의 확대된 상을 얻을 수 있었다는 소식을 들었다. 그 원리를 재빨리 이해하고 렌즈의 형태를 개선시킨 갈릴레오는 천문학적 관측에 사용될 수 있는 최초의 망원경을 만들어 냈다.

그것들을 통해 그는 울퉁불퉁한 달 표면의 형상들을 관찰했는데, 그것은 우주 공간에 떠돌고 있는 행성들의 일부는 지구와 마찬가지의 물질로 이루어져 있다는 것에 대한 최초의 증거이다. 갈릴레오는 또한 관측을 통해 행성인 금성이 주기적으로 변화하는 위상을 보여주고 있다는 것도 알아냈는데, 그것은 우리가 햇빛을 받은 그 행성 절반의 넓이가 달라지는 것을 보고 있다는 증거인 것이다. 태양이 우주의 중심인 모형의 수용에서 한층 더 중요한 것으로서, 갈릴레오는 목성 주위에서 4개의 위성을 관찰했던 것이다. 이것은 달의 이중 운동(달이 지구의 주위를 도는 것과, 지구가 태양의 주위를 도는 것에서 생겨나는)은 자연이 지속시키기에는 지나치게 복잡한 것이라는 주장의 근본을 무너뜨리는 것이 되었다. 만약 태양이나 지구 둘 중의 하나를 중심으로 돌고 있을 목성 주위에 4개의 달이 궤도를 그리며 돌 수 있다면, 분명 지구에 딸린 달도 또한 그러한 이중 운동을 하고 있을 것이기 때문이다.

왜곡된 상을 보여 줬던 원시적인 망원경을 통해 이루어진 갈릴레오의 관측은, 그것들이 갖고 있는 사실성과 그것들의 의미 두 가지 모두에 대해 빗발치는 듯한 논쟁을 촉발시켰다. 공격과 수비에 대한 천부적인 능력을 가지고 있었던 갈릴레오는, 부분적으로는 16세기 후반에 초기 신교 운동의 보다 '원리주의적인' 프톨레마이오스의 이론에 따르는 천문학에 맞서 일어나게 된, 코페르니쿠스의 모형에 대해 너그러운 견해를 갖고 있었던 가톨릭 교회가 그것으로부터 고개를 돌리게끔 자신도 모르는 사이 어느 정도 조장하게 되었다.

꽤 세월이 흐르고 난 후인 1630년 갈릴레오는 로마로 불려와, 만약 그가 자신의 이단적인 견해를 계속해서 고집할 경우 자신을 고문하는 데 사용될 수 있는 도구들을 보게 되고, 그렇게 해서 형벌을 면하는 대신 자신이 앞서 주장했던 것을 포기하고 나머지 여생을 가택

달에 대한 지구의 인력

평형을 이룬다

지구에 대한 달의 인력

연금 상태에서 보내는 조건에 억지로 동의하게 된다. 자신의 주장을 철회하여야만 했던 공식 집회에서 갈릴레오가 작은 목소리로 "그래도 지구는 돈다"라고 중얼거렸다는 전해 오는 이야기는, 오늘날 자신의 죄를 인정하는 대가로 가벼운 처벌을 받게 해주는 재판에서 들을 수 있게 되는 비슷한 이야기들만큼이나 믿을 수 없는 것이다. 그러나 이 이야기는 르네상스 시대 말기의 인물로서, 부드럽게 말하자면 자기 스스로의 '탁월성'과 정부가 자신의 연구에 자금을 지원하는 경우만을 제외하면, 모든 정부라는 것이 한결같이 갖고 있는 관료주의적 태도에 대해 참을 수 없는 확신을 가지고 있었던 갈릴레오란 인물의 본질을 잘 포착하고 있는 것이다.

뉴턴과 중력

태양이 중심이 되는 태양계가 반박의 여지없이 올바른 것이라는 바를 입증해 낸 인물인 아이작 뉴턴은, 갈릴레오가 자연사한 지 몇 개월 후인 1642년 영국 그랜트햄 근처의 한 농장에서 태어났다. 케임브리지대학교에서 교육을 받았고, 자신의 세계관에 있어서 표면에 드러나지 않는 신비주의적인 저류를 지닌 채 평생 독신 생활을 했던 뉴턴은 미적분이라는 새로운 수학적 기법의 발명자들 중 한 사람이었으며, 그는 그것을 행성들이 태양을 한쪽의 초점으로 하고 타원형의 궤도 속에서 움직이게 되는 **이유**를 입증하는 데 사용했다.

뉴턴이 내놓은 대답은, 질량을 가지고 있는 모든 물체들이 질량을 가진 다른 물체들을 끌어당기는 힘인 **중력**이었다. 뉴턴은 태양계뿐만이 아니라 우주 전체도 마찬가지로, 이 힘의 양은 두 물체들이 갖고 있는 질량을 그 둘의 중심 사이 거리의 제곱으로 나눠 나오는 결과에 비례하는 것이 틀림없다고 주장했다. 이것은 뉴턴의 **만유인력의 법칙**이라고 알려져 있다.

뉴턴에 따르면, 이처럼 지구는 반대 방향에서 태양이 지구를 잡아당기는 것과 동일한 힘으로 태양을 잡아당기고 있는 것이다. 그렇다면 어째서 지구는 태양의 주위를 궤도를 그리면서 돌고 있으며, 반대로 태양이 지구의 주위를 궤도에 따라 돌지 않는 것일까? 다시 한 번 뉴턴은 그의 유명한 **운동의 제2법칙**으로써 그에 대해 설명했다. 모든 물체는 그것에 가해지는 순수한 힘(하나의 물체에 작용하는 모든 갖가지 힘들을 고려의 대상에 포함시킨 결과인)에 대하여 그 힘의 방향으로 가속 운동을 하여 그에 반응한다. 가속 운동의 양은 그 물체의 질량으로 나눈 순수한 힘의 양과 같다. 따라서 축구공을 발로 찼을 때 더 큰 중력에 의한 인력의 작용을 받게 되는 질량이 보다 큰 돌덩이가 가속 운동을 하는 것보다 더 멀리까지 가속 운동을 하게 되는 것이며, 지구가 태양에 미치는 동일한 양의 중력에 대해 태양이 반응하여 가속 운동을 일으키게 되는 것보다 지구에 대해 태양이 가지고 있는 중력에 지구가 반응할 때, 지구는 훨씬 더 많은 가속 운동을 일으키게 되는 것이다.

자신의 만유인력의 법칙과 운동의 제2법칙을 이용해, 뉴턴은 보다 큰 질량을 가진 물체 주위에 궤도를 그리며 운행하는 행성의 자연적인 통로는 타원형이란 것을 증명했다. 실제로 태양 그 자체까지도 아주 작은 그것 자체의 궤도를 따라 움직임으로써 주위에 있는 행성들이 가지고 있는 중력에 반응하고 있다. 주변 행성들의 궤도와 마찬가지로 태양의 궤도는 태양이 아니라 태양계 전체의 '질량의 중심'에 한쪽 초점을 가지고 있다. 그러나 태양은 그 어떤 행성보다도 훨씬 더 큰 질량을 갖고 있기 때문에(행성들 중에서 가장 큰 목성이 가지고 있는 질량의 1천 배) 이 질량의 중심은 태양 자체의 중심 가까이 놓여 있다. 이처럼 고도로 엄밀한 정도의 근사치에 이르기까지 우리는 태양이 모든 행성들의 궤도에서 한쪽 초점에 정확하게 놓여 있다고 상상해 볼 수 있다.

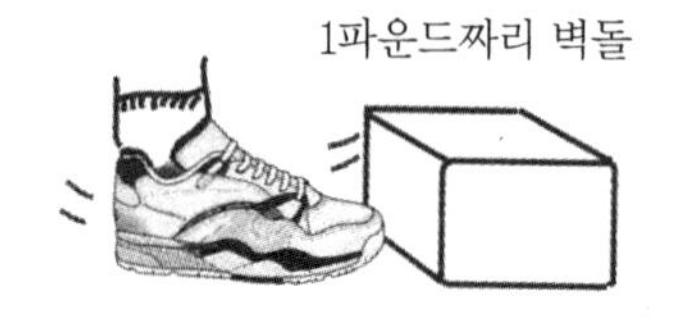

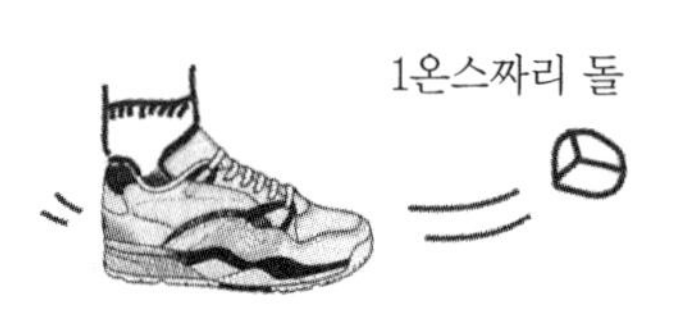

명성을 얻기 위해 애쓰는 사람이 아니었던 뉴턴은, 그의 친구인 에드먼드 핼리가 뉴턴이 무엇을 증명해 냈는지를 알고는 일찍이 물리학에 관해 쓴 가장 중요한 저술인 《자연철학의 수학적 원리》를 출판하도록 설득하고, 그것이 인쇄되기까지 자신의 연구 결과를 여러 해 동안 혼자서 소중히 간직하고 있었다. 1687년에 출판된 이 저술은 지구를 그 중심으로 삼고 있는 우주의 모형들이 들어 있는 관의 뚜껑에 최후의 못질을 하게 된다. 이후에는 그 누구도 진지하게 지구는 움직이지 않는다는 주장을 하지 못했다.

별빛이 가지고 있는 암호 풀어내기

천체의 운행을 설명하는 데 있어서 뉴턴의 중력과 운동에 대한 법칙들이 누리게 된 성공은 고전물리학이 거둔 승리들 중 하나를 상징한다. (현재 물리학자들이 자신들의 학문은 뉴턴의 시대와 20세기초 사이에 발전한 것이라고 언급하고 있는 것처럼) 고전물리학의 또 다른 성취——그리고 **천체물리학**(이 말은 천문학에 응용된 물리학이라는 뜻이며, 19세기말에 처음 만들어졌다)이라고 불리는 과학의 새로운 분야의 핵심——는 우주 공간의 물체들이 어떤 물질로 구성되어 있는지를 결정하기 위해, 거기서 나오는 빛을 분석하는 것으로 이루어져 있다. 지구에서 수조 마일 떨어져 있는 별이 무엇으로 이루어져 있는 것인지에 대한 수수께끼를 푸는 것은 결국 추리 작업의 인상적인 업적이지만, 이것은 천문학자들이 1백50여년 동안 날마다 해온 일인 것이다.

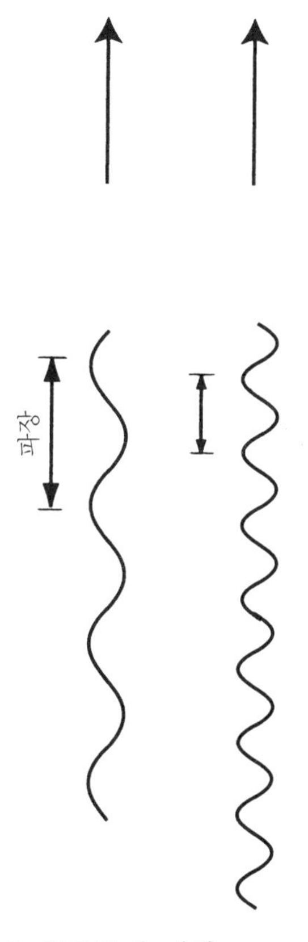

모든 전자기 복사는 빛의 속도로 진행한다

이러한 추리 작업은 빛이 가지고 있는 각기 다른 색깔들에 대한 연구인 분광학이라는 학문에 의지하고 있다. 뉴턴 자신도 이 분야에 있어서 개척자였는데, '백색' 광선은 모든 색깔의 빛들로 구성되어 있다는 것을 최초로 입증한 것도 그였기 때문이다. 비록 빛의 특성은 아인슈타인의 혁명적 시대가 올 때까지 논쟁의 주제로 남아 있었지만, 1700년 훨씬 이전에 뉴턴과 그의 동시대인들은, 만약 우리가 빛을 위아래로 오르내리는 일련의 진동으로 여긴다면——연못의 수

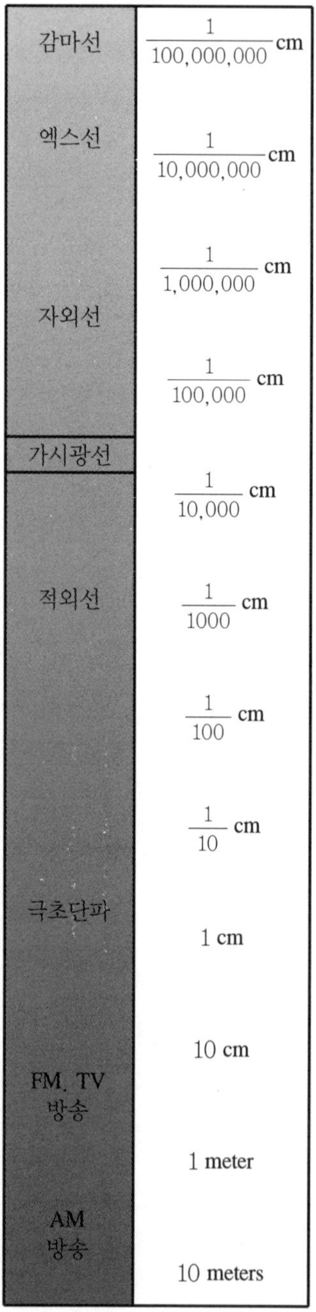

감마선	$\frac{1}{100,000,000}$ cm
엑스선	$\frac{1}{10,000,000}$ cm
	$\frac{1}{1,000,000}$ cm
자외선	
	$\frac{1}{100,000}$ cm
가시광선	
	$\frac{1}{10,000}$ cm
적외선	$\frac{1}{1000}$ cm
	$\frac{1}{100}$ cm
	$\frac{1}{10}$ cm
극초단파	
	1 cm
	10 cm
FM. TV 방송	
	1 meter
AM 방송	
	10 meters

면에 일어나는 물결과 비슷한 것인——우리는 빛의 색깔들 사이의 차이는 그 **진동수**(매초당 횟수)의 차이로, 혹은 달리 취할 방도로서, 그것들이 갖고 있는 **파장**(2개의 연속적인 파동에서 대응되는 두 지점 사이의 거리)의 차이들에 의해 그 특징을 설명해 볼 수 있을 것이라는 올바른 결론을 내렸던 것이다.

인간이 볼 수 있는 모든 빛 중에서 적색 광선은 가장 작은 수와 가장 긴 파장을 가지고 있는 반면, 보라색 광선은 가장 큰 수와 가장 짧은 파장을 가지고 있다. 오늘날 우리는 그 모든 것이 파장과 그것이 가지고 있는 진동수에 의해 그 특징을 설명할 수 있는 것인, 전자기 복사(輻射)의 스펙트럼에서 가시광선은 겨우 작은 부분만을 구성하고 있다는 것을 알고 있다. 가장 짧은 파장을 가지고 있는 감마선에서부터 가장 긴 파장을 가지고 있는 전파에 이르기까지, 모든 유형의 전자기 복사에서 진동수와 파장의 적(積)은 하나의 상수와 같다——초당 18만 6천 마일의 거리를 진행하는 빛의 속도와 대등한 것이다.

천문학자들이 별빛을 그것이 가지고 있는 다양한 색깔들로 분리시키는 도구를 개발해 내게 되자, 그들은 이러한 스펙트럼의 연구가 엄청난 득이 된다는 것을 알게 되었다. 그들은 어떤 특정한 색깔들에서 대부분 별들의 스펙트럼들은, 인접해 있는 색깔들과 비교하여 특별하게 다량의, 혹은 두드러지게 소량의 빛 중 하나를 보여 주게 된다는 것을 알았다. 이러한 색깔들은 **발출선**(發出線; 평균적인 빛의 양에서 나타나는 것보다 더 큰 진동수와 파장에 대한 명칭)과 **흡수선**(吸收線; 빛의 양이 급격하게 줄어드는 진동수와 파장에 대한 명칭) 둘 중 하나의 존재를 표시해 주는 것이다.

19세기가 지속되는 동안, 천문학자들은 특정한 발출선 및 흡수선의 색깔을 지구에 존재하는 다양한 기체에 의해 생성되는 빛의 색깔들과 일치시킬 수 있다는 사실을 깨달았다. 다음 그들은 특정한 별(예컨대 우리 지구가 속해 있는 태양계의 태양과 같은)에서 발산되는 빛의 스펙트럼과, 자신들이 흔히 볼 수 있는 재료들을 붉게 타오르는 지점까지 가열하여 관찰한 빛의 스펙트럼들과 비교할 수 있었다. 예를 들어 어떤 별이 지구에서 특정한 유형의 가열된 기체에서 관찰된 것과 동일한 파장의 발출선을 보여 주었다면, 그 별에는 적어도 별빛을 생성해 내는 바깥쪽 층에 그러한 유형의 기체가 포함되어 있다고 결론을 내리는 것이 합리적인 것이었다. 이러한 실험은 천문학자들로 하여금 산소나 질소·나트륨과 같은 원소들이 멀리 떨어져 있는 여러 별들에도 존재하고 있다는 것을 인정할 수 있게 했다. 이러한 원소들 중 일부는 특정한 색깔을 지닌 다량의 빛을 복사하며, 다른 원소들은 특정한 색깔을 지닌 빛을 차단하거나 흡수하고, 일부 원소들은 각기 다른 파장에서 그 두 가지 모두의 작용을 하기도 한다. 그렇게 하는 과정에서, 각각의 원소는 별빛 속에 그것을 알아볼 수 있게 해주는 스펙트럼상의 지문을 남기게 된다.

천문학자들은 지구에서도 우리에게 친숙한 여러 가지 유형의 원자와 분자들이 마찬가지로 별들의 바깥쪽 층에도 존재한다는 것을 발견해 냈다. 하지만 태양이나 다른 별들의 일부 광선들은 지구에서 알려져 있는 그 어떤 원소와도 일치시킬 수 없는 경우가 있다. 이러한 알려지지 않은 원소들 가운데 하나는 태양을 가리키는 그리스어를 따서 **헬륨**이라고 명명되었다. 기체들 가운데서 두번째로 가벼운 것이며, 우주에 가장 풍부하게 존재하는 헬륨은 지구에서 발견되기에 앞서 다른 우주 공간에 떠 있는 별들에서 검출해 내야 할 첫번째 원소로 꼽힌다.

태양에서 별들에 이르기까지, 별들에서 은하에 이르기까지, 그리고 그 너머에서까지도 별빛에 담겨져 있는 메시지는 우리의 조상들이 단지 짐작만 할 수 있었던 우주의 비밀들 중 일부를 털어놓았다. 별들이 가지고 있는 지문은 어떻게 별들이 에너지를 생성시키는지, 별들은 얼마나 뜨거우며 밀도가 높은 것인지, 그리고 수십억 개의 별들로 이루어진 은하 전체가 어떻게 우주 공간 구석구석을 떠도는지에 대한 수수께끼를 해결하는 데 도움을 주었다. 천문학자들은 우주에서 가장 강력하며, 가장 멀리 떨어져 있는 개별적인 복사체로서 우리가 그것들의 현재 상태가 아닌 수십억 년 전 모습을 볼 수 있을 뿐인 퀘이사[항성상 천체. 항성보다는 크고 은하보다는 작은 準恒星體]에서 지구에 도달하기까지 수십억 광년을 여행해 온 빛들 속에서 친숙한 지문들을 밝혀냈다. 우리 조상들은 빛이 엄청나게 먼 거리에서 우리에게 도달할 뿐만 아니라, 우리가 우주의 형상을 알 수 있게 해주고, 그것을 구성하고 있는 원소들이 무엇인지를 결정할 수 있도록 암호처럼 해독해 낼 수 있는 메시지까지도 싣고 오는 빛이란 개념을 환상적인 것이라고 여겼을 것이다. 그러나 오늘날의 독자들에게 이러한 놀라운 생각들은 책의 몇 페이지 분량 내에서도 접근이 가능한 것이 되었는데, 그것은 천문학자들이 지난 몇 세기 동안 우주를 이해하려는 탐색에 투자해 온 각고의 연구 덕분인 것이다.

3

별들은 왜 빛나는가?

행성들――그것들 중 일부는 별들을 구성하고 있는 원소들 대부분과 같은 것들로 이루어져 있다――은 스스로 빛을 발생시키지 못하고, 그것들이 반사시키는 별빛에 의해서만 그 존재를 우리가 볼 수 있게 되는 반면, 무엇이 별들로 하여금 빛을 내게 만드는가? 이 핵심적인 질문에 대한 답은 1727년 아이작 뉴턴이 사망한 후 정확히 2세기가 지나고 나서야 나타나게 되는데, 그것은 코페르니쿠스가 처음으로 우주는 태양을 중심으로 이루어진 것이라는 사실을 어렴풋이 알게 된 때부터 뉴턴의 이론이 거둔 승리 사이만큼 경과한 시간이다.

이 물음은 어째서 그렇게 대답하기가 어려웠던 것일까? 그것은 단지 우주의 대부분이 우리가 지구에서 알고 있는 것과는 너무도 다르기 때문인 것이다. 이 사실은 고대의 천문학자들에게도 마찬가지로 떠올랐던 것으로, 그들은 서로간에 논의도 거의 없이 천체는 지구에 있는 그 어떤 것과도 전혀 다른 것인 '제5의 물질' 〔고대 및 중세 철학에서 모든 사물에 충만해 있으며, 특히 천체의 본질을 이루고 있다고 여긴 가상의 매체인 에테르〕, 즉 다섯번째 원소이며, 우리가 살고 있는 이 세계를 구성하고 있는 기본적인 네 가지(불 · 공기 · 흙 · 물)와는 전적으로 다른 본질을 지닌 것으로 여기게 될 정도였던 것이다. 지구의 과학자들이 대부분의 별들을 구성하고 있는 원소――지구에서는 희귀하거나, 그 원소만을 단독으로 분리시키기 어려운 것 중 하나——를 발견하게 되기까지는 오랜 세월이 흘러야만 했다. 그리고 그러한 원소들이 서로 반응하여 별들을 빛나게 만드는 방식을 과학자들이 이해할 수 있게 되기까지는 한층 더 많은 노력을 기울여야만 했다. 오늘날 천문학자들은 별들이 빛을 내는 이유를 자신들이 이해하고 있다고 생각하고 있으며, 그 별빛의 분석을 통해서 그들은 최근까지도 모두들 상당히 정확하다고 믿고 있었던 것인, 대부분 별들의 나이를 알아내려고 시도해 왔다. 하지만 8장에서 보게 되듯이, 우주에 대한 새로운 관측들은 이러한 정확성이란 것에 의문을 제기하게 만드는 것이 되었다.

별이라는 용광로 속에서의 핵융합

지금부터 1세기 전, 천문학자들은 별들의 바깥쪽 층——우리가 지구에서 분석할 수 있는 빛을 방출하는 부분——의 구성에 대해 이미 엄청나게 많은 사실들을 알고 있었다.(도판 1) 대조적으로 별들이 빛을 낼 수 있게 하는 에너지를 생산해 내는 부분인 별들의 내부는 수수께끼로 남아 있다가 겨우 반세기 전, 20세기 물리학에서 뛰어난 인물들 중 한 사람인 한스 베테에 의해 그 수수께끼가 풀리게 되었다.

별들은 그 중심 부분이 수백만 도로 측정되는 온도를 지니고 있기 때문에 빛을 낸다. 어떤 별에서건 열의 형태로 되어 있는 에너지(입자들의 일정하지 않은 운동)는 중심에서 표면으로 흐르게 되고, 그것은 다시 우주 공간으로 복사(輻射)된다. 어째서 별들은 중심이 뜨거운 것이냐고 만약 우리가 묻는다면, 그에 대한 답은 별을 구성하고 있는 각각의 원소들이 다른 원소들을 끌어당기고, 그 별 전체——그 중에서도 중심을 가장 많이——를 압착하여 온도를 높이게 된다는 사실에 있는 것이다.

만약 중력이 이러한 내용의 전부라면, 모든 별들은 순식간에 그 표면으로부터 아무것도 빠져 나올 수 없을 정도의 엄청난 중력을 가지게 되는 부분인, 아주 작은 체적의 블랙홀로 압착되어 버릴 것이다. 하지만 이러한 재앙을 방지하고, 별들이 수백만 년 동안 빛을 낼 수 있도록 하나의 중요한 과정이 개입하게 된다. 그러한 과정은 2개의 원자핵이 융합하여 하나의 원자핵이 되는 것인 **핵융합**이라 불린다.

하나의 원자핵에서 양자들과 중성자들은 극도로 짧은 거리——약 10^{-13}의 크기인 양자나 중성자의 크기가 갖고 있는 그러한 특징——에서만 작용하는 것이기 때문에 우리에게 낯선 것이며, 물리학자들의 용어로는 **강한**, 혹은 **원자핵**의 힘〔기본 원소들 사이에서 극도로 가까운 거리에 걸쳐 작용하는 상호 반응으로서, 이제까지 알려진 그밖의 어떤 힘보다도 강하며, 원자핵 속에서 양자와 중성자가 결합되어 있게 하는 원인이기 때문에 그렇게 불린다. strong interaction, 즉 강한 상호 작용이라고도 한다〕이라고 불리는 것에 의해 서로 결합되어 있다. 이 강하게 작용하는 힘이 핵융합의 수수께끼를 푸는 열쇠이다. 만약 2개의 원자핵이 대략 1개의 양자 크기만큼의 거리에서 접근한다면, 그 때(오로지 그때에만) 그 강하게 작용하는 힘은 그 둘을 융합하여 새로운 형태의 원자로 만들게 되는 것이다. 이러한 원소들의 연금술은 지구상에서, 혹은 지구 근처에서와 같은 일반적인 온도에서는 전혀 일어나지 않는데, 그 까닭은 모든 원자핵들이 **전자기의 힘**을 통해서 서로 반발하게 되기 때문이다. 우리가 현재 강하게 작용하는 힘과 전자기의 힘의 상호 작용에 대해 이해하고 있게 된 것과 같이, 물리학자들은 그들 중 일부가 유타 주에 있는 물리학자들이 그 방법을 발견했다고 주장했던 1989년의 몇 주 동안 당황하긴 했겠지만(어쩌면 이해가 되는 일이기도 하지만) 한동안 소위 냉융합이라는 것은 물리학적으로 불가능한 것이라는 점에 대해 알고 있었다. 그러한 사실 주장들은 융합을 입증해 보였다고 주장되는 중요한 실험들을 재현해 내는 것에 다른 과학자들이 거듭해서 실패했기 때문에 서둘러——그리고 제대로 한 일이기도 한——없었던 일로 마무리되었다.

전자기의 힘이 생겨나는 것은 원자핵 속에 들어 있는 양자들이 각기 한 단위씩의 양전하를 띠고 있기 때문이다. (중성자의 전하는 0이다.) 전하들이 서로 반발하는 것처럼 적절한 온도의 특징인 적절한 속도에서는, 서로 충돌할 수 있는 방향으로 향하고 있는 그 어떤 2개의 원자핵도 결코 융합이 일어날 수 있을 만큼 충분히 가깝게 접근을 하지 않게 된다. 그것들이 가지고 있는 상호 반발력이 그것들의 속도를 늦추게 만들고, 가까운 거리에서 접촉하게 되는 것을 막는 것이다.

하지만 고온에서는 상황이 변한다. 그때에는 개개의 원자핵들이 엄청난 속도로 움직인다. 1천만 **K**(절대 온도계, 혹은 켈빈 온도계(물의 빙점은 273도, 비등점은 373도이며, 여기서 0도는 절대 0도가 된다)에서 1천만 도, 대략 화씨 1천8백만 도)에 가까운 온도에서는, 전자기의 힘들에 의해 발생하는 반발력에도 불구하고 원자핵들은 그것들이 융합할 수 있을 정도로 충분히 가까이 접근하여 얼마간의 정면 충돌이 일어날 수 있게 하는 속도에 이르게 된다. 이것은 다음과 같은 부가적인 사실이 아니었더라면, 별들의 에너지에 대한 비밀이라기보다 단지 하나의 중요한 간접적 정보일 뿐인 것이다. 즉 이러한 융합 반응의 대부분에 있어서 입자들이 가지고 있는 질량의 총계는 줄어들며, 운동 에너지(kinetic energy)의 총계는 늘어난다.

질량에서 에너지로

예를 들어 우주에서 일어나는 모든 융합 반응 중에서 가장 근본적인 것에 대해 생각해 보자. 충분히 높은 온도에서 두 양자의 정면 충돌은 그 둘을 융합하게 만든다. 이 융합에서 3개의 입자들이 생겨나게 되는데, 그것은 **중양자**(重陽子)라고 불리는 새로운 형태의 원자핵, 전자의 반(反)입자인 **양전자**(陽電子) 혹은 반(反)전자, 그리고 **중성미자**(中性微子) 등이다. 중양자는 강하게 작용하는 힘에 의해 결합되어 있는 양자와 중성자로 이루어져 있다. 양전자는 곧 전자와 만나 두 입자 모두가 소멸하여 '질량의 에너지'로서 그것들 안에 갇힌 모든 에너지를 물체의 움직임에 의해 생겨나는 에너지, 즉 운동 에너지로 전환시키게 된다. 중성미자는 에너지를 그대로 간직한 채 그것이 발생한 장소에서 이탈하게 될 것이며, 그 어떤 유형의 입자와도 더 이상 상호 반응함이 없이 수조 킬로미터에 해당하는 거리를 움직이게 되리라는 것이 거의 확실하게 된다.

하지만 우리가 중양자와 양전자, 그리고 중성미자(0이거나 혹은 0에 너무도 가까워 이 계산에서 무시해 버릴 수도 있는 것 중 하나)의 질량들의 합계를 내게 되면, 충돌한 두 양자들의 질량보다 더 적은 총계가 되는 것을 발견하게 된다. 양자와 양자의 융합에서는 질량의 아주 적은 부분(약 0.1퍼센트)이 사라지게 된다. 그 사라진 자리에서 우리는 그 반응에서 생겨난 입자들 사이에서의 운동 에너지

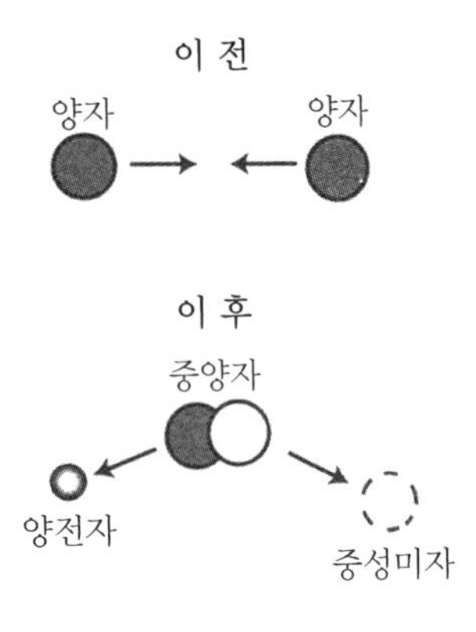

를 추가로 발견하게 되는데, 그 양은 사라진 질량에 빛의 속도 제곱을 곱한 것과 일치한다. 이처럼 아인슈타인의 유명한 공식인 $E=mc^2$은 그것의 질량이 m과 동일한 그 어떤 입자 내에 담겨져 있는 **질량 에너지**를 설명하고 있는 것이다. 질량이 줄어들면 사라진 질량에 c^2을 곱한 양에 해당하는 새로운 운동 에너지가 생겨난다.

별빛의 비밀은, 사라진 것처럼 보이는 질량으로부터 만들어지게 되는 이러한 종류의 새로운 운동 에너지 속에 있다. 중양자와 양전자가 이 새로운 운동 에너지의 대부분을 지니게 되는 반면, 중성미자는 그것의 몇 퍼센트를 지니게 된다. 그것의 주위에 있는 입자들과의 충돌을 통해서 중양자는 그것이 가지고 있던 운동 에너지를 공유하게 된다. 마찬가지로 양전자도 다른 전자와 만나 그것과 함께 소멸하게 되면서 자신의 모든 mc^2을 그 소멸로부터 생겨나게 되는 광자와 중성미자, 그리고 반(反)중성미자(이것들 중 어느 것도 이렇다 할 눈에 띄는 질량을 갖고 있지 못한)의 운동 에너지로 전환하면서, 그것의 질량 에너지 전체를 공유하게 된다. 중성미자들과 반(反)중성미자들은 양자와 양자의 융합으로 직접 만들어진 중성미자와 마찬가지로 우주 공간으로 빠져 나가지만, 광자가 지니고 있는 운동 에너지는 빠져 나가지 못하고 갇힌 채 공유된다. 이러한 방식으로 별의 중심부에서 핵융합 반응으로

중력이 안으로 잡아당기고
별의 내부를 가열한다

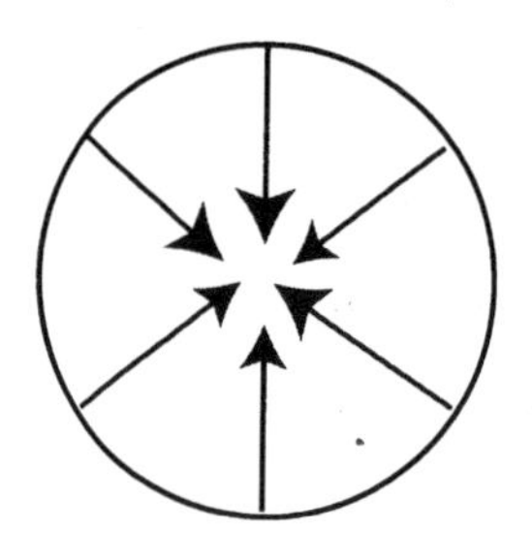

핵융합으로 방출된 운동
에너지가 밖을 향해 밀어낸다

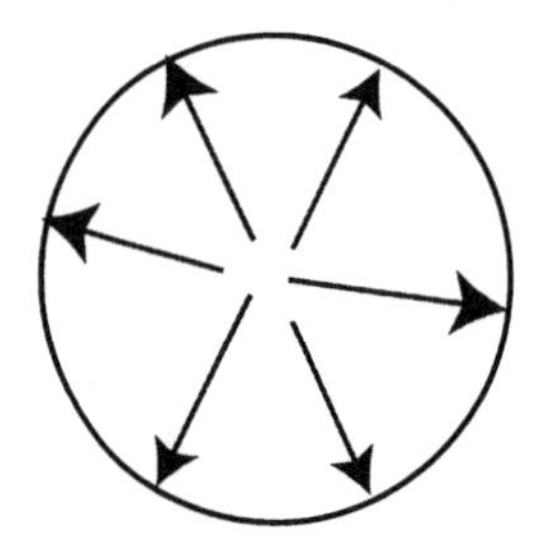

별이 균형을 유지하고
있게 된다

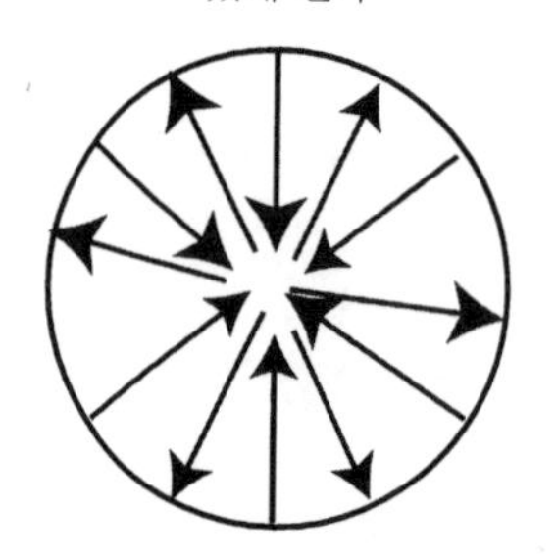

자유롭게 된 운동 에너지는 입자들 사이에서 충돌함으로써 별의 내부를 통과하면서 바깥쪽으로 확산된다.

핵융합은 별의 중심에서 일어나게 되는데 그 까닭은 오직 거기에서, 즉 별의 여러 겹으로 감싸고 있는 층들이 주는 엄청난 압력 아래에서만 별의 입자들이 융합할 수 있는 충분히 빠른 속도에 이를 수 있기 때문이다. 중력이라는 보이지 않는 손은 별을 압착하여 핵융합이 일어날 수 있는 시점까지 그것의 온도를, 그 중심에서 가장 높이 올라가게 하는 것이다. 온도는 입자당 평균 운동 에너지로 측정이 되는 것이기 때문에, 높은 온도는 곧 빠른 입자 운동 속도에 해당하는 것이다. 별들이 원래 크기를 유지하는 것은, 핵융합에 의해 방출되는 운동 에너지가 별이 수축하여 블랙홀이 되려는 경향에 평형을 유지시키기 때문이다. 그런 의미에서 본다면, 핵융합은 별들을 완전한 붕괴로부터 '구조해 내고 있는' 것이다.

별의 중심에서 수천만 도에 이르는 온도는 표면에 가까워지면서 몇천 도로 낮아지게 된다. 이러한 온도에서 별은 스펙트럼의 적외선 · 가시광선, 그리고 자외선에 해당하는 부분에서 밝게 빛을 내게 된다.(도판 2 · 3) 완전히 발달한 별이 매초마다 우주 공간으로 발산시키는 빛의 양은, 비록 별의 중심에서 생성된 에너지가 표면까지 헤치고 나오는 데 대략 1백만 년 정도 걸리긴 하지만, 별이 핵융합을 통해 그 중심에서 만들어 내는 에너지의 양과 같다.

별들에서 운동 에너지가 생성되는 기본적인 과정인, 양자와 양자 사이의 융합은 다시 두 가지의 융합 반응으로 이어지게 된다. 첫번째로, 또 하나의 양자가 중양자와 융합하여 헬륨 3(2개의 양자와 1개의 중성자로 이루어져 있으며, 자연과학적 부호표기법에서는 ^{3}He이다)의 원자핵 하나와 광자 하나를 산출해 낸다. 그 다음으로 헬륨 3의 두 원자핵이 융합하여 2개의 양자와 헬륨 4(양자 2개와 중성자 2개로 이루어져 있으며, ^{4}He로 표기된다) 원자핵 하나를 생성시킨다.

또한 이들 단계들은 각기 질량의 에너지 일부를 운동 에너지로 전환시키게 된다. 세번째의 융합이 헬륨 3의 원자핵 2개를 끌어들이게 되기 때문에, 처음 두 단계의 2개가 각기 세번째 것들 중 하나가 발생하는 데 필요하게 된다. 세 단계 모두의 순수한 결과는 4개의 양자들이 융합하여 헬륨 4 원자핵 하나, 여기에 양전자 둘, 중성미자 둘, 그리고――가장 중요한 것인――추가의 운동 에너지를 생성시키게 된다는 것이다.

별의 진화

별들의 중심부에서 수소 원자핵들(양자들)을 헬륨 원자핵들로 전환시키게 되는 그 세 가지의 융합 반응은, 양자들이 본래부터 가지고 있던 질량 전체의 약 1퍼센트를 별들이 빛을 내게 만드는 새로운 운동 에너지로 변환시키게 된다. 아주 전형적인 별인 태양은 그 중심부에서 수소 원자핵들을 헬륨 4로 융합하는 일을 45억 년 이상 계속해 오고 있다. 지금부터 50억 년이 지나면 태양은 그 중심부에서 양자의 공급이 고갈되기 시작할 것이다. 그 다음에는 이러한 위기에 직면해 온 다른 별들과 마찬가지로 태양은 그것의 원래 크기보다 몇십 배 커진, 그리고 그 밀도가 아주 희박해진 가스 덩어리로 부풀어

올라 **적색거성**이 될 것이며, 이 거대한 가스 덩어리는 핵융합이 계속되고 있으며 밀도가 높은 중심부를 감싸게 될 것이다.

수성의 궤도만큼이나 커다랗게 된 망사와 같이 성긴 바깥쪽 층 안에 있는 중심부는 꾸준히 수축하게 될 것이며, 그렇게 되는 과정에서 점점 더 뜨거워지고, 헬륨을 탄소 원자핵으로 융합하게 된다. 결국에 가서 태양은 바깥쪽 층을 잃게 될 것이고, 더 이상 핵융합을 하지 않는 물체인 수축된 **백색왜성**이 된 중심부를 드러내게 될 것이다. 백색왜성은 투명한 결정체처럼 배열된 탄소 원자핵들과 전자들로 구성되어 있다. 그것들은 **배척 원칙**——특정 유형의 소립자들이 서로 지나치게 가까이 접근하는 것을 절대로 허용하지 않는——이라 불리는 기괴한 현상을 통해 그것들이 가지고 있는 중력에 대항하여 스스로를 지탱한다.

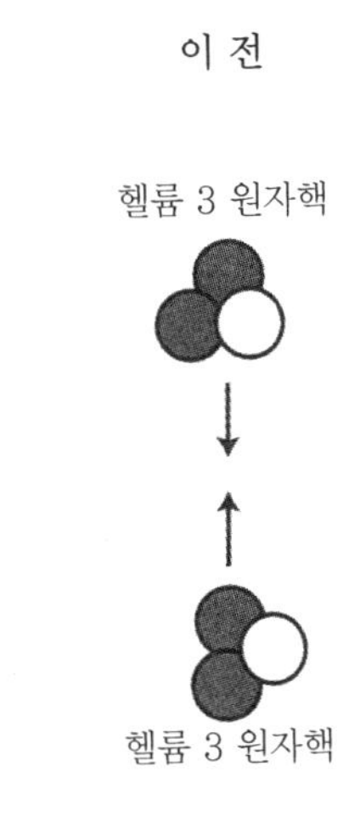

태양이 가지고 있는 질량의 약 5에서 10배 이상인 희귀한 소수의 별들은 백색왜성들처럼 조용하게 사라질 수가 없다. 대신에 적색거성의 단계가 지난 다음 이 별들은 배척 원칙이 작용할 기회를 갖기 전에 그것을 압도해 버리면서 그 중심부가 붕괴하게 된다. 붕괴는 그 별의 바깥쪽 층을 날려 버리는 폭발로 이어지게 된다. 붕괴된 중심부로서 뒤에 남게 되는 것은 직경이 겨우 몇 마일로서 전체가 중성자로만 이루어져 있는 물체인 **중성자별**이거나,

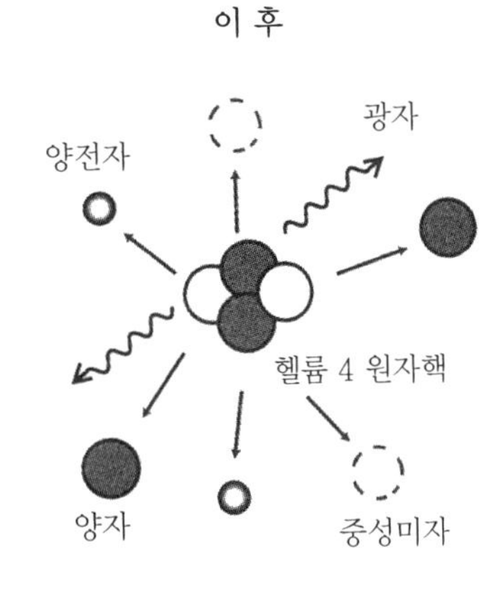

아니면 한층 더 기괴한 물체로서 그 중력이 모든 것, 빛조차도 탈출하지 못하게 할 정도로 압축되어 있는 것인 블랙홀, 둘 중 하나가 된다.

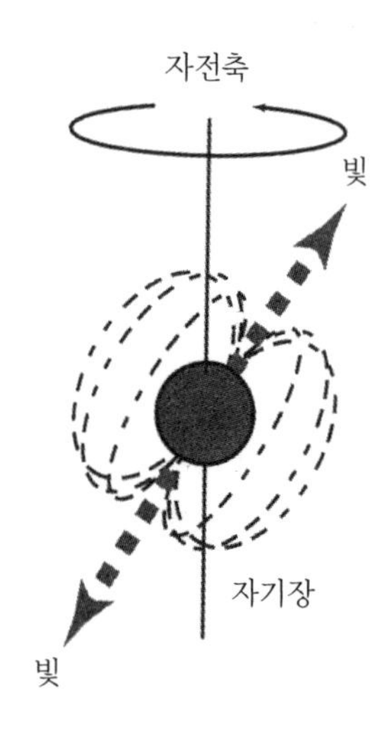

만약 그러한 붕괴가 중성자별을 생성시킨다면, 그 물체는 중심부에 원래 가지고 있던 자기장의 용적이 붕괴에 의해 훨씬 작은 크기로 압착되었기 때문에 엄청나게 강력한 자기장을 갖게 된다. 붕괴는 또한 별의 자전에도 영향을 미치게 된다. 갑자기 두 팔을 오그린 피겨 스케이트 선수처럼, 붕괴되어 가는 별의 중심부는 전보다 훨씬 더 빠르게 회전한다. 빠르게 회전하며 높은 자기를 지닌 중성자별은, 근처에 있는 전하를 띤 입자들을 그것이 가지고 있는 망상 조직의 자기장 속으로 끌어들여, 그것들을 빛의 빠르기에 가까운 속도로 가속한다. 이것은 그 입자들이 빛이나 전파, 때로는 엑스선이나 감마선까지도 포함되어 있는 전자기 복사선을 내뿜게 하는 원인이 된다. 중성자별에 근접한 어떤 부분들은 다른 부분들에서보다 더 강한 복사선을 내뿜게 되기 때문에, 중성자별 둘레로부터 복사되는 빛은 보다 적은 양의 복사선들에 의해 분할되어 강한 맥박처럼 보이게 된다. 따라서 천문학자들은 **펄서**라고 불리는, 규칙적이고 폭발적인 복사선의 원천인 그 물체를 회전하고 있는 등대처럼 관측하게 되는 것이다.

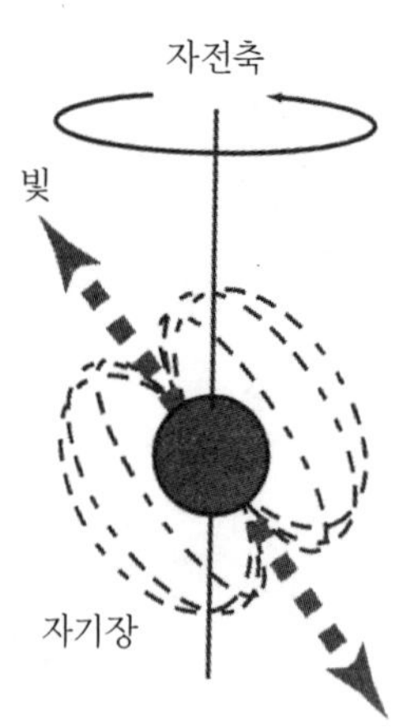

펄서가 자전하면서 복사 빛줄기는 각기 다른 방향을 가리키게 된다

중성자별의 생성에 더하여 거대한 적색거성의 붕괴는 또 다른, 마찬가지로 놀랄 만한 일을 해

내게 된다. 이것은 별들의 바깥쪽 층을 폭파시켜, 때로는 빛의 빠르기에 근접하는 엄청난 속도로 우주 공간으로 날려보내게 된다. 그 별의 중심부가 붕괴되는 것을 가려 버리는 이러한 폭발은, 일시적으로 그 별을 10억 개의 태양을 합쳐 놓은 것과 같은 광도(光度)로 몇 개월 동안 빛을 낼 수 있는 **초신성**으로 전환시키게 된다.

폭발이 있기 전 마지막 시기 동안 이 거대한 적색거성은 헬륨을 탄소·질소·산소로 융합하고, 그 다음에는 이들 원자핵들을 융합하여 불소·네온·나트륨·마그네슘·알루미늄, 그리고 철에까지 이르는 다른 유형의 원자핵들로 만들게 된다. 이것이 초신성으로 폭발하는 과정에서 이러한 모든 유형의 원자핵들은 우주 공간으로 폭발하여 헬륨보다 더 무거운 원자핵들을 우주에 살포해 놓게 된다. 반대로 폭발하지 않는 별들은, 그것들이 축적해 놓고 있는 탄소 원자핵들을 영원히 그대로 지키면서 백색왜성 상태에서 우리 눈에 보이지 않게 될 때까지 천천히 사라져 가기 때문에, 전체적인 원자핵의 공급에 거의 혹은 전혀 기여하는 것이 없게 된다.

초신성들은 철(원소 주기표에서 26번)에까지 이르는 온갖 유형의 원자핵들(수소와 헬륨을 제외한)을 우주에 살포하는 것 이상의 일을 한다. 이에 더하여 초신성 폭발이 떨치게 되는 맹위 그 자체는 철보다 더 **무거운** 모든 원자핵들을 창조해 내게 된다. 폭발하는 동안 철의 원자핵들은 융합하여 구리나 아연과 같은 원자핵들, 즉 크립톤·스트론튬·몰리브덴·은·주석·납·금·수은·우라늄 등을 생성시킨다. 초신성들은 철보다 무거운 원자핵들을 단지 짧은 시간 동안만 융합할 수 있기 때문에, 우주에는 철이나 그보다 더 가벼운 원소들보다 이러한 원자핵들이 훨씬 더 희귀한 것이다.

요컨대 보다 무거운 원소들을 만들어 내는 데 있어서라면 기본적으로 초신성이 그 모든 일을 해내는 것이다. 우리가 지구상에서, 혹은 천체에서 수소와 헬륨(그것들 자체는 대폭발 직후에 만들어졌다) 이외의 그 어떤 원소든 찾아볼 수 있다는 사실은 초신성 폭발의 덕분인 것이다. 우리 몸 속의 모든 분자는 탄소 · 질소 · 산소 · 인(燐), 혹은 오래 전에 사라져 버린 별들 속에서 만들어져, 그것들이 죽어가면서 별들 사이의 우주 공간에 쏟아 놓았던 다른 원자핵들처럼, 이러한 별에 의해 만들어진 원소들 중 얼마간을 포함하고 있는 것이다.

변광성

태양처럼 대부분의 별들은 수십억 년 동안 일정한 속도로 천천히 수소를 헬륨으로 융합시키면서 꾸준히 빛을 낸다. 그러나 하나의 별이 나이가 들어가면서 그 중심부에서의 수소 원자핵(양자들)의 공급은 고갈하게 된다. 별들은 스스로 가지고 있는 중력이 그 자체를 압착하는 경향이 있지만, 반면에 핵융합을 통한 에너지의 방출이 이러한 경향을 가로막게 된다는 기본적인 법칙의 적용을 받으면서 이 상황에서 할 수 있는 한 최대한으로 적응한다. 별의 중심부가 나이가 들어가면서 그것은 수축하고, 중력에 의해 생겨난 압력에 의해 압착되며, 꾸준히 그 온도를 높여간다. 온도가 더 높아지면 추가의 핵융합 반응이 생겨날 수 있게 되므로 별은 그럭저럭 계속해서 빛을 낼 수가 있게 되지만, 이렇게 변화하는 상황에 별이 적응하는 과정은 그 별이 빛을 내는 데 있어서의 불규칙성을 낳게 될 수도 있다.

양자융합 단계의 말기로 향하면서 많은 별들은 그 광도가 오르내리는 **변광성**이 된다. 태양은 적색거성 단계를 끝내면서 수백만 년을 변광성으로 보내게 될 것이다. 별들의 이러한 변이성(變異性)은 때로 무작위로 변동을 일으키기도 하지만, 천문학자들이 **맥동 변광성**이라고 부르는 것을 생성시키는, 규칙적으로 높아졌다 낮아졌다 하는 것처럼 보이는 경우가 보다 더 흔하다.

맥동 변광성에 속한 것으로서 가장 잘 알려진 것은 **케페우스형 변광성**이 최초로 연구 대상이 되었던 전형적인 별인 델타 케페우스〔케페우스자리에 있는 케페우스형 변광성의 원형별. 광도 변화의 주기가 약 5일 9시간 정도이다〕의 이름을 따서 명명되었다. 천문학적인 측면에서 볼 때, 케페우스형 변광성은 엄청난 절대광도를 지니고 있다는 장점이 있다. 이러한 점은 케페우스형 변광성이 상대적으로 엄청나게 먼 거리에 있을 때조차도 천문학자들이 그것들을 찾아내어 연구할 수 있게 해주는 것이다. 하지만 케페우스형 변광성이 가지고 있는 한층 더 유용한 특성들은, 20세기초 헨리에타 스원 리비트가 소(小)마젤란운이라고 불리는 별무리 속에 있는 이러한 변광성의 관측을 통해 발견해 낸 것이다.

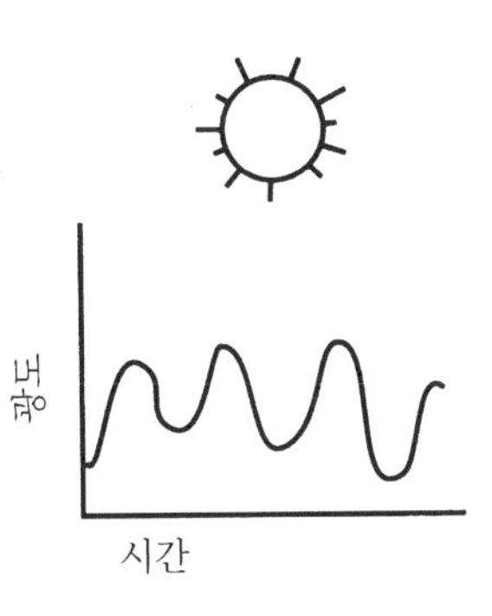

지구를 한 바퀴 도는 첫번째 세계 일주 항해를 하는 동안 페르난도 마젤란과 그의 선원들은 별들과 함께 운행하는 것처럼 여겨지는 2개의 '구름 덩어리들'을 보았다. 오늘날 우리는 이러한 물체들이 대(大)마젤란운과 소(小)마젤란운이라고 불리는 우리은하의 위성은하이며, 우리은하에서 가장 가까이 있는 은하라는 것을 알게 되었다. 마젤란운은 푸에르토리코보다 더 북쪽으로

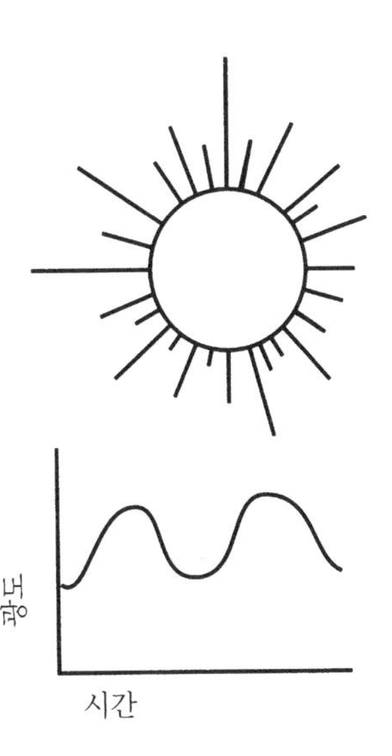

올라간 지역에서는 지평선 위로 결코 솟아오르지 않을 정도로 남극점 가까운 하늘에 근접해 있다.

하버드 칼리지 천문대에서 사진 원판을 가지고 연구를 하고 있었던 리비트는——소마젤란운에 속한 모든 별들은 지구와 떨어져 있는 거리가 대략 같을 것이라고 가정하면서(우리가 알 수 있는 한은 상당히 정확한 것인)——어떤 2개의 케페우스형 변광성이건 동일한 빛의 변화 주기를 가진 것이라면, 그것들은 또한 동일한 평균 광도를 지니고 있다는 것을 알아내게 되었다. 다시 말하면 그것들은 변화 주기들 중 하나에 대하여 평균치를 낸 것인, 매초당 동일한 양의 에너지를 방출한다는 것이다. 보다 긴 주기를 가진 케페우스형 변광성은 보다 짧은 주기를 가진 것들보다 훨씬 더 큰 광도를 갖고 있다. 만약 천문학자들이 동일한 빛의 변화 주기를 지닌 2개의 케페우스형 변광성을 식별해 내었다면, 그 빛이 희미하게 보이는 쪽이 우리에게서 보다 더 멀리 떨어져 있다는 것이 틀림없다. 사실 어떤 별이건 육안으로 확인되는 밝기는 관찰자로부터 그것까지의 거리의 제곱에 비례하여 줄어드는 것이기 때문에, 만약 어떤 케페우스형 변광성이 동일한 주기를 가진 다른 하나보다 육안으로 확인되는 4배의 밝기를 지니고 있다면, 별빛이 희미한 쪽은 2배 더 먼 거리에 위치하고 있음이 분명한 것이다.

케페우스형 변광성은 본질적으로 큰 광도를 지니고 있기 때문에 비교적 먼 거리에서도 발견될 수가 있어서, 천문학적 연구에서 아주 유용한 '지표가 되는 촛불들'이 된다. 다음장들에서 보게 되겠지만, 케페우스형 변광성은 맨 처음 은하까지의 거리 측정의 토대를 이루는 것이었으며, 은하끼리의 거리와 우주 팽창의 속도에 대한 오늘날의 논의의 중심에 자리잡고 있다.

4

우리은하의 천체도 만들기

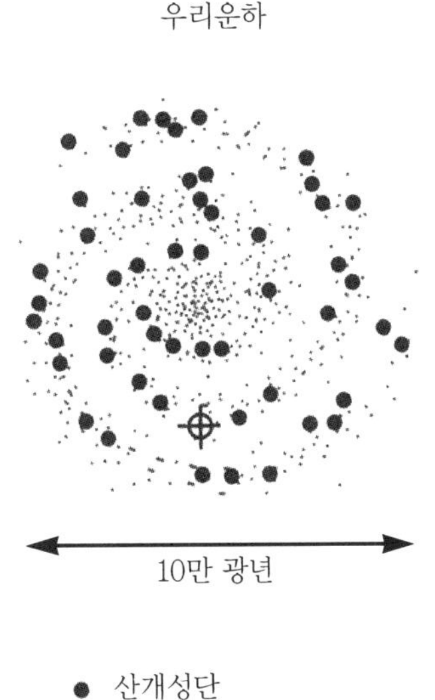

뉴턴이 살았던 시대에도 천문학자들은 태양도 단지 많은 별들 중 하나일 뿐이라는 사실을 아주 잘 알고 있었지만, 어떻게 해서 별들이 우주 전체에 퍼져 있는가 하는 물음에 대한 그럴 듯한 대답은 가지고 있지 못했다. 별들은 우주에 그냥 마구잡이로 흩뿌려져 있는 것인가? 아니면 그것들은 어떤 특정한 장소에 우선적으로 집중되어 있는 것인가?

작은 망원경으로 하늘을 살펴보는 사람이라면 누구든 이에 대한 부분적인 대답이 당장 나타나게 될 것이다. 즉 별들은 어떤 특정 부분에 함께 밀집되어 있다는 것이다. 가장 분명한 별무리는 우리은하라고 알려져 있는 띠 모양의 별빛이다. 갈릴레오의 조잡한 망원경은 우리은하가 우주 공간에 집중된 수없이 많은 개개의 별들에 의해 생겨난 것임을 밝혀냈지만, 천문학자들이 이 별무리에 대해 완전히 이해할 수 있게 되기까지

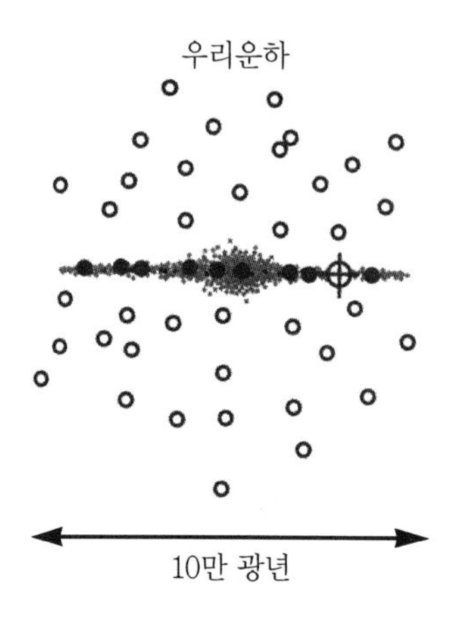

● 산개성단

○ 구상성단

⊕ 태양

는 3백 년이란 세월이 더 흘러야만 했다. 오늘날 우리는 밤하늘에서 보게 되는 이 띠 모양의 별들을 **은하**라고 부르며, 우리 지구가 포함되어 있는 태양계도 그 중 하나를 구성하고 있는(도해 2) 납작한 원반 모양으로 밀집되어 있는 별들의 일부라는 것을 인정한다. 우리가 원반의 평면에서 내다보게 되면 보게 되는 별들은 비교적 몇 개 되지 않지만, 그 원반과 함께 놓여 있는 주변 하늘의 방향에서 보게 되면 우리은하가 내는 별빛을 관측할 수 있다.

소형 망원경으로도 보이는 두번째 유형의 집중된 별무리는 **성단**(星團)이라 불리는 것이다. 성단은 **산개**(散開)**성단**과 **구상**(球狀)**성단** 두 가지 유형이 있다. 가장 가까이 있는 산개성단은 히아데스성단〔황소자리의 첫머리에 V자 형태로 자리잡은 한무리의 별들로, 고대인들은 이 별들이 태양과 함께 떠오르면 비가 내릴 징조라고 여겼다 한다. 그리스 신화에 나오는 히아데스들은 아틀라스의 일곱 딸들인 요정들로 대지에 습기를 공급하는 일을 맡고 있었으며, 제우스에 의해 별자리가 되었다고 한다〕과 묘성(昴星)〔플레이아데스성단. 황소자리에 들어 있으며, 좀생이 혹은 육련성 등으로도 불린다. 육안으로는 7개가 보이는 것으로 되어 있지만 보통 6개가 보인다. 그리스 신화에서의 플레이아데스들은 신들에 의해 별자리로 변한 아틀라스의 일곱 딸들을 가리킨다〕으로, 비록 묘성이 히아데스성단보다 대략 3배나 더 먼 거리에 자리잡고 있긴 하지만 두 성단 모두 황소자리에 속해 있다. 모든 산개성단들과 마찬가지로 히아데스성단과 묘성은 천문학자들이, 그것들 모두 동시에 그러한 형태를 이루었을 것이 분명하며, 단지 천천히 흩어지고 있다고 생각하고 있는 몇백 개의 별들을 각기 포함하고 있다. (좋은 시력의) 육안으로 우리는 묘성에서 '일곱 자매들' 이라는 사랑스러운 이름이 붙여진 7개의 가장 밝은 별들을 볼 수 있는데, 수바루〔일본의 후지 중공업에서 만들어 낸 승용차〕 자동차의 양각새김 장식에 조각되어 있는 이 일곱 별들의 그림은, 이 별무리가 우리 문화가 아닌 다른 문화권에서도 가지고 있는 호소력을 보여 주는 것이다.

구상성단들은 산개성단들보다 엄청나게 더 많은 별들이 집중되어 있는 것을 나타내는데, 그것들을 각기 몇십만 개, 혹은 몇백만 개의 별들을 포함하고 있다. 구상성단들 중에서 가장 잘 알려져 있는 것은 헤르쿨레스자리에 있는 것으로, 좋은 시력의 육안으로, 또는 쌍안경을 통해서 여름철이면 누구나 볼 수 있다. 이 성단과 마찬가지로 구상성단들은 성단이 가지고 있는 질량의 중심을 각각의 별들이 궤도를 그리면서 선회하여, 그것들 자체를 무한히 결합시켜 줄 수 있는 충분한 질량을 포함하고 있다. 산개성단들과는 달리 구상성단들은 그것들이 원래 가지고 있던 가스와 먼지를 모두 별들로 만들어 버렸기 때문에 이제는 더 이상 별을 만들지 않으며, 그런 상태로 수십억 년을 지내왔다. 반대로 산개성단은 구상성단보다 훨씬 더 나이가 어리며, 새로운 별들을 계속해서 생성시키는 거대한 가스구름을 포함하고 있다.

우리는 어떻게 성단의 나이를 아는가?

성단들은 거대한 가스와 먼지의 구름에서 동시에 생겨난 것이 분명한 별들의 거대한 무리들을 연구할 수 있는 기회 이상의, 훨씬 많은 것을 제공한다. 관측된 성단 속에 들어 있는 별들의 특징들을 비교함으로써 천문학자들은 이러한 별들의 나이를, 즉 그 별들이 중심부에서 수소를 헬륨으로 융합하기 시작한 이후 흐른 시간의 양을 추정해 볼 수 있게 된다. 성단들의 연대를 추정해 내는 기술은, 천문학자들이 무엇이 별빛을 내게 만드는지를 이해할 수 있게 되었던 40년 전에 시작되었으며, 별들의 내부에서 무슨 일이 진행되고 있는가 하는 점은, 컴퓨터를 이용한 점점 더 개선되는 모형들을 통해 꾸준히 정확한 것으로 만들어져 왔다.

그 기술이란 어떤 것이며, 어째서 그것은 단지 성단들에 대해서만 적용되는 것인가? 이 기술은 **온도-광도 상관 도표**, 즉 별들의 표면 온도(가로축) 대 별들의 광도(세로축)를 나타내는 그래프와 관련이 있다. 천문학적 역사가 갖고 있는 한 가지 기이함 덕분에, 그러한 도표에서 온도를 나타내는 가로축의 눈금은 온도의 증가를 나타내는 방향이 **왼쪽**으로 되어 있는 것이다! 전통에 푹 젖어 있지 않은 사람들은 천문학자들이 그토록 자주, 그리고 아주 훌륭하게 사용하고 있는 이 온도-광도 상관 도표를 잘못 읽어낼 수도 있다는 상당한 위험성을 그대로 남겨둔 상태에서, 논리를 이런 범위까지 압도할 수 있는 것은 오직 강력한 전통뿐인 것이다.

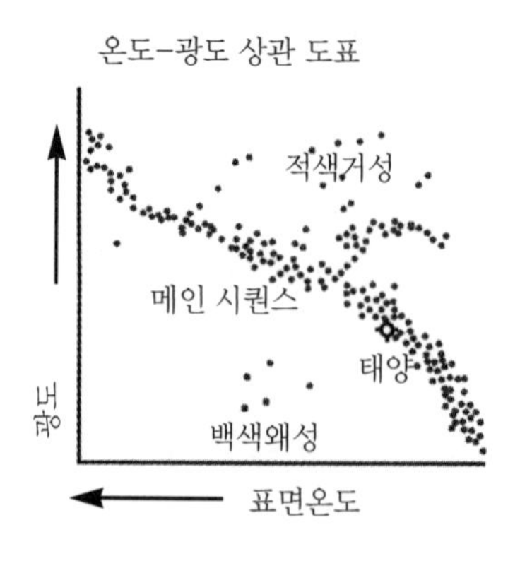

이상적인 상황에서라면 천문학자들은 성단 안에 들어 있는 별들까지의 거리를 알고 있으며, 그렇게 해서 그 별들의 **고유(절대)** 밝기라고도 불리는 광도를 계산해 낼 수 있는 것이다. 하지만 그 성단의 거리가 측정될 수 없는 경우에, 천문학자들은 **육안으로 확인되는** 별들의 밝기를 가지고 연구를 해볼 수

가 있다. 지구에서 모든 별들까지의 거리는 거의 동일한 것이기 때문에 육안으로 확인되는 밝기는 그것들의 절대밝기와 동일한 비율을 가지고 있으며, 절대밝기의 비교는 그 성단 속에 들어 있는 별들의 나이에 대해 많은 것을 밝혀 주게 된다.

천문학자들이 별들의 표면온도와 밝기에 대해 조사를 하게 되면, 그들은 하나의 성단 안에 들어 있는 별들 대부분을 표시하는 점들이, 낮은 표면온도와 낮은 광도의 별들을 나타내는 오른쪽 아래 구석에서 높은 표면온도와 높은 광도의 별들을 나타내는 왼쪽 위 구석으로 뻗어 있는 길다란 띠로서, **메인 시퀀스**〔미국의 천문학자인 헨리 N. 러셀이 만들어 낸 것으로, 별들의 밝기와 온도 사이의 관계를 나타내 주는 러셀 도표에서 나누고 있는 등급에 따라 각각의 별들에 해당되는 위치를 점으로 나타낸 것으로서 대각선 방향의 긴 띠 모양을 이루며, 대부분의 별들이 이 띠에 해당하는 위치에 놓이게 되는데, 이것은 별들의 광도와 별빛의 색깔, 광도와 별의 크기, 광도와 표면온도 등이 서로 상관관계에 있음을 보여 주는 것이다〕라고 불리는 도표의 어느 특정 부분에 위치하게 되는 것을 알 수 있게 된다. 태양은 절대온도 5천8백도의 표면온도와 매초 4×10^{33}에르그의 광도를 지녀, 메인 시퀀스의 중간쯤에 위치하고 있는 메인 시퀀스에 속한 별〔앞서 말한 상관관계를 나타내는 별들로 이루어진 띠에 속해 있는 별〕이다. (태양의 나이가 45억 년이라는 사실을 알게 된 것은 태양계가 어떻게 형성되었는가에 대한 우리의 계산에서 뿐만 아니라, 지구에서 발견된 가장 오래 된 암석들과 달에서 가져온 암석들의 연대를 추정하는 것에 의해서이지 태양 그 자체에 대한 연구에 의한 것은 아니다. 그러한 계산들은 태양의 주위를 도는 행성들은 태양과 함께 형성되었다는 가정——대부분 과학자들의 견해에서 그것이 전적으로 옳다는 근거가 제시되고 있는——을 포함하고 있다.)

이것들이 가지고 있는 메인 시퀀스에 속한 별들 이외로 성단들은 낮은 광도와 상대적으로 높은 온도를 지니고 있기 때문에 메인 시퀀스의 아래쪽에 위치하게 되는 얼마간의 백색왜성들(도해 4의 아래쪽 중앙)과, 높은 광도와 상대적으로 낮은 온도로 인해 메인 시퀀스의 위쪽에 위치하게 되는 얼마간의 적색거성들(도해 4의 위쪽 오른편 구석)을 보여 준다. 이 적색거성들은 그것들의 중심부에서 핵융합을 위한 양자의 공급이 고갈되면서 이제는 식어가기 시작한 것으로, 그 이전의 단계에서는 메인 시퀀스에 속했던 별들이다. 백색왜성들은 적색거성의 단계를 지나 진화해 왔고, 바깥쪽 층을 잃었기 때문에 뜨겁고, 수축되어 있으며, 핵을 드러내게 된다.

모두 동시에 생겨난 성단 속의 별들은 그것들의 과거라는 여정에서 어떻게 그처럼 다른 지위를 차지하게 된 것일까? 성단들의 나이를 측정하는 비밀이 여기에 있다. 계산에 따르면, 보다 질량이 큰 별들은 질량이 작은 별들보다 메인 시퀀스 단계를 보다 빠르게 끝내버리게 된다는 사실을 보여 준다. 보다 질량이 큰 메인 시퀀스에 속한 별들은 더 높은 표면온도와 보다 더 큰 광도를 지니고 있으며, 그러한 점은 그것들을 온도-광도 상관 도표의 메인 시퀀스에서 꼭대기 자리를 차지하게 만든다. 별들은 나이가 들어가면서 중심부에서의 양자의 고갈로부터 기인하는 고통을 느끼기 시작하게 된다. 다음으로 그것들은 팽창했다가 식게 되어, 그것들을 표시하는 점들은 온도-광도 상관 도표에서 보다 낮은 표면온도의 방향인 오른쪽으로 옮겨지게 된다.

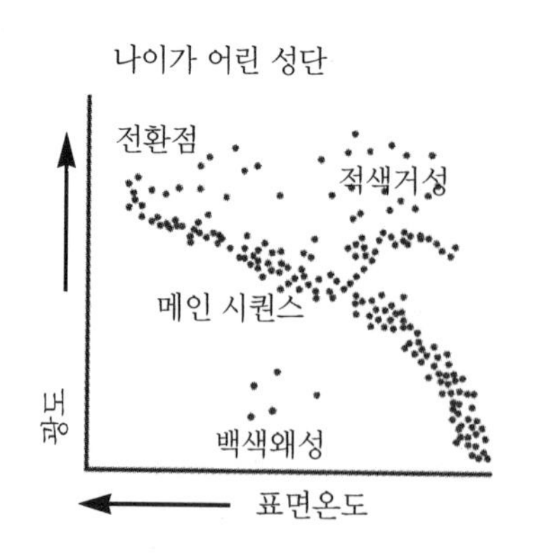

맨 먼저 메인 시퀀스에서 떠나야 할

별들은 그 성단에서 가장 질량이 큰 것이 될 것이며, 그 다음은 그것보다 질량이 약간 작은 별들이 될 것이다. 그 다음 쉬지 않고 차츰차츰 별들은 메인 시퀀스에서 이탈하여 감소하는 질량의 순서대로 온도-광도 상관 도표에서의 적색거성들이 차지하게 되는 부분으로 향하게 될 것이다. 천문학자들의 어떤 주어진 성단에 속해 있는 별들의 도표를 조사해 보면, 그들은 메인 시퀀스가 어떤 특정 표면온도와 광도에 이르게 될 때까지 계속되지만 그 이상으로는 확장되지 않는다는 것을 알 수 있게 된다. 메인 시퀀스에서 가장 높은 표면온도와 광도를 지닌 별들은 막 적색거성이 되려는 단계에 있는 것이다. 따라서 어떤 성단의 메인 시퀀스의 꼭대기 부분에 있는 별들의 광도와 표면온도를 측정함으로써, 천문학자들은 그 성단에 들어 있는 모든 별들의 나이——만약 그들이 별들이 어떻게 나이를 먹는가 하는 점에 대한 정확한 모형을 가지고 있다면——를 측정할 수 있는 것이다.

수년 동안 천체물리학자들은 별의 진화에 영향을 줄 수 있는 수소나 헬륨 이외의 다른 원소들을 구성하고 있는 별의 파편과 같은 특별한 매개변수들뿐만 아니라, 각각의 별이 지니고 있는 질량까지도 고려한 별의 진화 모형을 연구해 왔다. 그들의 모형은 수백 개의 개별적인 별들에 대한 관측을 통해서, 온도-광도 상관 도표에 구분되어 표시된 그 성단들의 나이를 추정해 볼 수 있게 한다.

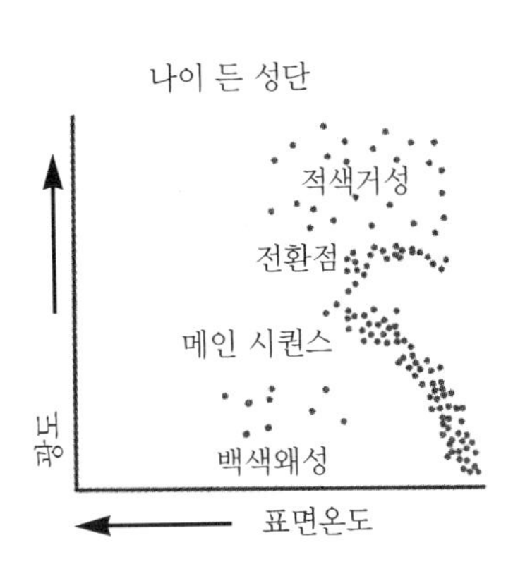

산개성단의 나이는 메인 시퀀스의 정점에 해당하는 부분을 측정하는 것에 의해 몇백만 년에서 수십억 년의 범위에 걸쳐 분포되어 있는 것으로 추론된다. 대조적으로 **모든** 구상성단은 수십억 년에 이르며, 우리은하와 다른 은하는 오

래 전에 구상성단 만들기를 멈췄다. 우리는 이러한 성단들의 메인 시퀀스가 태양의 표면온도와 광도에 근접하는, 상대적으로 낮은 표면온도와 광도에서 끝나게 되며, 메인 시퀀스에 속한 별로서의 전체 수명이 약 1백억 년 정도라는 사실에서 이러한 점을 알 수가 있다. 이 기술을 사용하여 천문학자들은 M13 구상성단의 나이를 1백억 년으로, 그리고 몇 개의 다른 구상성단에는 한층 더 많은 나이를 매겼다. 나이 범위의 맨 상층부에서 우리는 1만 5천 광년 떨어져 있으며, 남반구의 하늘에서 가장 뚜렷하게 눈에 띄는 장관 중 하나인 켄타우루스자리 오메가성단(남반구의 별자리인 켄타우루스자리에 있는 성단으로, 지구에서 가장 가깝고, 겉보기에 가장 밝은 구상성단)을 볼 수 있다. 켄타우루스자리 오메가성단에 속해 있는 별들의 온도-광도 상관 도표를 그려 봄으로써 천문학자들은 이 구상성단이 거의 1백60억 세나 되었다는 것을 알아냈다.

정말 그러한 것일까? 8장에서 우리는 우주의 나이가 1백60억이 아닌 수십억 년——아마도 켄타우루스자리 오메가성단의 나이의 겨우 **절반** 정도일 수 있는——이라는 증거를 조사해 보고, 이처럼 모순되는 점에 대해 무엇을 할 것인지도 생각해 보게 될 것이다. 하지만 우주가 그것에 포함되어 있는 부분들보다 더 젊다는 수수께끼에 접근하기에 앞서, 우리는 천문학자들이 우주 공간에서 발견해 낸 여러 가지 유형의 물체들에 대한, 특히 천문학자들이 성운이라고 불러온 솜털 같은 구름들에 대한 우리의 검토를 완전히 끝내야만 한다.

우주의 안내책자 만들기

18세기와 19세기 동안에 천문학자들이 망원경을 개량시키게 되면서, 그들은 모두 산개성단 혹은 구상성단 둘 중 하나로 분류될 수 있는 수백 개의 성단들을 발견했다. 20세기초의 천문학자들에게 천체에 있는 물질의 배열은 상당히 제대로 입증되어 있는 것처럼 보였다. 우리은하는 망원경을 통해 볼 수 있는 온갖 별들 · 성단 · 가스구름들을 포함하고 있는 것처럼 보였다. 하지만 우주의 모형 전체를 바꿔 놓게 될 운명의, 대답되지 않은 한 가지 물음은 '나선성운'의 본질이라는 것이었다.

밤하늘에서 빛나고 있는 물체들의 작은 한 조각은 뾰족뾰족한 꼭지들을 가진 별의 모양이라기보다는 솜털 같은 모양을 보여 준다. 20세기 들어 우주의 구조에 대한 우리 지식의 진보의 대부분은 라틴어 '구름'에서 온 것으로서, 통상적으로는 **성운**이라 불리는 이 솜털 같은 물체들에 대한 우리의 이해의 증가에서 그 유래를 찾을 수 있다.

가장 유명한 성운은, 18세기 후반 프랑스의 아마추어 천문학자로 혜성을 발견하기 위한 탐색을 하고 있었으며, 혜성을 발견하려는 그의 노력에 혼동을 주는 것이었을 수도 있는, 혜성이 아닌 솜털 같은 물체들에 대한 기록을 해놓았던 샤를 메시에에 의해 목록으로 만들어졌다. 비록 오늘날에 와서는 그가 발견했던 혜성들에 관한 것은 잊혀져 버렸지만, 겨우 1백여 개 남짓인 그의 '메시에 목록' 이란 기록은 메시에라는 이름을 여러 세기에 걸쳐 계속 전해 오고 있게 만든 것이다.

예상할 수 있었던 것처럼 메시에의 목록에는 프랑스 밤하늘에서 볼 수 있는, 별 모양의 꼭지들이 없는 가장 밝게 빛나는 잡다한 물체들에 대한 것으로 뒤섞여 있다. 그 물체들 중 몇 개는 나중에 산개성단 혹은 구상성단으로 밝혀졌는데, 만약 메시에가 더 나은 망원경을 가지고 있었다면 그러한 정도는 그도 알아볼 수 있을 그러한 것이었다. 다른 몇 개는 **행성상성운**(아주 뜨거운 별을 둘러싸고 있는, 직경이 수십억 마일인 가스의 외피로 구성되어 있는 성운)인데, 이것들은 작은 망원경으로 봤을 때 행성에 딸린 원반과 흡사하다는 점에서 그렇게 혼동을 줄 수 있는 이름이 붙여졌던 것이다. 실제로 행성상성운은 나이가 들어가는 별들로부터 방출된 팽창하고 있는 가스 상태의 외피로서, 별의 복사에 의해 내부로부터 달궈져 빛을 내게 만들어진 것들이다.

메시에 목록 중 그밖의 많은 것들은, 그 안에 묻힌 젊은 별들에 의해 열을 받아 뜨거워지고 빛을 내게 된 거대한 성간 가스 덩어리로 결국 밝혀졌다. 모든 별들과 마찬가지로 이러한 젊은 별들의 무리는 그 가스가 갖고 있는 중력에 의한 수축으로 형성되어 온 것이며, 궁극적으로 그 가스구름 속에서 더 많은 별들이 응축되어, 그 중심부에서는 중력의 영향으로 핵융합을 시작하고 있는 것으로 예상할 수가 있다. 분광학은 당시에는 '확산성운'이라고 불렀으며, 오늘날에는 **HII 부분**들이라고 부르는 이러한 뜨거운 가스구름들이 주로 수소 · 헬륨 · 탄소 · 질소 · 산소, 그리고 네온으로 이루어져 있다는 사실을 밝혀냈다. 이온화한 수소라는 뜻인 HII라는 용어는 가까이 있는 별들에서 나오는 강력한 복사의 영향으로 전자를 잃어버리게 된 수소 원자들(그렇게 해서 수소 '이온들'로 되어가는)을 가리킨다.

우리에게서 가장 가까이 자리잡고 있는 HII 부분인 오리온 성운은, 오리온이 쥐고 있는 검(劍)의 중간에 자리잡고 있는 '별'로 되어 있지만, 실제로 그 형성의 초기 단계에서 볼 수 있는 별들의 산개성단으로 구성되어 있다.(도판 2) 이미 그 형성이 끝난 젊고 뜨거운 별들은 그것들 주위를 고치처럼 감싸고 있는 가스 덩어리에 빛을 비추고 가열하는 것이다. 이 가스로부터 나오는 빛에 대한 분광학적 분석은 1만 K에 육박하는 온도를 가지고 있음을 보여 준다. 크기나 특징면에 있어서 오리온성운과 비슷한 다른 HII 부분들은 우리은하의 별들 사이에 산재한다. 그 모두는 기본적으로 동일한 유형의 물체인, 형성 초기 단계에 있는 산개성단이다. 오리온성운은 이미 몇백 개의 별들을 만들어 왔고, 궁극적으로는 수천 개를 탄생시키게 될 것이다.

하지만 메시에는 복잡한 나선 모양으로 꼬인, 거미줄과 같은 형태의 가스로 이루어진 것처럼 보이는 또 다른 유형의 성운에 대해서도 목록을 만들었다. 이러한 '나선성운'은 확산성운이나 행성상성운과 어느 정도 유사한 것으로 여겨지기도 하지만, 그 누구도 확실하게 말할 수는 없는 상황이다. 반세기 남짓의 세월 동안 천문학자들은 그들이 가지고 있는 가장 좋은 성능의 망원경을 통해 본 정교한 구조를 지닌 나선성운을 그려냈고, 19세기말에 이르러서는 훌륭한 사진들이 그 그림들의 부족한 부분들을 보충해 주게 되었다. 하지만 그것들의 정확한 특징들은 아직 확정되지 않고 있다.

20세기초까지 소수의 천문학자들은, 나선성운은 절대 가스로 이루어진 구름들이 아니라 너무도 멀리 떨어져 있기 때문에 우리가 그 개개의 별들을 식별할 수 없는 별들의 집합이라고 주장했다. 만약 이것이 사실이라면, 이 나선성운은 이제까지 천문학자들이 그 정체를 밝혀낸 모든 별들과 성단 너머인 정말로 태양계에서 엄청나게 멀리 떨어진 거리에 자리잡고 있음이 틀림없다. 망원경들이 개량되면서 천문학자들은 이 나선성운은 그것들 사이에 얼마간의 뜨거운 가스 구름들과 정체가 밝혀지지 않은 먼지 입자들이 흩뿌려져 있는, 실로 거대한 별들의 집합체라는 것을 알게 되었다.

하지만 그것들은 얼마나 크며, 또 얼마나 멀리 떨어져 있는 것일까? 이 나선성운은 단지 우리은하에 존재하는 엄청나게 커다란 성단에 지나지 않았던 것일까, 아니면 그 크기에 있어서 우리은하에 필적하는 것임이 분명하지만 너무도 멀리 떨어져 있으며, 그렇게 해서 그것들 자체로 '섬우주'를 형성하고 있었던 것일까? 우리가 우리은하라고 부르는 별들의 집단은, 19세기 천문학자들이 믿고 있었던 것처럼 눈에 보이는 우주 전체를 포함하고 있는 것일까, 아니면 그것은 단지 그러한 많은 구조물들로 이루어진 우주라는 바다 속에 존재하는 하나의 구조물일 뿐인가?

에드윈 허블과 나선성운의 본질

우주에 있는 별들이 정말로 어떻게 배열되어 있는지를 입증한 사람은 에드윈 허블이었다. 1889년 미주리에서 태어난 허블은 로드 장학생(영국의 정치가로 남아프리카 총독이었던 세실 존 로드가 마련한 영연방, 또는 미국 학생들에게 주는 옥스퍼드대학교의 장학금)이었으며, 변호사가 될 수도 있었으나 천문학을 택했던 것이다. 그는 또한 제1차 세계대전 당시 해외 파견 근무를 했고, '소령' 이라고 불리는 것을 좋아했던 재향군인이자 영국식 억양에 영향을 받은 시골 소년이었고, 어떤 문제들이 연구에 가장 큰 결실을 가져오게 될지를 미리 알고 있는 듯 여겨질 정도로 재기에 넘치는 천문관측자이기도 했다. 제1차 세계대전이 끝난 이후의 몇 년 동안 허블은 완성된 지 얼마 되지 않았고, 당시로서는 세계 최대의 것이었으며, 로스앤젤레스 분지를 내려다보고 있는 산정에 세워진 캘리포니아 주 윌슨 산(이제는 세계에서 가장 많은 자동차들이 뿜어대는 스모그가 당시에는 없었던 장소인)의 1백 인치짜리 반사망원경을 이용하기 위해 출입할 수가 있었다. 허블은 그의 관측 시간을 이 나선성운의 본질이 무엇인지 풀어내는 데 투자하기로 결심했다.

20세기가 시작되고 나서 25년간 천문학자들 사이에서 후일 '대토론' 이라고 묘사되었던, 이 문제에 관한 논의가 일어났다. 하버드 칼리지 천문대의 젊은 책임자였던 할로 섀플리는 우리은하에 들어 있는 구상성단의 천체도를 근거로 해서 우리은하의 크기를 추정해 냈다. 섀플리에 따르면, 우리은하는 단지 그 거리를 추측해 볼 수 있을 뿐이며, 그렇다면 우리은하의 아(亞) 단위가 될 수도 있는 나선성운까지도 포함할 수 있을 정도——현재 우리가 측정한 수치의 약 3배——로 엄청나다는 것이다. 북부 캘리포니아 릭 천문대의 히버 커티스와 같은 가장 주목할 만한 학자를 필두로, 다른 천문학자들은 섀플리가 우리은하의 크기를 지나치게 크게 추정하고 있었으며, 나선성운까지의 거리는 그때까지 추정되고 있었던 것보다 훨씬 더 먼 것이라고 주장했다. 천문학자들이 필요로 했던 것은 하나, 또는 그 이상의 나선성운까지의 거리에 대한 직접적인 측정이었으며, 이것을 허블이 제공했던 것이다.

허블은 가장 밝게 빛나는 나선성운 속에 들어 있는 케페우스형 변광성을 찾기 위해 1백 인치짜리 망원경을 사용했다. 허블도 깨닫고 있었던 것처럼 이들 별들에 있어서 주기와 광도의 관계에 대한 헨리에타 스원 리비트의 발견은, 만약 동일한 광도 변화 주기를 지닌 2개의 케페우스형 변광성을 확인해 낼 수 있다면, 보다 희미하게 보이는 쪽이 우리로부터 더 멀리 떨어져 있음을 의미하는 것이었다. 얼마 지나지 않아 허블은 안드로메다자리에 들어 있는 거대한 나선성운을 포함, 우리에게 잘 알려져 있는 몇 개의 성운에서 케페우스형 변광성을 확인했다. 그는 이 별들의 육안으로 확인되는 밝기를 우리은하에 속해 있는, 이들과 비슷하지만 더 밝은 케페우스형 변광성(이것들이 우리와 비교적 가까운 거리에 있다는 것이 다른 수단에 의해 추정된)과 비교하고, 안드로메다자리의 나선성운은 적어도 50만 광년의 거리만큼 떨어져 있다는 사실을 입증했다. 빛은 1초에 18만 6천 마일을 진행하니까 1광년——빛이 1년 동안 가는 거리——은 약

6조 마일에 해당한다. 우주학에 관심이 있는 천문학자라면 누구도 마일과 같은 아주 작은 거리의 단위는 사용하려 들지 않을 것인데, 허블의 관측이 입증해 준 바와 같이 우주학적 거리를 설명해 내는 데 있어서는 광년이란 단위조차도 전혀 대단한 것이 못 되기 때문이다.

새플리가 우리은하의 직경을 30만 광년이 못 되는 걸로 측정한 것에 비하면, 50만 광년으로 잡은 것은 너무 지나친 것이었다. 오늘날에 와서 허블이나 다른 학자들의 연구 결과에 대한 수정은 안드로메다자리까지의 거리를 2백20만 광년 정도로, 그리고 우리은하의 직경은 약 10만 광년 정도로 잡고 있다. 이처럼 안드로메다은하는 우리은하 직경의 20배 되는 거리에 있는 것이다. 따라서 그것은 별들의 독립된 체계임이 분명하다.

'은하'('젖'을 뜻하는 그리스어에서 유래한 것이며, 그 원형으로서 우리은하에 영예를 주고 있는 것)라는 말을 사용함으로써 우리는 나선성운을 **나선은하**로 인식하게 된 우주학의 현대적 시기로 진입하게 된다. 이 납작하며 원반 모양인 가스와 먼지, 그리고 수십억 개의 개별적 별들의 집합체는 가장 젊고, 가장 온도가 높은 별들이 자리잡고 있는 곳이며, 새로운 별들이 형성되고 있는 장소인 원반 내부에 두드러진 나선팔 모양 부분들을 가지고 있다.(도판 4) 현재 은하에 대한 목록들은 무수한 수의 은하들을 기록하고 있으며, 이것의 큼직한 한 부분이 우리은하와 같은 나선은하인 것이다.(도판 5)

알려져 있는 모든 은하의, 마찬가지로 상당히 큼직한 한 부분은 **타원은하**라는 범주에 속한다. 그것들은 나선은하와 거의 비슷한 직경에, 설혹 있다 하더라도 납작한 면을 거의 보여 주지 않으며, 성간 가스나 먼지를 거의 혹은 전혀 가지고 있지 않다. 타원은하가 나선은하보다 더 효율적인 별의 생성 과정을 지니고 있는 것처럼 보인다. 나선은하와는 달리, 그것들은 수십억 년 동안 새로운 별들을 전혀 만들지 않고 있다.

나머지 소수의 은하는 전형적으로 훨씬 더 비정형이며, 커다란 나선은하나 타원은하보다는 조금 작은 **불규칙 은하**이다. 가장 가까운 거리에 있으며, 가장 연구가 잘 되어 있는 불규칙 은하의 보기들인 2개의 마젤란운들은 우리은하의 위성은하이다. 그것들의 질량들은 각기 우리은하가 가지고 있는 질량의 몇 퍼센트를 포함하고 있으며, 대부분의 불규칙 은하처럼, 그것들은 특히 새로운 별을 계속 생성시키는 성간 가스와 먼지를 풍부하게 가지고 있다. (도판 6)

천문학자들이 알 수 있는 한, 거의 모든 은하는 우주가 시작된 이후 몇십억 년 이내에 형성되기 시작했다. 무엇이 이 은하를 형성시켰는가? 그리고 어째서 그것들은 서로 다른 형태들을 보여 주는가? 이러한 물음들에는 여전히 대답이 되고 있지 않으며, 13장에서 보게 되겠지만 실로 그것들은 현대우주학 연구의 핵심에 자리잡고 있다.

오늘날 우주의 구조에 대한 본질적인 물음들은 더 이상 성단 · 가스구름, 그리고 먼지로 이루어진 은하 내부와는 상관이 없는 것들이다. 대신 천문학자들은 우리은하와 공간적으로 시간적으로 엄청나게 먼 거리에 있는 모든 은하, 특히 우주 전체의 은하 **무리들**의 배열과 움직임에 대해 연구한다. 이러한 관측들, 그리고 그것들이 만들어 내는 수수께끼들은 이후 우리의 우주학 개관을 지배하게 될 것이다.

소마젤란운
대마젤란운
우리은하
220만 광년
안드로메다 은하

5

우주 팽창의 발견

나선은하가 우리은하의 경계선을 훨씬 넘어선 곳에 자리잡고 있다는 에드윈 허블의 발표는, 하딩 대통령(1865-1923, 미국의 제29대 대통령)이 샌프란시스코의 팰리스 호텔에서 사망한 해로 대부분의 미국인들이 기억하는 1923년에 나왔다. 잔여 임기와 자신의 임기를 채우게 되는 후임 대통령인 캘빈 쿨리지는, 미국이 1920년대를 마감하게 되는 거대한 증권 시장의 붕괴로 그 정점을 이루는 사업적 활동이 팽창하는 열기를 겪는 것을 보게 된다. 일종의 우주적인 우연의 일치라 할 수 있는 것에 의해, 증시가 몰락하던 해인 1929년은 또한 허블의 노력이 그를 20세기 전반의 가장 유명한 천문학자로 만들게 되는, 우주의 팽창이라는 그의 발견으로 정점을 이루는 해이기도 했다.

허블은 그의 기본적인 측정 장치인 케페우스형 변광성에 의지하여 은하까지의 거리에 대한 추정을 끊임없이 개선시키는 데 1923년에서 1929년까지의 세월을 보냈다. 그는 그가 추정해 낸 **거리들**이 이러한 은하의 **움직임**과 서로 관련이 되어 있는지의 여부에 흥미를 가지고 있었다. 이러한 움직임들은 은하로부터 나오는 빛의 스펙트럼들——즉 현재 천문학자들이 수십억 개의 별들로부터 나오는 혼합물이라고 인식하고 있는——을 연구했던 다른 천문학자들에 의해서도 조사되어 왔다. 이 혼합물 속에서 천문학자들은 그들이 개별적인 별들의 스펙트럼들에서 발견했던 가장 두드러진 특징들을 인지해 낼 수 있었다. 예를 들면 그들은 나트륨과 칼슘 이온에 의한 빛의 차단으로부터 생겨나는 흡수선들을 보게 되는데, 그것들은 태양이나 다른 많은 별들의 스펙트럼 속에서 가장 두드러진 특징이다. 하지만 그들은 또한 이러한 흡수선들의 파장이 지구의 천문대에서 관측된 것과는 약간 차이를 가진다는 것을 알게 되었다. 이 차이는 모든 과학자들에게 친숙한 원인인 도플러 효과에 의해 생겨나는 것이 거의 확실하다.

도플러 효과

19세기초의 과학자로서 크리스티안 요한 도플러는 어떤 종류의 파동──음파, 물결, 빛의 파동──이건 근원이 되는 물체의 움직임은, 그 근원이 되는 물체가 움직이지 않고 있을 때보다 관찰자에게 그 파동이 약간 달라 보인다는 사실을 파악하고 있었다. 도플러 효과라는 용어는 만약 파동의 근원이 되는 물체가 관찰자에게 접근하게 되면, 계속 이어지는 각각의 파동마루가 약간 더 일찍 관찰자에게 도달하게 된다는 사실을 설명하고 있다. 반대로 그 근원이 되는 물체가 관찰자로부터 멀어지게 되면, 그 파동마루는 아무 움직임이 없을 때보다 약간 더 늦게 관찰자에게 도달하게 된다는 것이다. 바꿔 말하면 박자가 고른 파장──2개의 연속적인 파동마루에서 대응되는 두 지점 사이의 거리──은 그 근원이 관찰자에게 접근하고 있을 때는 더 짧아지고, 그 근원이 관찰자에게서 멀어져 갈 때는 더 길어진다는 것이다.

도플러 효과는 또한 연속된 파동마루의 간격인 진동수를 변화시키게 된다. 관찰자 쪽을 향한 움직임은 고른 박자의 진동수를 증가시키는 반면, 관찰자에게서 멀어지는 움직임은 그것을 감소시키게 된다. 파장과 진동수에 있어서의 변화의 양은 **도플러 편이**라고 불리는 것으로서, 도플러 효과로부터 직접적으로 생겨나는 것이다. 보다 빠른 움직임은 더 큰 도플러 편이의 양을 생성해 낸다. 게다가 파동의 근원이 되는 물체 대신 관찰자가 움직이거나, 또는 양쪽 모두가 움직이거나 하는 어느쪽에도 도플러 효과는 의지하지 않는다. 그 움직임이 어떤 작용을 하건 천문학자들은 도플러 효과에서 발생하는 파장의 변화를 측정할 수 있다면, 그들은 파동의 근원이 되는 물체와 관찰자 사이에서의 상대적인 움직임의 양을 결정해 낼 수 있다는 점을 알고 있다.

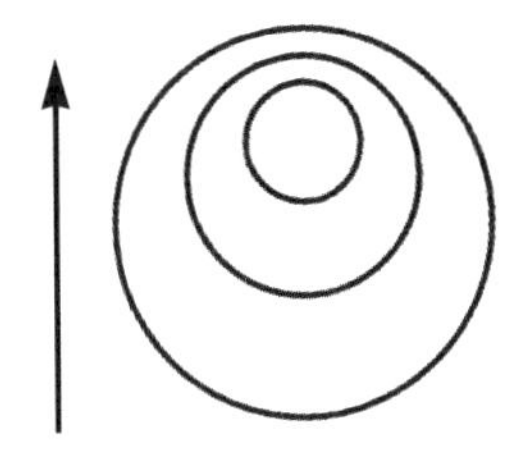

관측자를 향해 움직이는 근원에서는 파동이 압축되어, 즉 보다 짧은 파장이 되어 도착한다.

이제 어떤 파동의 진동수이건 그것이 가지고 있는 파장으로 곱하면, 그 파동의 진행 속도와 언제나 일치하게 될 것이다. 따라서 빛의 속도는 언제나 일정한 것이기 때문에(19세기말과 20세기초 동안에 반복되는 측정을 통해서 입증된 사실인) 큰 진동수를 가진 빛의 파동은 파장이 짧으며, 작은 진동수를 가진 빛의 파동은 파장이 길다는 사실을 함축하고 있는 것이다. 천문학자들은 흔히 보다 작은 진동수와 긴 파장을 갖게 되는 쪽으로의 변화를 **적색 편이**〔赤色偏移; 별이나 성운, 또는 다른 종류의 복사체들로부터 나오는 빛이 스펙트럼의 적색 부분. 즉 파장이 가장 긴 쪽으로 이동하는 현상으로, 이것은 점점 더 빨

라지는 속도로 관측자로부터 멀어지는 방향으로의 움직임을 나타내 주며, 결과적으로 우주는 끊임없이 점점 더 빨라지는 속도로 팽창하고 있다고 여기게끔 한다)라고 부르는데, 그 까닭은 적색광선이 모든 가시광선의 색깔들 중에서 가장 작은 진동수와 가장 긴 파장을 가지고 있기 때문이다. 천문학자들은 도플러 효과에 대한 **청색 편이**라는 용어를, 이것을 보라색 편이라고 부르는 것이 보다 더 타당할 수도 있겠지만, 보다 짧은 파장과 큰 진동수를 가진 쪽을 가리키는 데 사용한다. 하지만 청색이라 부르는 것으로도 충분하며, 수년 동안 그렇게 불러왔다.

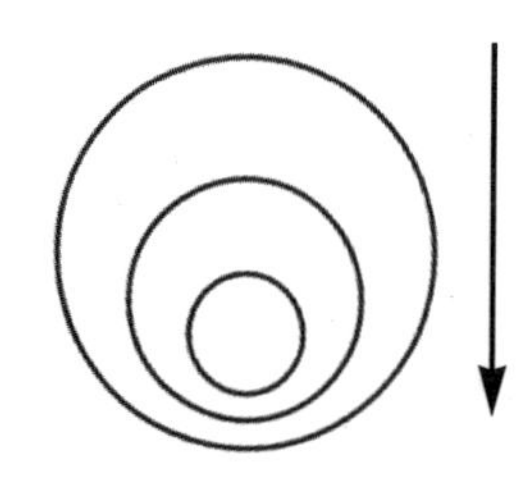

관측자에게서 멀어지는 근원에서는 파장이 더 긴 것으로 잡아 늘여진 것처럼 보이게 된다.

도플러 효과는, 빛을 발생시키는 물체가 얼마나 빠르게 우리를 향해 접근하는지, 혹은 우리에게서 멀어지는지를 알아낼 수 있는 기회——그 빛에서 도플러 편이의 양을 측정해 낼 수 있다면——를 우리에게 제공한다. 하지만 만약 우리가 **관측된** 진동수와 파장만을 측정하고, 상대적인 움직임이 부재한 상태에서 그것들이 가지는 값을 측정하지 않는다면, 어떻게 도플러 효과에 의해서 생겨나는 **변화**를 결정할 수 있을 것인가? 그에 대한 대답은, 20세기초까지 천문학자들이 인식하고 있는 것처럼 별들의 스펙트럼들은 우리에게 익숙한 유형들을 보여 주고 있다는 점, 즉 그 스펙트럼들은 비록 많은 편차를 나타내고 있긴 하지만 근본적인 유사성을 지니고 있다는 점에 있다.

나트륨과 칼슘에 의해 생성되는 흡수선들은 우리에게 이미 친숙한 것이기 때문에, 천문학자들이 보통의 파장들과는 약간 차이를 지닌 파장들에서 도플러 효과에 의해 변위가 이루어진 강한 흡수선들을 보게 되면, 그들은 그것을 오랜 친구들처럼 알아볼 수 있는 것이다. 만약 하나의 스펙트럼이 단지 1개 혹은 2개의 흡수선만을 포함하고 있다면, 약간 억지해석처럼 보일 수도 있겠지만 관측 방법의 개선으로 훨씬 더 많은 스펙트럼의 선들을 찾아볼 수 있게 되었다. 은하들의 스펙트럼들은 아기의 얼굴만큼이나 친숙한 것이 되었는데, 그것은 은하들을 관측하는 사람들에 대한 은하의 움직임의 결과에 의해 조정된 것에 의해서이다. 이제 은하의 스펙트럼들을 연구하는 천문학자들은, 가장 두드러지게 나타나는 2,3개밖에 되지 않는 스펙트럼 선들이 가지고 있는 파장의 비율 속에서도 친숙한 유형들을 알아볼 수 있다.

허블 법칙

20세기초 몇 년 동안, 애리조나 주 플래그스태프 근처의 로웰 천문대 소속의 천문학자 베스토 슬리퍼는 몇십 개의 은하들의 도플러 편이를 측정했다. 다른 천문대들에서 측정한 몇 개의 다른 수치들을 보탠, 이 작은 표본조차도 뚜렷한 비무작위성(非無作爲性)을 보였다. 단지 아주 적은 수의 은하들만이 상대적인 접근 움직임을 보인 반면, 대다수의 은하들은 우리은하로부터 멀어지고 있었던 것이다. 이것은 그 자체로서도 암시적인 것이었다. (비록 보다 겸손했던 그 시대의 천문학자들은 이러한 불일치에 관해 추측하는 것을 삼가긴 했지만) 은하들의 도플러 편이가 한쪽으로 치우쳐 분포하는 것에 대한 설명을 발견해 내는 것은 에드윈 허블의 몫으로 남겨졌다.

허블의 연구는 그로 하여금 각각의 은하의 도플러 편이와, 그 은하에 대해 그가 추정한 거리를 짝지어 볼 수 있게 했다. 허블이 그 결과를 그래프로 만들었을 때, 그는 하나의 분명한 경향을 볼 수 있었다. 즉 가장 가까이 자리잡고 있는 몇 개의 은하들만이 우리에게로 접근하고 있는 반면, 대부분의 은하들은 우리로부터 떨어져 있는 거리에 비례하여 그 속도가 증가하면서 우리로부터 멀어져 가고 있는 것이다.

허블은 이것이 무엇을 의미하는 것인지 알 수 있었다. 우리가 관측하고 있는 은하들의 움직임은 점진적으로 거리가 멀어지면서, 점진적으로 후퇴 속도가 증가하는 것에 일치하는 전체적인 형식을 가지고 있다. 하지만 각각의 은하는 또한 달리는 개의 등 위에서 튀어 오르는 벼룩처럼, 제멋대로의 방향으로 약간씩 움직이는 자체의 움직임을 가지고 있다. 이러한 개별적인 움직임이라는 것은 미약한 것이기 때문에, 가장 가까이 있는 은하들 사이에서만 그것들은 후퇴하려는 경향에 맞서 움직임을 완전하게 줄일 기회를 가지게 되는 것이고, 그렇게 해서 접근 속도를 생성시키게 되는 것이다. 보다 멀리 떨어져 있는 은하들에서, 그 은하의 개별적인 움직임은 단지 그 은하가 후퇴하는 훨씬 더 큰 속도에 약간의 힘을 보태거나, 혹은 약간의 힘을 빼게 될 뿐인 것이다.

《국립과학협회 회보》에 발표된 허블의 최초 그래프에서는 겨우 몇십 개의 은하들로부터 얻어낸 자료들을 소개했다. 그럼에도 불구하고 허블은 가장 가까이 있는 은하들을 제외한다면, 우리가 관측하고 있는 모든 은하들은, 그것이 우리와 떨

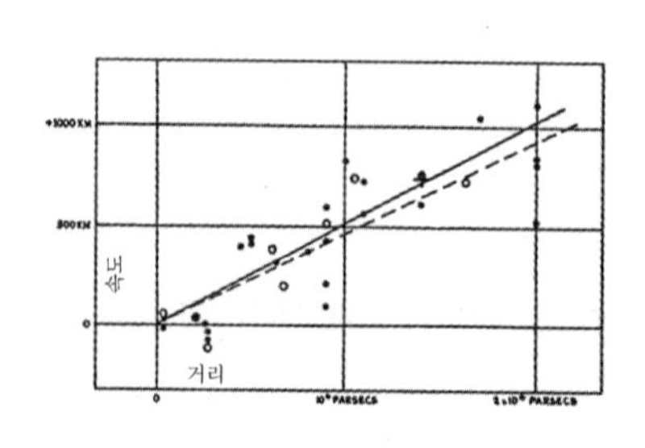

어져 있는 거리에 비례하는 속도로 우리에게서 멀어져 가고 있다는, 현재 천문학자들이 **허블 법칙**이라고 부르는 것에 따르고 있다는 결론——곧 관측에 입각한 증거들에 의해 뒷받침되는——을 내리게 되었다. (오늘날 우리는 허블이 맨 처음 그린 도표가 은하들의 진정한 전체적 움직임을 나타내 보여 주고 있는 것은 아님을 알 수 있게 되었으며, 따라서 그의 결론은 하나의 운이 좋은 예상, 즉 훌륭한 추측이었던 것이다.)

대수학적 기호표기법에서 우리는 허블 법칙을 V=H×D라고 쓰는데, 여기서 V는 은하 후퇴 속도이며, D는 그것의 거리, 그리고 H는 우주 전체에 대한 상수로, 우리가 허블 상수라고 부르는 것이다. 우리는 이 진술이 주어진 어느 시점에서건 진실이지만, 거리와 속도 사이의 비례 상수(H)는 세월이 흐르면서 천천히 변화할 수도 있다는 것을 9장에서 보게 될 것이다.

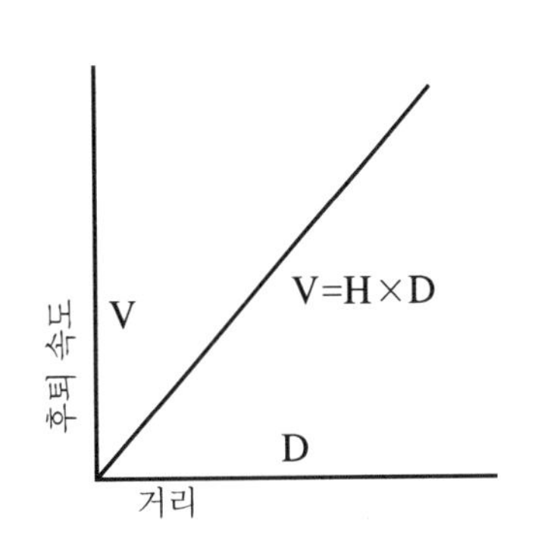

몇 년 안에 허블과 그의 협력자인 밀튼 허메이슨은 거리에 대한 그들의 추정을 20이라는 인수만큼 우주 공간 밖으로 확장시켰다. 그들은 은하들의 후퇴 속도와, 그것들과 우리의 거리의 직선적인 관계를 발견해 내기 위한 연구를 계속했지만, 이제 그들은 우주의 기본 구조를 이루고 있는 단위로 여겨지는 은하 **무리들** 전체를 다루고 있게 된 것이다. 이 연구는 믿지 않는 아주 적은 수의 몇 명을 제외한 모든 천문학자들이 만족할 만큼 허블 법칙을 입증해 냈으며, 나중에 이루어진 연구도 계속해서 허블이 최초에 내렸던 결론인 은하들의 후퇴 속도는 그 은하들과 우리의 거리에 직접적으로 비례해서 증가한다는 사실을 확증해 주는 것이었다.

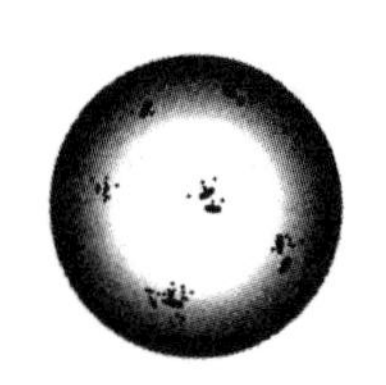

우리는 우리은하를 우주의 중심에 놓지 않은 채 허블 법칙을 설명할 수 있을까? 허블은 자신도 모르는 사이에 코페르니쿠스와 히버 커티스가 그토록 재기 넘치게, 마치 모래 속의 편안한 집에서 쫓겨난 대합조개처럼 파내어 던져 버린 우리를 우주의 중심이라는 지위로 복위시켰던 것은 아닐까? 대답은 그렇지가 않다는 것으로서, 우리가 그토록 단호하게 우리의 위치를 중심으로 만들려 들지 않는다면 우리는 전적으로 합리적인 가정 하나를 포기하는 것이 되기 때문이다. 그 가정은 **우주학적 원칙**이라고 불리며, 우주에 대한 우리의 견해는 현재로서는 우주 전체를 대표적으로 나타내는 것이라고 진술하고 있다. 만약 우리가 이 우주학적 원칙을 하나의 훌륭한 작업 가설(충분한 검증을 거친 것은 아니지만 더 높은 단계의 연구나 실험을 진행시키기 위해 잠정적으로 유효하다고 인정하는 기본적인 가설)로서 받아들인다면, 우주의 모든 은하들을 관측하고 있는 관측자들은 우리가 보고 있는 것과 동일한 현상, 즉 은하들은 그 **관측자로부터**의 거리에 비례하는 속도로, 온갖 방향을 향해 후퇴하고 있는 것을 관측할 수 있어야 하는 것이다. 그러한 경우 은하들은 어디에서든 서로에게서 멀어지는 쪽으로 움직이고 있는 것이기 때문에 우주 전체는 팽창 상태에 있어야만 하는 것이다.

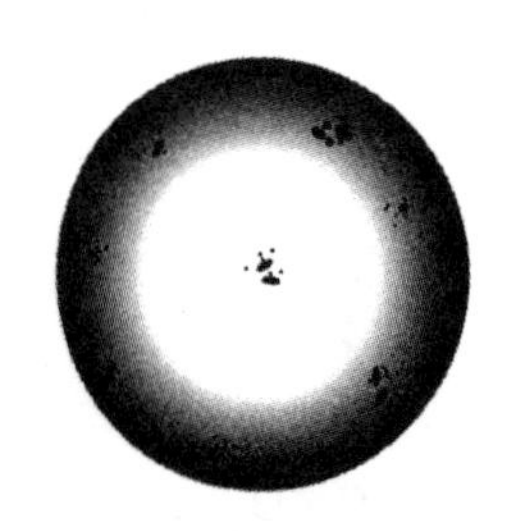

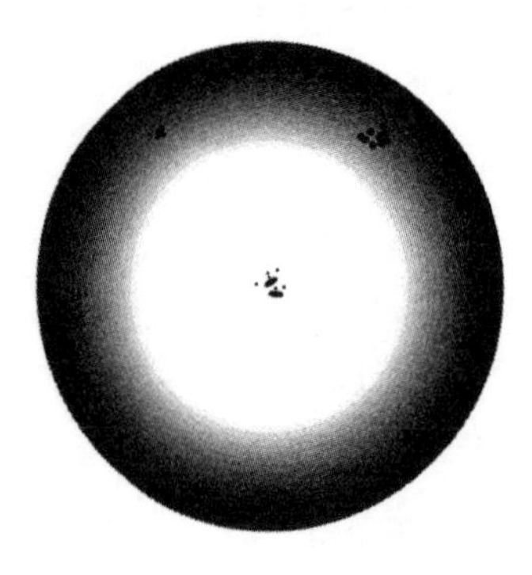

그렇다면 어떻게 그럴 수가 있는 것인가? 우리의 직관은 어디에서나 멀어져 가며, 그 어디에서도 접근을 하지 않는 물체란 있을 수 없다는 점을 넌지시 우리에게 암시한다. 사실상 이것은 상당히 가능한 일이기도 하다——만약에 우리가 최소한 당분간만이라도 '우주의 가장자리'를 가지고 봉착해 있는 우리의 어려움을 일시적으로나마 정지시킬 수 있다면 말이다. 표면에 점들이 박혀 있는 풍선이 있다고 상상해 보라. 풍선을 불면, 모든 점들은 서로가 서로에게서 멀어지는 쪽으로 움직인다. 어떤 한 점 위에 앉아서 팽창하고 있는 풍선의 표면을 죽 둘러보라. 점들이 그것들의 거리에 비례하는 속도로 당신에게서 멀어져 가는 것을 볼 수 있을 것이다.

그러므로 허블 법칙은 팽창하는 풍선의 표면에서는 정말로 들어맞는 것이다. 이 팽창하는 풍선을 실제 우주의 모형으로 사용하는 일만 남은 것이다! 하지만 이 업적은 우리들 대부분에게 완전하게 설명해 내는 것이 불가능한 한 가지 문제를 제시한다. 비록 풍선이 우주의 모형으로서 도움이 될 수는 있겠지만, 우주는 풍선이 아니라는 것이다. **만약에** 우리가 모든 실제적인 3차원적 공간이 풍선의 표면이라는 2차원적 공간으로 환원되었다고 상상할 수 있다면, 그리고 마찬가지로 **만약에** 우리가 단지 풍선의 표면 주위에서만 진행하는 빛(그밖에 어떤 것도 존재하지 않기 때문에)을 상상할 수 있다면, **그렇다면** 우리는 어쩌면 우주 전체가 팽창하는 상태 속에 존재하고 있을 수 있다고 믿을 수도 있을 것이다. 안쪽과 바깥쪽이 풍선인 우주를 가지고 우리는 무엇을 해야만 할까? 그저 그것이 존재하지 않는다고 상상하라——할 수 있다면 말이다.

그것이 풍선이건 아니건간에 허블의 연구 결과는 우주학자들이 갑자기 활기를 띠게 만들었다. 그 우주학적 원칙이라는 것은 완벽하게 이치에 닿는 것처럼 여겨졌고, 따라서 팽창하는 우주라는 것은 허블의 연구 결과에 대한 가장 자연스러운 해석처럼 여겨졌다.

이에 더하여 현대물리학의 이론들은 허블이 발견해 낸 사실에 힘을 보태 주는 것이 되었다. 1916년에 알베르트 아인슈타인은 물체가 어떻게 공간을 굴절시키는가를 보여 주는 수학 방정식 몇 개 속에 묘사된, 그의 일반상대성 이론을 발표했다. 중력은 그 양이 커다란 물체에 보다 가깝게 자리잡은 부분에서 보다 강하게 공간을 굴절시킨다. 러시아의 수학자인 알렉산드르 프리드만은 몇 년 후, 아인슈타인의 방정식들은 우주가 언제나 팽창 혹은 수축 상태에 있어야만 한다는 점을 함축하고 있는 것임을 알아내게 되었다. 달리 말하면 그것들의 가장 순수한 상태에 있어서의 공간과 시간, 그리고 물질에 대한 아인슈타인의 개념들은 우주 속의 공간이 정지된 상태에 있을 수가 없다는 것을 불가피하게 만들고 있다는 것이다. 아인슈타인과 프리드만의 이 초기 연구에 의하면, 공간에 대한 우리의 가장 근본적인 개념——공간은 다만 '거기에 있다'는 것——은 분명 잘못된 것이라는 것이다. (사실 단지 '있을' 뿐인 공간에 대한 훨씬 더 강도 높은 반대는, 그 생각이 공간은 물질과는 독립된 존재를 가지고 있다는 생각을 함축하고 있다는 것으로서, 이러한 생각은 대부분의 우주학자들이 반박하려 들게 될 그러한 것이다.)

1929년 허블이 연구 결과를 세상에 알리고 난 지 몇 년 이내에, 비록 오늘날까지도 소수의 반대 의견을 가진 사람들이 있긴 하지만, 팽창하는 우주는 천문학계 전체에 걸쳐 받아들여지는 사실이 되었다. 천문학자들이 보게 되는 모든 것들은——어느 하나의 중심적인 지점에서가 아니라 모든 곳에서, 모든 것이 서로가 서로로부터 도망치고 있다는 식의——팽창하는 상태에 있는 것이다.

대폭발

우주 전체가 팽창하는 상태로 존재한다는 결론은, 최소한 우주의 현재 상태에 있어서 우주는 분명 시간적인 기원을 가지고 있다는 생각으로 이어지게 된다. 만약 우주가 현재 팽창하고 있는 것이라면, 그렇다면 (정의상으로 볼 때) 우주를 구성하고 있는 다양한 부분들이 이전에는 한층 더 가까이 붙어 있었다는 얘기가 된다. 이것은 우주의 밀도가 과거에는 현재보다 더 높았다는 것을 암시하고 있는 것이다.(도해 5) 만약 우리가 우주라는 영화를 거꾸로 돌린다면, 우주에 있는 모든 물질은――그리고 모든 공간 역시 마찬가지로――본질상 무한한 밀도로 함께 뭉쳐져 있게 되는데, 이것은 **초기의 단일체**라고 불린다. 대폭발이라는 것은 공간의 팽창이 시작된 순간을 말하는 것이다.

1950년, 이순간은 독자적인 학설을 내세워 온 천문학자인 프레드 호일에 의해 조롱하는 의미에서 **대폭발**이라고 명명되었는데, 그는 대안이 되는 모형인 **일정한 상태**의 우주라는 쪽을 지지하는 주장을 하고 있었다. 이 모형에 따르면 비록 우주는 팽창하는 상태로 존재하고는 있지만, 새로운 물질이 끊임없이 우주의 일정한 평균 밀도를 유지하는 데 필요한 만큼의 정확한 비율로 생겨나게 된다는 것이다. 이처럼 일정한 상태의 모형에 따르면, 우주는 그것의 전체적인 모양을 변화시킴이 없이 영원히 존재해 올 수 있었으리라는 것이다.

허블의 연구 결과가 발표된 이후로 30년이 지나게 되는 1950년대에도 이 일정한 상태의 이론은 우주의 대폭발 이론과 성공적으로 경쟁을 했다. 그 어떤 관측 결과도 이 둘 중 하나의 이론이 다른 하나보다 우세하다는 타당성을 분명하게 입증해 낼 수가 없었다. 그 두 이론을 구별짓기 위한 가장 자연스러운 관측은, 빛이라는 것이 우리에게 도달하기 위해서는 일정한 시간을 필요로 하기 때문에 우주 공간의 깊이를 향해, 따라서 먼 과거라는 시간으로 거슬러 올라간 상태에 대한 관측을 해내려는 시도에 있었다. 우리은하에 비교적 가까운 매 10억 광년의 3제곱에 해당하는 부분들과, 수십억 광년씩이나 떨어져 있는 부분들에서의 은하의 숫자를 비교함으로써 천문학자들은 은하들의 평균 밀도가 시간이 흐르면서 변화를 겪어왔는지를 결정하게 되길 바랄 수 있었다.

은하의 수를 헤아리는 방식은, 수십억 광년씩이나 떨어져 있는 은하들을 정확하게 관측해 내기 어렵다는 점에 의해 방해를 받았다. 보다 많은 것을 알 수 있게 해주는 정보는 은하들의 아강(亞綱)으로, 전자파의 형태로 되어 있는 에너지를 일반적인 은하들이 방출하는 것보다 훨씬 더 많이 방출하는 전파은하들의 수를 헤아리는 것에서 나왔다. 은하들은 기본적으로 전자기 스펙트럼의 가시광선 · 자외선 · 적외선 부분들을 방출하게 되는데, 그 까닭은 은하에 포함된 별들이 스펙트럼의 이러한 부분들에서 별들의 최고조에 달하는 복사〔發光〕를 하게 되기 때문이다. 별들은 얼마간의 전파들을 방출하게 되며, 따라서 모든 은하들도 전파들을 방출하게 되는 것이다. 그러나 일부 은하들은 그 중심부 근처에서 엄청나게 강한 에너지를 뿜어낸다. 이러한 폭발적인 방출은 엄청난 양의 전파가 생겨나게 하며, 그 은하를 천문학자들은 전파은하라고 부른다.

1950년대에 개발된 기술을 이용하여 천문학자들은, 가시광선이 은하들에 대해 많은 것을 알 수 있게 해주기에는 너무 먼 거리에 있는 전파은하들을 찾아낼 수 있게 되었다. 그들은 자신들이 전파은하들의 수를 헤아리는 것으로, 가시광선을 이용하는 천문학자들로서는 불가능한 것인, 경쟁적인 관계에 있는 우주의 모형들 사이에서 차이

점을 찾아내는 것에 성공할 수 있게 되길 바라고 있다. 전파은하들의 수를 헤아리는 것은 은하들이 과거에는 보다 가까이 뭉쳐져 있었다는 것을 지적해 주고 있는 것이며, 따라서 대폭발 이론에 근거한 모형이 일정한 상태의 모형보다 훨씬 더 큰 타당성을 주장하고 있는 것이 된다. 그러나 모든 이론들과 마찬가지로 일정한 상태의 모형도 수정될 수가 있는 것이다. 자신들의 마음이 이끌리는 대로(과학자들이 그러하듯이) 일부 우주학자들은 계속해서 일정한 상태의 모형을 지지한다. 이것이 과학의 본질인 것이다. 즉 각기 다른 이론의 지지자들은 우리 눈에 보이는 것들을 설명해 내는 데 있어서 '그들의' 모형들이 다른 모든 모형들보다 나은 것이 될 수 있도록 할 수 있는 한 강한 주장을 펼치는 것이다. 우주의 모형들이라는 경우에 있어서 분쟁을 해결하는 데 필요했던 것은, 가장 멀리 떨어져 있는 전파은하들보다 한층 더 멀리 떨어져 있는 우주 속의 복사체에 대한 관측이었다.

그러한 관측들은 곧 이용 가능한 것이 되었다. 다음장에서 보게 되는 것처럼 대폭발의 새로운 증거는 대폭발 직후에 생겨났지만, 지구에서는 1964년 5월까지 검출되지 않았던 전자기 복사—— 광자〔빛 에너지〕의 흐름들——로 이루어져 있었다. 그것들은 그 이후에도 초기 우주에서 나오는 그러한 광자 연구라는 임무를 수행하기 위한 가장 최근에 만들어진 위성과 같은, 개선된 장비를 통해 반복적으로 관측되어 왔다. 우주배경탐사(COBE) 위성은 1989년 11월에 발사되었으며, 1990년 1월까지 소수의 끈질긴 반대 의견을 가진 사람들을 제외한 모든 사람들이, 우주가 대폭발로 시작되었다는 생각에 의혹을 제기할 수 없도록 확실한 관측들을 해왔다.

6

대폭발을 찾아서

1964년, 뉴저지 주의 벨 전화연구소에 딸린 홈델 연구소에서는 우주학과 관련된 경사가 생겼다. 벨 전화연구소에 의해 고용된(그 거대한 회사에 천문학적인 명성을 가져다 주었던 고용이기도 한) 2명의 천문학자들인 아노 펜지어스와 로버트 윌슨은 파장이 짧은 전파들을 모아 집중시킬 수 있도록 고안된 신형 안테나와 함께, 그러한 전파들을 검출할 수 있도록 고안된 새로운 장치를 가동하고 있었다.

모든 유형의 광자들 중에서 전파는 가장 긴 파장과 가장 작은 진동수를 갖고 있지만, '전파'라는 이름이 붙은 영역 안에 들어 있는 일부 파동들(오늘날에는 흔히 **극초단파**라고 불리는)은 비교적 짧은 파장과 큰 진동수를 가지고 있다. 이러한 짧은 파장의 전파들은 보다 파장이 긴 전파들보다 대기권을 통과하는 데 더 많은 영향을 받으며, 따라서 통신이란 목적에 거의 이용되지 않고 있었다. 그 결과 그러한 전파의 존재에 주목하고 그것을 분석해 낼 수 있는 전파 검출 장치의 설계와 제조는, 연구를 위해 전파를 특정한 방향으로부터 모으는 데 필요한 안테나의 설계나 제조에 있어서와 마찬가지로 비교적 초기 단계에 있었다.

펜지어스와 윌슨은 그들의 새로운 안테나와 전파 검출 장치에서 짜증나는 특성 한 가지를 발견했다. 즉 그들이 그 장치에서 아무리 잡음을 제거하려고 애를 써도, 그것들은 희미하게 배경이 되는 적은 양의 파장이 짧은 전파들을 하늘의 온갖 방향에서 검출해 내는 것처럼 보였던 것이다. 그들은 이러한 잡음의 근원을 없애기 위해, 안테나 내부에 쌓여 있는 비둘기들의 배설물을 주의 깊게 닦아내는 것을 포함하여 상당한 정도에 이르는 발명의 재간을 동원해 봤지만 성과가 없었다.

게다가 그들은 근처에 있는 프린스턴대학교의 천문학자들과 물리학자들이 바로 이 '잡음'을 검출해 내기 위해 성과도 없는 노력을 해오고 있었다는 것을 알게 되었는데, 이미 이것은 오래 전에 사라져 버린 초기 우주로부터 들려오는 희미한 속삭임으로 추측되어 온 것이었다. 오늘날 천문학자들은 이 속삭임을 우주배경복사라고 부른다.

우주배경복사의 기원

우주배경복사가 틀림없이 존재한다는 예측은 러시아에서 해외로 이주한 물리학자인 조지 가모브의 발명품이었으며, 나아가서는 그의 학생이자 동료이기도 했던 랄프 앨퍼와 로베르트 헤르만의 것이기도 했다. 격동의 시기에 오데사에서 태어난 가모브(그의 아버지는 나중에 레온 트로츠키로 알려지게 되는 레프 브론슈타인이 이끄는 일단의 학생들의 요구에 의해 사직당한 적이 있는, 문학을 가르치는 교수였다)는 접이식 카약으로 흑해를 건너려던 시도가 참담한 실패로 끝난 이후인 1934년에 그럭저럭 합법적으로 구소련을 떠날 수 있었다. 그는 워싱턴 D.C.에 있는 워싱턴대학교에서 교직을 얻게 되었으며, 이곳에서 12년간 대부분의 물리학자들이 너무 다루기 힘들다고 회피했던 문제들에 대해 연구를 했다.

1940년대 말기 동안, 가모브는 우주는 어떻게 해서 오늘날 우리가 주위에서 발견하게 되는 온갖 상이한 원소들이 형성되게 되었을까 하는 문제에 대해 점점 더 흥미를 갖게 되었다. 만약 우주가 대폭발의 순간 이후에 정말로 팽창을 해오고 있었다면, 우주는 언제, 그리고 어디에서 수소·헬륨·탄소·질소·산소를 만들어 내게 된 것일까? 이들 원자핵들은 홀뮴·하프늄, 그리고 디스프로슘과 같은 모든 다른 유형의 원자핵들과 함께 대폭발에 의해 만들어졌던 것일까? 만약 그렇다면 우리는 각 원소가 어느 정도까지나, 우주가 믿을 수 없을 정도로 엄청나게 뜨겁고 밀도가 높았던 때인 대폭발 직후의 처음 몇 분 동안에 있었던 핵융합 과정을 통해 형성되었을 것인지를 계산해 낼 수 있을 것인가?

가모브와 앨퍼, 그리고 헤르만은 이 물음을 연구하기 시작했다. 그들은 우주가 처음에는 중성자들로 이루어져 있다고 가정했는데, 이것은 흥미로운 결과들을 산출해 냈던 초기 우주에 대해 설명하려는 최초의 시도였다. 이 물리학자들은 그 중에서도 특히 광자의 수에 대한 중성자와 원자핵의 수의 비율이 설명된, 각기 다른 처음의 조건들에 대한 가정하에서 각기 다른 원소들의 어떤 부분들이 드러나게 되는지를 알아보기 위한 계산을 해냈다.

1940년대 말기 동안 앨퍼와 가모브, 그리고 헤르만이 해낸 그 계산으로부터 그 당시에는 별로 주목을 받지 못했지만 특이한 결론이 내려졌다. 초기의 우주가 현재처럼 비교적 다량인 원소들과 같은 뭔가를 생산해 내기로 되어 있었다면, 초기의 우주는 분명 빛과 모든 그밖의 다른 형태의 전자기 복사가 놀라울 정도로 풍부했었던 것이 분명하다는 것이다.

이러한 사실이 갖고 있는 중대성을 알아차리기 위해 우리는 현대 물리학의 연구 결과들이 우리에게, 전자기 복사를 일련의 **파동**들로서 뿐만 아니라 **소립자**들의 집합체로까지도 보는 견해를 요구하고 있다는 것을 인식해야만 한다. 우리는 전자기 복사를 각각이 에너지를 지닌 채 빛의 속도로 진행하며, 또한 일정한 파장과 진동수를 가지고 있기도 한, 질량이 없는 탄환의 연속된 흐름이라고 마음속에 그려 보도록 해야만 한다. 그리스어로 '빛' 이라는 뜻에서, 물리학자들은 이들 질량을 갖고 있지 않은 탄환들을 **광자**(또는 빛 에너지)라고 명명했다.

앨퍼 · 가모브, 그리고 헤르만은 개개의 중성자와 원자핵에 대하여, 우주는 최소한 1백만 개의 광자들을 포함하고 있어야 한다고 계산해 냈다. (오늘날 우리는 그 비율을 10억에 가까운 수로 잡고 있다.) 이들 광자들은 우주가 엄청나게 뜨거웠을 때인 대폭발이 있은 후 맨 처음 순간에 생겨났다. 절대 0도보다 더 뜨거운 물질은 어떤 것이건 끊임없이 광자를 방출하게 되는데, 온도가 높으면 높을수록 존재하는 물질의 양은 더 많아지며, 매초 생겨나는 광자들의 수도 더 많아질 것이다. 그러므로 뜨거운 우주는 다른 유형의 소립자들과 충돌하지 않는다면, 빛의 속도로 영원히 진행하게 되는 엄청난 양의 광자들을 생산해 내는 근원이 될 수 있는 것이다.

앨퍼 · 가모브, 그리고 헤르만은 소립자들의 숫자라는 측면에 있어서 우주는, 그밖의 모든 것은 적은 양의 혼합물인 상태에서, 주로 광자들로 이루어져 있어야 하는 것이라고 보았다. (오늘날 우리는 가장 그 수가 많은 소립자들 가운데에 중성미자와 反중성미자를 더해야만 한다. 91쪽을 볼 것.) 광자들은 질량을 가지고 있지 않기 때문에 '질량에 대한 맹목적 충성심을 가진 자들' 인 우리는 질량을 **가진** 소립자들, 즉 중성자 · 전자 · 양자, 그리고 헬륨 · 탄소 · 질소, 그리고 산소와 같은 다른 유형의 원자핵들에 대해서 훨씬 더 많은 주의를 기울인다. 하지만 빛의 속도로 온갖 방향을 향해 돌진하는 광자들은, 지금으로부터 수십억 년 전 소란스러웠던 우주의 탄생 이래로 줄곧 그래 왔듯이 우주에서 수적으로 우위를 차지하고 있다.

이것들은 어떤 유형의 광자들인가? 우리는 그것들을 검출해 내길 바랄 수 있는가? 앨퍼와 가모브, 그리고 헤르만에게 그 첫번째 질문에 대한 답은 분명한 것이었다. 우주라는 광자들의 바다는 현재 거의 전적으로 낮은 에너지를 가진 광자들, 즉 전파들로 이루어져 있음이 틀림없는 것이다. 우리는 그 광자들이 일정한 진동수와 파장을 그 특징으로 하고 있지만, 마찬가지로 그것들은 스스로 지니고 있는 **에너지**의 양에 의해서도 훌륭하게 일일이 지적해 낼 수 있다는 것을 보아 왔다. 어떤 광자든 그것이 가지고 있는 에너지는 그 광자의 진동수, 말하자면 그 광자가 매초 진동하는 횟수와 정비례하고 있다는 것이다. 그러므로 그 광자의 에너지는, 어떤 광자든 진동수에 파장을 곱한 것은 빛의 속도인 상수와 같은 것이기 때문에 그것의 파장과 반비례하는 것임에 틀림없다.

대폭발 후의 처음 몇 분 동안은 엄청난 수의 높은 에너지를 지닌 광자들이 생성되었는데, 그 까닭은 그 당시 우주 속에 들어 있던 물질은 엄청나게 높은 온도를 지니고 있었기 때문이다. 더 높은 온도를 지닌 물질은 온도가 보다 낮은 물질보다 매초당 더 많은 광자들을 발생시킬 뿐 아니라, 낮은 에너지를 가진 광자들에 비해 더 높은 비율의 높은 에너지를 가진 광자들을 생성시키게 된다. 온도가 수십억 도에서 수백만 도 사이였던 때인 대폭발 후의 처음 몇 분 동안, 그것의 관측자는(상상 속에서이다!) 그 하나하나가 우리가 알고 있는 모든 생물을 위험에 빠뜨리기에 충분한 에너지를 지닌, 높은 에너지를 가지고 있는 맹렬한 감마선 광자들의 바다 속에 빠져 있게 되었을 것이다.

수십억 년이 지나게 되면서 상황은 변화되었다. 우주 발생 초기 몇 분 동안 엄청난 수로 나타나게 된, 높은 에너지를 가지고 있는 감마선 광자들은 오늘날의 우주를 채우고 있는 낮은 에너지의 전파 광자들이 되었다. 어떻게 해서 이러한 변화가 일어났을까?

우주 팽창을 통한 에너지의 손실

광자 에너지는 어디로 가버렸는가? 이 물음에 대한 유일하게 훌륭한 대답은 '도플러 절도,' 즉 팽창하는 우주 그 자체에 의한 에너지의 강탈인 것이다. 멀리 떨어져 있는 모든 물체들은 우리로부터 멀어져 가고 있으며, 보다 더 멀리 떨어져 있는 물체들은 우리에게서 보다 더 빨리 멀어져 가고 있다는 것을 상기하라. (이러한 물체들이 현재는 존재하지조차 않을 수도 있다는 사실을 들고 나오는 것은 대중이 빗나간 것으로서, 중요한 것은 현재 우리가 검출해 내고 있는 광자들을 생성시킬 당시 물체들의 움직임인 것이다.) 예를 들면 퀘이사들——이제까지 발견된 것들 중에서 가장 멀리 떨어져 있는 독자적인 물체들——은 어떤 경우에 빛의 속도의 90퍼센트를 넘어서는 후퇴 속도를 가지고 있다. 비록 퀘이사('전파의 근원이 되는 의사 성체'의 머리글자를 딴 이름은, 그것들이 가지고 있는 뾰족한 모양을 나타내 주고 있다)들은 은하보다 훨씬 더 작은 크기를 가지고 있지만, 그것들은 우주에서 본질적으로 가장 강렬한 빛을 내는 원천으로 등급이 매겨진다. 그것들의 대다수가 매초당 가시광선이나 적외선 혹은 전파에서 내뿜는 에너지는, 거대한 하나의 은하가 전자기 스펙트럼의 모든 부분에서 발출(發出)하는 것을 모두 합한 것보다도 더 많다. 퀘이사들은 수십억 년 전의 모습을 보여 주고 있는 젊은 은하들의 중심부일지도 모르는데, 그것들이 내는 엄청난 에너지는 물체들이 은하의 중심에 있는 극도로 엄청난 질량을 가진 블랙홀에 떨어지면서, 그 안으로 빨려 들어가는 도중에 열이 가해지고 격렬하게 충돌하면서 생겨나는 것일 수도 있다.

퀘이사들까지의 거리를 추정하기 위해 천문학자들은 그것들의 스펙트럼들에서 나타나는 도플러 편이에 의지한다. 이 스펙트럼들은 친숙한 발출 및 흡수선들을 보여 주고 있지만, 스펙트럼의 적색(긴 파장) 끝을 향해 그 위치가 크게 변경된 형식이다. 이러한 도플러 편이에 대한 가장 간단한 해석은 엄청난 속도, 그리고 마찬가지로 퀘이사들까지의 거리가 엄청나게 떨어져 있음을 뜻하는 것인 우주의 팽창으로 돌리는 것이다.

도플러 효과는 우리가 퀘이사들에서 검출해 내게 되는 광자들의 파장과 진동수에 있어서 엄청난 변화를 초래해 왔다. 대부분의 경우에 있어서, 자외선 광자들로서 방출되었던 광자들은 우리에게 적외선 광자들로 도달하게 된다. 이러한 광자들은 3이나 4의 인수로 그 진동수가 모두 감소되었으며, 그것들의 파장은 모두 증가되어 왔다. 그리고 우리가 관측하는 진동수는 원래의 광자 진동수의 겨우 3분의 1이나 4분의 1에 해당하는 것이기 때문에, 관측된 광자 에너지 역시 그것들이 여행을 시작했을 때 가지고 있었던 에너지의 3분의 1이나 4분의 1 정도에 지나지 않게 되어야만 하는 것이다. 이것이 실제로 작용하는 도플러 절도인 것이다.

도플러 절도에 대해 생각해 보는 또 다른 방법은 이것이다. 즉 우주의 팽창은 우주에서의 모든 거리들을 끊임없이 증가시키고 있으며, 따라서 끊임없이 모든 광자들의 파장을 잡아늘이고 있다는 것이다. 우주의 거리에 관한 도플러 효과를 보는 이러한 대안이 되는 견해에서, 우리는 광자들이 보다 먼 거리를 여행하기 위해서는 더 오랜 시간이 걸린다는 것을 알 수가 있으며, 따라서 우주의 팽창은 보다 먼 거리에 있는 빛의 근원이 되는 물체들에 대하여 그 파장을 잡아늘일 시간을 더 많이 가지고 있게 될 것이다. 광자들이 잃어버리게 되는 에너지는 그 누구도 복구할 수가 없는 것이어서, 이것은 영원히 계속해서 소멸되어 왔으며, 마치 1864년 조지아 주 전역을 휩쓸고 지나간 회오리바람과도 같이 우주의 팽창과 함께 사라져 버린 것이다.

대폭발 이후 처음 몇 분 동안에 생성된 광자들에 대해서는, 빛의 속도의 겨우 90퍼센트에 맞먹는 퀘이사들 같은 후퇴 속도라는 것은 지나칠 정도로 사소한 것이 될 것이다. 이러한 광자들에게 적절한 속도는, 빛의 속도보다 단지 1백만분의 2가 적은, 빛의 속도의 약 99.9998퍼센트와 맞먹는 것이다. 이러한 후퇴 속도는 광자의 파장·진동수, 그리고 에너지에 엄청난 영향을 초래한다. 만약 후퇴 속도가 전혀 존재하지 않았을 경우 그러리라고 여겨지는 것보다 관측된 광자 파장은 모두 1천 배나 길어지며, 진동수와 에너지는 모두 1천분의 1이 커진다.

그리고 이 1천이라는 인수조차도 그 수치를 줄여서 말하고 있는 것인데, 그 까닭은 도플러 효과가 대폭발이 있은 후 시작된 몇 분이라는 시간 동안이 아니라, 이후 약 1백만 년 동안에 작용한 것에 대하여 언급하고 있기 때문이다. 어째서 시간의 이러한 간격이 우주의 역사에 있어서 중대한 역할을 하는 것인지를 이해하기 위해서, 우리는 광자가 우주의 나머지 부분과 어떻게 서로 작용하는지에 대해 잠시 생각을 해봐야만 한다.

최초의 몇 분

대폭발에 의해 생성된, 높은 에너지를 지닌 광자들은 맨 처음 우주의 나머지 부분에 엄청난 영향을 끼쳤다. 만약 광자들이 원자핵과 만났다면, 그것들 각각은 그 원자핵을 양자와 중성자들로 쪼개놓기에 충분한 에너지를 가지고 있었다. 만약 광자들이 원자와 만났다면, 그것들은 그 원자가 가지고 있는 전자들이 핵에서 이탈하도록 충격을 줘 각각의 '자유롭게 된' 전자들에 엄청난 양의 에너지를 주게 되었을 것이다. 하지만 팽창하는 우주는 모든 광자에게서 에너지를 빼앗았다. 만약 우리가 초기의 우주에 들어 있었던 한 원자핵에 앉아 있었다면, 우리는 최초의 몇 분이 지나고 난 후에는 그 어떤 광자도 원자핵을 따로따로 쪼개놓기에 충분할 만큼의 에너지를 가진 채 그 원자핵에 이를 수가 없다는 것을 알 수 있었을 것이다. 그 당시의 어떤 광자라도 우리가 앉아 있는 원자핵에 이르기 위해서는 수백만 킬로미터의 거리를 이동해야 했었을 것이니까 말이다. 이런 '멀리 떨어져 있는 복사체'——다시 한번 시작된 지 몇 분 지난 우주로 돌아가기로 한다——로부터 온 광자 도플러 효과에 의해, 어떤 유형의 원자핵이건 그것이 계속해서 존재하는 데 더 이상의 위협을 가하지 못할 정도까지 에너지가 감소되어 있게 될 것이다.

이처럼 최초의 몇 분이 지난 후, 우주에 존재하는 원자핵들의 기본적인 혼합물이 정해져 왔던 것이다. 앨퍼와 가모브, 그리고 헤르만이 계산했던 것처럼 이것들은 거의 모두가 보통의 수소(양자 하나를 포함), 이것의 희귀한 동위원소인 중수소(양자 하나와 중성자 하나)와 3중수소(양자 하나와 중성자 둘), 보통의 헬륨(양자 둘과 중성자 둘을 가진 헬륨 4), 그리고 이것의 이체(異體)인 헬륨 3(양자 둘과 중성자 하나)이었다. 모든 다른 유형의 원자핵들, 모든 탄소와 산소, 유황과 규소 · 철 · 구리 · 니켈 · 납, 그리고 아연, 모든 금 · 은 · 수은, 그리고 우라늄을 합친 것을 수소와 헬륨에 비교했을 때, 그 양은 1백만분

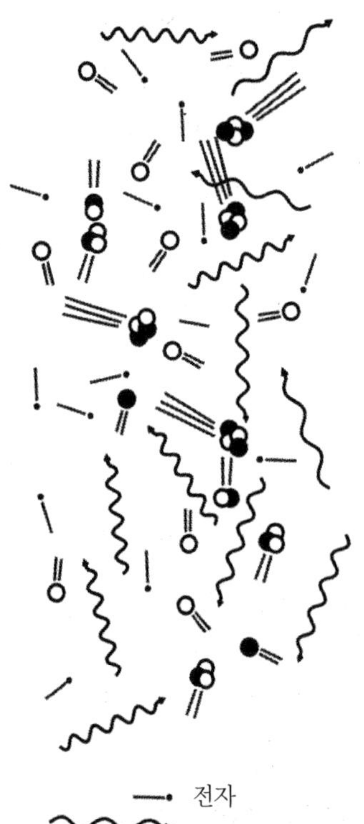

의 1에도 미치지 못하는 것이었다. 이렇게 작은 부분을 차지하게 된 것은, 5개나 8개로 된 핵입자들(양자들 혹은 중성자들) 중 어느것에도 안정된 원자핵들이 존재하지 않기 때문에 더 큰 원자핵들로 융합되도록 쉽게 만들 수 없는, 질긴 작은 악마인 헬륨 원자핵들이 갖고 있는 특징 때문이다.

헬륨보다 복잡한 원자핵들을 가진 모든 원소들의 생성은, 초신성들의 폭발이 보다 더 무거운 원자핵들을 우주 공간 전체에 걸쳐 쏟아놓기에 앞서 그것들을 융합해 버린, 질량이 큰 적색거성들 덕이다. 이처럼 원소 형성의 역사는 2개의 독립된 기간으로 나뉜다. 최초의 몇 분 동안에는 수소와 헬륨이 만들어졌고, 그밖의 모든 것은 폭발하는 별들이라는 용광로 속에서의 '특별한' 창조를 필요로 하는 것으로서, 수십억 년으로 측정되는 기간에 걸쳐 무작위로 일어났던 것이다.

만약 우리가 질량에 초점을 맞춘다면, 대폭발 이후 처음 몇 분 동안에는 상당한 양의 양자(수소 원자핵) · 중성자 · 헬륨 원자, 그리고 전자만이 만들어졌다고 봐야 한다. 하지만 만약 입자의 수에 초점을 맞춘다면, 우리는 이렇게 여러 가지가 뒤섞여 있는 혼합체에 엄청난 수의 광자를 보태야 하는 것으로 생각해야만 한다. 게다가 우리는 마찬가지로 엄청난 수의 중성미자와, 초기의 핵반응에서 생겨난 것으로 0 또는 0에 가까운 질량을 가지고 있지만 광자가 아닌, 다른 입자들과 반응할 가능성이 훨씬 적은 반중성미자도 포함시켜야만 한다. 우리는 또한 그 최초의 몇 분 동안 엄청난 양으로 생성된 중성자가 어떤 운명이 될 것인지도 고려해야만 한다. 원자핵에 갇혀 있는 중성자들을 제외하면, 그것들은 모두 자연적으로 붕괴되어 왔는데, 즉 하나하나 산산조각으로 분리되어 양자 · 전자, 그리고 반중성미자가 되는 것이다. 중성자들은 혼자서는 오랫동안 존재할 수가 없지만, 만약 그것들이 원자핵의 일부를 형성하게 된다면 계속적인 존재가 보장된다.

따라서 질량 이외의 것은 철저하게 무시하는 어떤 사람이 대폭발이 있은 지 30분 후에 우주를 조사하고 있었다면, 그는 정체를 확인할 수 있는 입자들 가운데 양자 · 전자, 그리고 헬륨 원자핵이 가장 풍부하게 존재하는 우주에 자신이 살고 있다는 것을 알게 되었을 것이다. (뒤에 오는 장들에서 우리는 이 질량 광신자가 못 보고 빠뜨린 것으로, 엄청난 질량을 가진 그 '정체가 밝혀지지 않은 물질'에 대하여 논의하게 될 것이다.) 하지만 이 상상 속의 관측자도 질량이 없는 광자를 무시할 수는 없을 것이다. 비록 그 어떤 광자도 원자핵을 분리시켜 놓기에 충분할 만큼의 에너지를 가지고 있지 못하지만, 각각의 광자는 원자핵 주변의 궤도로부터 전자가 빠져 나올 수 있도록 충격을 주기에 충분할 만큼의 에너지는 가지고 있었다. 우연히도 양자들 혹은 헬륨 원자핵 주위에 전자가 모여들어 구성된 그 어떤 원자이건, 광자가 주는 충격으로 쪼개져 짧은 시간 동안만 존재할 수 있게 되는 것이다. 그 결과 팽창하는 우주는 양자 · 헬륨 원자핵, 그리고 전자들이 그보다 훨씬 더 많은 수의 광자 · 중성미자 그리고 반중성미자와 뒤얽혀 있지만, 지속적으로 존재하는 원자는 단 1개도 없는 거품과도 같은 것이었다.

충격 흡수의 시기

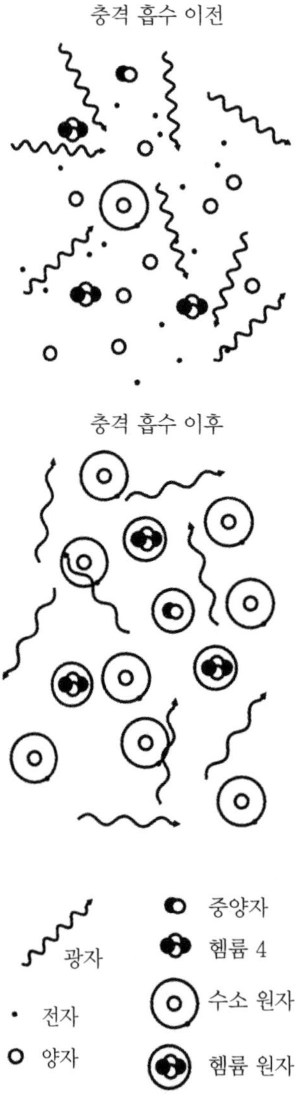

충격 흡수 이전

충격 흡수 이후

광자
전자
양자
중양자
헬륨 4
수소 원자
헬륨 원자

팽창 그 자체는 우주를 이처럼 거의 형체가 없는 거품과 같은 것에서, 오늘날 우리가 보게 되는 것과 같은 복잡하며 온갖 구조를 이루고 있는 것으로 변화시키는 것을 가능케 했다. 이러한 이행은 **충격 흡수의 시기**라고 불리며, 이 시기는 대폭발이 있은 지 약 1백만 년 정도가 지난 후로서, 원자들이 생성되어 지속적으로 존재할 수 있게 된 때인 것이다. 다시 한 번 말하거니와, 이러한 변화의 원인은 팽창이 광자 에너지에 끼친 영향 때문이다. 광자는 원자핵을 쪼개는 것보다, 원자의 주위에 궤도를 그리면서 돌고 있는 전자들에 충격을 주어 전자가 빠져 나오게 하는 데 훨씬 더 적은 에너지를 소모한다. 따라서 팽창에 의해 모든 광자 에너지가 떨어지는 것에도 불구하고, 광자는 30만 년 동안이나 원자를 파괴할 수 있는 능력을 가지고 있었던 것이다. 하지만 이러한 시기가 지나고 났을 때, 우주를 채우고 있는 광자는 그것이 대폭발 직후 몇 분 이내에 원자핵을 깨뜨릴 수 있었던 것처럼, 원자에서 전자를 빠져 나오게 할 수 없었던 것이다.

이처럼 원자를 파괴할 수 없는 상황이 야

기되면서 광자는 본질적으로 수소와 헬륨 원자와는 전혀 상호 작용을 할 수 없게 되었다. 어느것이건 그러한 상호 작용에 소요되는 에너지는 대체로 1개의 원자를 파괴하는 데 소요되는 에너지의 최소한 절반 정도와 맞먹는 것이며, 따라서 더 이상 원자를 파괴할 수 없게 되고 난 직후에는 그러한 상호 작용 또한 일어날 수 없었던 것이다. 광자는 충돌을 통해서 자신이 가지고 있는 에너지의 일부를 전자에 넘겨 줌으로써, 여전히 우주 공간을 자유롭게 떠돌아다니는 전자와 상호 작용을 할 수 있게 되었다. 하지만 얼마 지나지 않아서, 우주에 있는 거의 모든 전자들이 궤도를 그리면서 양자나 헬륨 원자핵 그 둘 중 하나의 주위를 돌며 수소 원자와 헬륨 원자를 생성하게 되면서, 그처럼 풍부했던 '자유로운 전자들'의 수는 거의 0에 가깝게 떨어졌다. 이러한 두 가지 유형의 원자가 우주에 있는 원자 유형에서 지배적인 것이 된 이후(그리고 그 점은 지금도 여전하다!), 충격 흡수의 시기는 우주에 있는 엄청나게 많은 수의 광자들이 그 어떤 방식으로든 우주 속에서 물질과의 상호 작용을 했던 마지막 시기가 되었던 것이다.

분명 수없이 많은 광자와 특정한 유형의 원자 사이에서 모종의 상호 작용이 여전히 일어나고 있다——그렇지 않다면 우리는 절대로 광자를 발견해 낼 수 없을 것이다. 하지만 광자와 우주에서 단연 가장 풍부하게 존재하는 유형의 원자인 수소 원자와 헬륨 원자 사이에서는 상호 작용이 일어나지 않는다. 그 결과 대폭발 직후에 우주 전체에 걸쳐 생겨난 광자는 충격 흡수의 시기 이후 줄곧 눈에 띄는 변화 없이——도플러 절도의 경우를 제외한다면——우주 전체로 퍼져 나갔던 것이다.

위에서 인용된 에너지 손실에 있어서의 1천이란 인수는 충격 흡수의 시기 이후의 팽창 효과에 대한 언급인 것이다. 이미 그때는 팽창으로부터 생겨나는 도플러 효과가, 대폭발이 일어난 지 약 30만 년 이후의 그 어느 원자나 원자핵이 '목격했던' 것과 마찬가지로, 광자를 감마선에서 자외선으로 변화시켰던 것이다. 광자가 처음 생겨났던 그때 이후로 팽창의 전체적인 효과는 10억 가까이 육박하는 것이다. 감마선 광자는 전파 광자로 바뀌었으며, 만약 이제 우리가 그것을 발견하려 한다면 우리는 전파망원경을 사용해야만 한다.

우주배경복사의 탐색

앨퍼 · 가모브, 그리고 헤르만이 최초로 계산을 해냈던 제2차 세계대전 직후 전파천문학은 그 초기 단계에 있었다. 태양으로부터, 그리고 거대한 우주 충돌이 일어난 지역으로부터 오는 우주 전파의 최초 발견은 이제 막 이루어진 것으로, 별들 사이에서 조용하게 떠다니는 수소 원자들로부터 나오는 전파의 발산은 1951년에야 겨우 검출되었던 것이다. 앨퍼와 헤르만은 근처 대학교들과 연구소 소속의 레이더 전문가들과 함께 초기 우주로부터 나오는 광자를 발견할 수 있을지 그 가능성에 대해 논의했다. 그들은 대부분의 광자들이 가지고 있을 파장뿐만 아니라 광자의 수를 계산하는 것에, 당시 우주에 있는 광자들의 바다를 발견하기 위해 존재하고 있었던 레이더 시스템의 사용을 미리 배제했다는 이야기를 들었다. 사실 이러한 발표가 정확한 것은 아니었으나, 그것은 앨퍼와 가모브, 그리고 헤르만으로 하여금 천문학자들에게 계산을 통해 예측한 광자들을 찾아보도록 재촉하는 더 이상의 시도는 하지 않게 해주는 것이 되었다.

그런 까닭에 그 계산의 결과는 학술지 속에서 조용히 잠자고 있었다. 비록 그러한 사실이 오늘날에는 받아들이기가 어려운 일이지만,

45년 전에는 우주를 관측하는 일에 헌신적인 사람이라도 초기 우주 이론에 대해 그리 진지하게 여기는 사람이 없었던 것이다. 그러한 이론들은 그 분야에 몰두해 있는 학자들에게는 유용한 연구 과제를 제공하지만, 관측을 전문으로 하는 천문학자들은 실제적인 작업을 하고 싶어했다. 그들은 할 일이 아주 많았는데, 특히 초기 우주에 대한 계산이 그들의 노력에 합리적인 근거를 제공하는지의 여부에 대해 염려하지 않아도 되는 전파천문학이라는 갑자기 새로 생겨난 분야에서 아주 할 일이 많았던 것이다.

앨퍼와 가모브, 그리고 헤르만의 연구가 출판된 지 15년 후 벨 전화연구소의 펜지어스와 윌슨은 그것에 대해 아무것도 알고 있지 못했다. 그들은 자신들의 재기에 넘치는 연구 결과를 매사추세츠 공과대학의 전파천문학자인 버나드 버크에게 말했는데, 버크는 그들에게 '프린스턴대학교에 있는 몇몇 학자들' 이 연구중인 전파 스펙트럼의 한부분인 "X대의 〔온도를〕 10K로 예측해 왔다"라는 말을 해준 사람이다. 펜지어스와 윌슨은 서둘러 이 과학자들을 만났는데, 대부분의 천문학자들이 전파의 강도를 측정하는 데 사용하는 도구를 발명해 낸 로버트 디키, 그리고 박사 과정을 끝낸 연구자로, 초기의 우주가 오늘날 보게 되는 것과 같은 헬륨을 만들어 냈다고 가정한다면, 우리는 현재 절대 0도보다 몇 도 높은 온도에서 광자로 이루어진 우주의 바다를 발견할 수 있어야만 한다는 계산을 해낸 제임스 피블스, 그리고 마침 그때 우주의 광자 바다를 탐색하기 위한 수신장치를 만들고 있었던 데이비드 윌킨슨이나 피터 롤과 같은 과학자들이었다.

프린스턴대학교의 과학자들은 며칠에 걸쳐 연구한 결과, 펜지어스와 윌슨은 충격 흡수의 시기로부터 생겨난 웅웅거리는 소리를 듣고 있었던 것이 분명하다고 확신하게 되었다. 그보다 15년 앞서 디키가 행한 관측은 이러한 웅웅거리는 소리가 가지고 있는 힘의 상한선을 정해 놓게 되었지만, 그가 소리를 발견해 내지 못한 까닭에 디키는 피블스가 도서관에서 그것에 대해 발표된 출판물을 찾아내게 될 때까지 자신의 연구의 이러한 측면에 대해 잊고 있었던 것이다. 이 프린스턴대학교의 과학자들은 대학교의 지질학과 건물 옥상에 설치된 소형 안테나를 이용해, 우주에서 들려오는 웅웅거리는 소리를 듣기 위해 귀를 기울여 왔던 것이다. 소형 안테나로부터 아무런 신호도 찾아내지 못한 그들은 몇 마일 떨어진 벨 전화연구소에 있는 시스템과 같은, 좀더 민감한 검출 장치가 장착되어 있는 보다 큰 안테나를 이용해 관측하면 더 나은 결과를 얻어낼 수도 있을 것이라는 사실을 깨닫게 된 것이다. 그들의 통찰은 예리한 것이었고, 정말 그러했기 때문에 그들이 가지고 있었던 생각은 (우연하게도) 그들이 문제 해결을 위해 직접 뛰어들지 않고도 실행에 옮겨질 수 있었던 것이다.

1965년 벨 전화연구소에서 발견해 낸 것에 대한 소식은, 토머스 제퍼슨이라면 한밤중에 울린 화재 경종에 비유했을 수도 있는 상황으로서 천문학계를 들쑤셔 놓았다. 처음으로 인간들은 뉴저지에 있는 한 전파 안테나에 지속적으로 수신되고 있는 광자라는 형태로 된, 대폭발이 일어났었다는 합리적인 직접적 증거를 발견해 냈던 것이다. 허블은 은하들이나 은하 무리들이 **우리 지구로부터** 점점 멀어지고 있다는 사실을 발견해 냈지만, 천문학자들은 우주 전체에 걸쳐 대폭발이 있었음을 함축하는, 즉 우리가 우주에 대해 가지고 있는 대표적인(그리고 특정한 것이 아닌) 견해인 추가의 가설을 필요로 했다. 펜지어스와 윌슨에 의해 발견된 광자들은 실재하는 것으로서, 대폭발이 있은 직후에 생겨났을 것으로 예상할 수 있는 것들과 흡사했다. 그것들의 스펙트럼상의 배열은 우주배경복사의 온도인 절대온도 2.7과 일치하는 것이었다.

하지만 이러한 광자들이 진정으로 대폭발 직후 처음 몇 분 동안에 생긴 것일까? 충격 흡수의 시기로부터 생겨난 대부분의 광자들이 지구의 대기를 통과할 수 없다는 사실 때문에, 이러한 결론에 대한 완전한 확인은 26년이라는 오랜 세월을 기다려야만 하는 것이 되었다. 1990년 우주배경탐사(COBE) 위성은 지구의 대기권을 통과할 수 없는 전파의 진동수를 포함, 복사의 스펙트럼과 관련된 부분 거의 전체를 측정해 냈다. 측정된 그 스펙트럼은 대폭발 모형이 예언하고 있는 것과 완벽하게 일치한다. 대부분의 우주학자들에게 이러한 확인은 반가운 일이었지만 예상하고 있었던 일이기도 했는데, 그들은 30년 전에 뉴저지 주에서 처음 관측된 광자들이, 우주가 팽창하던 처음 몇 분 동안에 생성된 우주의 광자 바다 전체를 대표하는 것이라고 이미 결론을 내려놓고 있었던 것이다.

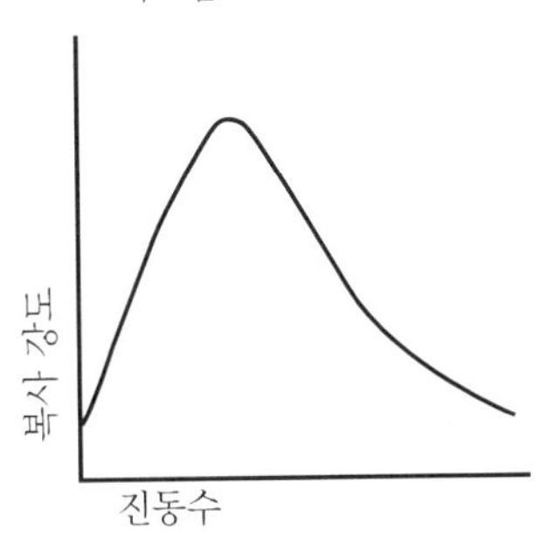

펜지어스와 윌슨이 관측한 것과 같은 유형의 전파들은 극초단파라고 불리는 것이기 때문에 우주의 광자 바다는 곧 우주 **극초단파 배경**이라는 이름을 얻게 된다 ——광자들이 우주를 가득 채우고 있다고 여겨졌기 때문에 '우주,' 관측된 광자들이 극초단파의 특성이 되는 진동수를 가지고 있기 때문에 '극초단파,' 그리고 그 광자들이 우주의 모든 다른 광자들을 내놓는 원천의 배경이 되는 것이기 때문에

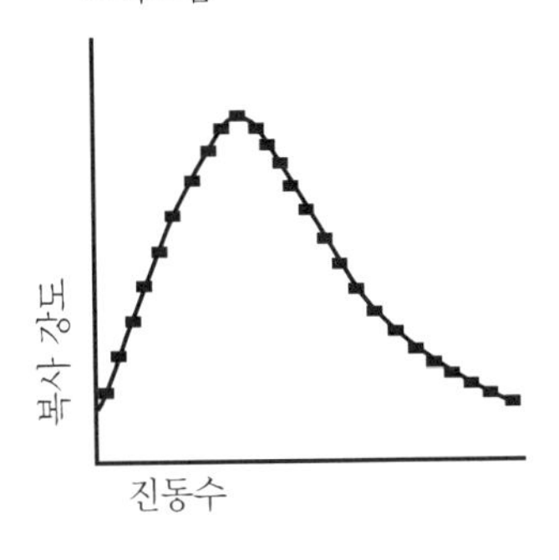

■ 표시는 COBE가 측정한 것을 나타낸다.

'배경' 이라는 단어를 사용해 이름이 붙여지게 된 것이다. 오늘날 천문학자들과 우주학자들은 맨 처음 앨퍼와 가모브, 그리고 헤르만이 그 존재를 예측한 적이 있으며, 펜지어스와 윌슨이 처음으로 관측해 낸 광자의 바다를 지칭하는 것으로 **우주배경복사**라는 명칭을 사용하는 것이 더 일반적이다.

우주배경복사의 발견과 후일 개선된 관측 방식을 통해, 그것의 스펙트럼이 대폭발로 생겨난 우주에 포함되어 있어야만 하는 것과 정확하게 일치한다는 것을 입증해 낸 것은 대폭발 모형을 성공적인 것으로 남아 있을 수 있게 했다. 대폭발이란 개념은 인간의 정신에 무한한 반향을 주는 것이기 때문에, 그것이 신학(특히 '천지 창조' 에 관하여)과 종말론(죽음 · 세계 종말 · 천국 · 지옥 등과 같은 '최후의 것들' 에 관심을 갖고 있는 신학의 한 갈래)에 대하여 함축하고 있는 바가 많다고 여겨져 왔다. 대폭발 이론이 성서의 〈창세기〉나, 많은 다른 문화권의 신화에 묘사되어 있는 '천지 창조' 의 이야기들을 과학적으로 입증하는 요소가 되는가? 반드시 그렇지는 않다. 10장에서 보게 되는 것처럼, 우리의 우주는 개별적인 우주들이 아무 때나 조금씩 떨어져 나와 제 갈 길로 가버리게 되는 훨씬 더 큰(그리고 그 끝에 도달하기가 아주 힘든) '초(超)우주' 의 단지 한부분인, 수없이 많은 우주 가운데 하나에 지나지 않는 것일 수도 있는 것이다.

다음으로 그 '최후의 것들' 에 대한 것은 어떠한가? 대폭발 이론의 모형은 우리가 우주의 과거를 재창조하는 것과 아울러, 우주의 미래와 운명을 예측할 수 있게 해주는가? 상당히 가능한 일이다――만약 우리가 우주를 채우고 있는 내용물에 대해 조금만 더 알 수 있게 된다면 말이다.

7

은하의 장벽들, 신의 손가락들

관련되어 있는 헤아릴 수 없이 많은 어려운 점들에 대해서는 생각하지 않고, 우리는 천문학자들이 최소한 그들이 관측할 수 있는 수십억 개의 은하들까지의 거리를 측정해 낸 것이 분명하다는 성급한 결론을 쉽사리 내리게 될지도 모른다. 하지만 개별적인 은하까지의 거리를 제대로 추산해 내는 것은, 몇 개라면 더 낫지만 적어도 1개의 케페우스형 변광성, 혹은 다른 '기준이 되는 발광체들' 을 발견해 내는 것에 달려 있다. 이러한 작업은 쉬운 것이 아니며, 제대로 거리가 측정된 은하의 수는 여전히 놀라울 정도로 적다.

3장에서 본 것처럼, 케페우스형 변광성은 우리은하에서 가장 가까운 거대한 은하 무리인 처녀자리성단까지 나가야만 관측하여 판별할 수가 있게 된다. 만약 우리가 가장 가까이 우리 주위를 둘러싸고 있는 무수히 많은 다른 은하들까지의 거리를 추산해 내고자 한다면, 우리는 케페우스형 변광성보다 본질적으로 더 밝은, 기준으로 삼을 수 있는 별들을 발견해 내야만 한다. 비록 케페우스형 변광성에 대한 것만큼 정확하게 그것들의 직경을 측정해 낼 수는 없지만, 그러한 물체들은 존재한다.

초신성들——갑자기 확 밝아진 다음, 10억 개의 태양을 합쳐 놓은 것과 같은 정도의 밝기로 짧은 기간 동안 빛을 내고는 천천히 보이지 않게 되는 폭발하는 별들——은 우리가 그것들이 모두 동일한 움직임을 보여 주지 않는다는 사실에 대처해 나갈 수만 있다면 우리가 찾는 목표물이 되어 줄 수 있다. 이러한 기준으로 삼을 수 있는 별들에 대해서는 다음장에서 보다 자세하게 설명하겠지만, 지금은 케페우스형 변광성을 이용하는 접근 방식에서 거리를 나타내 주는 기준으로 초신성들을 이용하는 방법을 유추를 통해 설명해 볼 수 있을 뿐이다. 다시 말하거니와 천문학자들은 그러한 거리의 비율을 추산해 내기 위해 일정한 등급에 속한 물체들의 육안으로 확인되는 밝기는 본질적으로 아주 동일하지만, 지구에서 볼 때 각기 다른 거리에 위치하고 있다고 여긴 상태에서 조심스럽게 측정한다. 거리를 나타내 주는 기준으로 초신성들을 이용하는 것은, 별들이 도대체 어떻게 폭발하는 것인지에 대해 점차 더 많은 이해를 하게 된 덕분에 최근에 와서야 겨우 가능한 일이 되었다. 그러나 이 방법은 천문학자들이 오랜 세월에 걸쳐 찾아내고자 했던, 수억 광년이 떨어져 있지만 우리 눈에 보이는 기준이 되는 별들의 제공을 약속해 주는 것이 된다.

물론 과학적인 연구에서 속도를 높인다는 것이 언제나 가능한 일은 아니다. 우주의 천체도를 만들어 보려는 시도에서 우리가 배우게 되는 교훈이라는 것은 흔해빠진 것이지만 중요하다. 학문 연구의 돌파구를 마련하기 위해서, 과학자들은 여러 해 동안 세상에 이름을 내지 못한 채 열심히 연구할 각오가 되어 있어야만 하는 것이다. 바바라 매클린턱은 그녀의 '움직이는 유전자' [분자생물학 용어로, 유전적 특성을 다른 유전자와 서로 주고받을 수 있는 DNA]에 대한 통찰이 인정을 받게 되기까지 여러 해 동안 유전학 연구를 했고, 그녀의 선배인 그레고어 멘델은 유전 현상에 대한 그의 발견이 사후에 인정을 받기 전까지 그 이력이 전혀 세상에 알려지지 않았었다. (그는 세상에 그리 잘 알려지지 않은 몇몇 학술지들에만 그 연구 결과를 발표했고, 글도 체크어로 씌어졌으니 별로 놀라울 것도 없는 일이었다.) 세상에 알려지지 않은 채 이루어 낸 오랜 시간에 걸친 힘든 작업이 그들에게 어떤 뛰어난 연구 결과를 보장해 주는 것은 아니겠지만, 가장 보기 드문 것이라 할 수 있는 몇 가지 경우에 있어서의 위대한 성취의 전제 조건인 것이다.

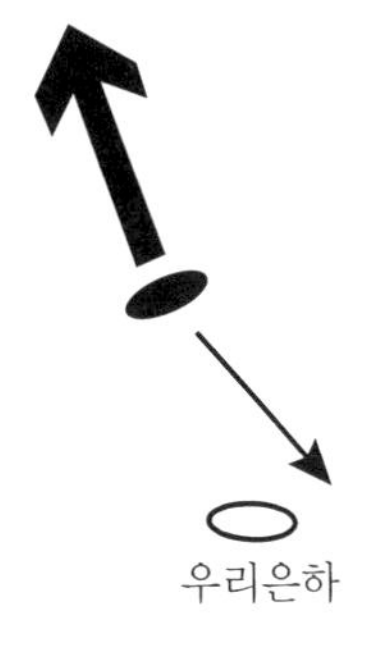

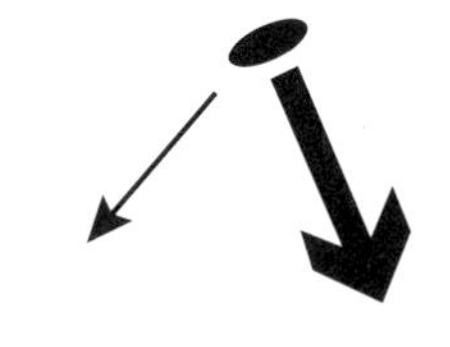

우주의 천체도를 만들려는 장기적인 계획에 가장 직접적으로 관여하고 있는 천문학자들은 2명의 하버드대학교 교수들인 마거릿 겔러와 존 후크라이다. 겔러와 후크라가 1970년대말경에 만나게 되었을 때, 그들은 진작부터 멀리 떨어진 은하들을 관측하는 것에 흥미를 가지고 있었다. 당시 그 두 사람은 모두 박사 과정을 마친 연구자로서, 하버드대학교 천문대와 협조 체제 속에서 오랜 관계를 유지해 오고 있는 스미스소니언 천문대에서 연구하고 있었다. 스미스소니언 천문대는 애리조나 주에 몇 개의 천체망원경들을 소유 · 가동하고 있었는데, 이 중 하나를 또 다른 하버드대학교의 천문학자 마르크 데이비스에 의해 추진되어 오고 있었던 장기간에 걸친 조사에 이용할 수 있었다. 겔러와 후크라는 이 망원경을 가까운 우주라고 부를 수도 있는 것——데이비스가 관측한 것보다는 더 멀리 떨어져 있지만, 가장 멀리 떨어져 있는 은하에는 한참 못 미치는——으로서 우리은하를 둘러싸고 있는 주변의 은하들에 대한 천체도를 만드는 데 이용해 보기로 결정했다.

팽창하는
우주로부터
나오는 속도

은하의 독립적인
임의의 움직임

겔러와 후크라는 우리은하와 연관지어 수천 개의 은하들의 위치를 나타내 주는 천체도를 만들고자 했기 때문에, 그들은 수년 이내에 이러한 결과를 얻을 수 있는 방법을 필요로 했다. 그러한 방법은 편리하게도 가까운 곳에 있었다. 각각의 은하의 스펙트럼에서 보여 주는 도플러 편이를 측정하고, V=H×D라는 허블 법칙을 이용하여 거리를 계산해 내면 되는 것이었기 때문이다. 허블 상수인 H의 값이 불확실한 것이었기 때문에(8장) 겔러와 후크라는 사실상 V를 결정하기 위해 적색 편이를 측정하는 데 그치고, 거리의 추산은 H값을 보다 확신하고 있는 다른 천문학자들에게 남겨두는 데 만족했다.

규모가 큰 구조물의 흔적을 찾아서

허블 법칙은 그 어떤 은하이건 그것의 후퇴 속도는 그 은하와 우리와의 거리에 비례한다고 기술하고 있다. V=H×D이기 때문에, 만약 우리가 허블 상수 H의 값을 결정할 수만 있다면, 허블 상수로 그것의 후퇴 속도(그것의 도플러 편이로부터 측정된)를 **나눔으로써** D=V/H처럼 어느 은하이건 그것이 우리와 얼마나 멀리 떨어져 있는지를 알아낼 수 있는 것이다.

유감스럽게도 허블 상수의 값을 결정하는 것은 쉬운 것과는 거리가 멀다. 더욱이 이 방법은 모든 은하의 속도가 허블 법칙을 따른다는 전제에 의존하고 있는 것이지만, 우리는 그것이 사실과 별반 일치하지 않는다는 것을 알고 있다. 즉 모든 은하는 우주의 팽창으로부터 생겨나게 되는 후퇴 속도를 더하거나 줄일 수 있는 어느 정도 독립적인 임의의 움직임을 가지게 된다는 것이다. 만약 우리가 어떤 은하의 후퇴 속도를 측정하고, 그 모든 것이 허블 법칙으로 요약되는 우주의 팽창으로부터 오는 것이라고 주장한다면, 우리는 그 은하까지의 거리를 추산해 내는 데 있어서 불가피하게 오류를 범하게 되는 것이다.

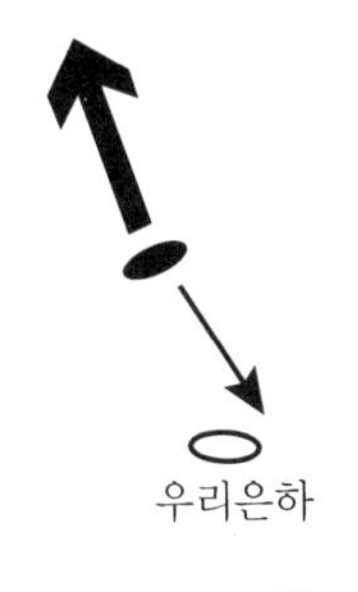

좋은 소식은, 은하들의 임의적인 움직임의 양이라는 것이 '겨우' 매초 몇백 킬로미터에 해당하는 것이기 때문에, 우리가 처음에는 후퇴 속도가 매초 몇천 킬로미터인 것에서부터 다음으로 수만 킬로미터인 것까지 점차 더 멀리 떨어진 은하들을 조사할 때, 임의의 속도가 가지는 분력(分力)은 어떤 은하이건 그것의 실제 거리와 임의 속도를 0으로 상정함으로써 우리가 추산해 내게 되는 거리 사이의 차이를 점진적으로 더 작은 것으로 만들게 된다. (왼쪽 그림 참조)

겔러와 후크라가 우주를 조사하기 위해 사용했던 방법 속에 구체화되어 있는 또 한 가지의 좋은 소식이 있다. 그들은 연구하는 동안 망원경을 계속 사용할 수 있었기 때문에 하룻밤에 1,2개의 은하가 아닌 10여 개, 혹은 그 이상의 은하들의 스펙트럼을 관측할 수 있었다. 물론 익히 보아오던 흡수선들의 형태를 찾아내거나, 그들의 관측소에서 낸 값과는 다른 파장과 진동수에 의해 그 양을 결정하기 위해서는 그 각각의 스펙트럼은 여전히 주의 깊게 측정되어야만 한다. 하지만 그 조사는 맑은 날 하룻밤에 10여 개, 혹은 그 이상의——1년이면 수천 개, 10여 년이면 수만 개——은하들의 거리를 밝혀낼 수 있도록 보장해 주는 것이 되었다.

겔러와 후크라는 몇 년 동안에 걸친 작업으로도 천체의 적은 부분밖에는 관측할 수 없다는 것을 알고 있었기 때문에 폭 6도, 길이 1백 20도인 길고 좁은 띠 모양으로서 천구 둘레의 3분의 1에 걸치는 부분을 조사해 보기로 했다. 그들의 결정은 길고 좁은 띠 모양의 부분을 선택함으로써, 동일한 총면적에 걸친 하늘의 특정 부분을 조사했을 때보다 우주 공간에 분포되어 있는 은하들의 특징들에 대해 더 많은 것을 알아낼 수 있다는 사실에 근거를 둔 것이다. 예를 들면 지구 표면을 길고 좁은 띠 모양으로 자른 부분에서는 거의 어느곳에서나 대륙과 대양 모두가 나타나는 반면, 정사각형으로 자른 부분에서는 대체적으로 대륙이나 대양 중 한 가지만 나타나게 되며 둘 다 나타나지는 않을 것이다.

겔러와 후크라가 사용한 천체 둘레를 띠 모양으로 잘라 조사하는 방법에서는, 지구가 자전하기 때문에 연구하기 위해 선택한 은하들이 천체망원경의 시야에 흘러 들어오고, 망원경을 조금씩만 움직여서도 연속해서 늘어서 있는 은하들이 망원경의 시야에 들어오도록 조정할 수 있었다. 각각의 은하에서 나오는 빛은 분광계를 통과하고, 5분에서 10분 후에 그것이 무엇인지 정체를 희미하게 드러내 보여주는 것, 즉 도플러 편이의 양을 보여 줄 수 있도록 측정할 준비가 되어 있으며, 그렇게 해서 그 은하의 후퇴 속도를 알 수 있게 해줄 수 있는 자료를 생산해 내게 된다. 이 수치를 허블 상수로 나누기만 하면 각 은하까지의 거리를 추산해 낼 수 있다——그 추산된 거리는 만약 천문학자들이 추산해 낸 허블 상수가 변화하게 되면 그에 따라서 변화하게 될 그러한 것이다.

겔러와 후크라는 일단 천체의 한 조각을 보여 주는 천체도를 완성하고 난 후, 그에 인접해 있는 조각에 대한 천체도 제작을 시작했다. 충분히 많은 수의 조각들에 대한 천체도를 만든다면, 우리는 특정한 천문대에서 관측할 수 있는 전체 하늘에 대한 천체도를 만들 수 있게 되는 것이다. 현재까지 겔러 · 후크라, 그리고 그들과 공통된 연구 과제를 놓고 연구하는 학자들은 지구의 북반구와 남반구에서 관측할 수 있는 천체의 12개 정도의 조각들에 대한 천체도를 만들었다.(도판 9) 그들은 1만 개 이상의 은하들에 대한 적색 편이를 측정해 왔다.

천체의 조각들이 보여 준 것

1986년에 만들어진 최초의 조각에 대한 천체도조차도 천문학자들이 예상했던 것과는 뚜렷하게 차이가 있음을 나타내 주는 것이었다. 나중에 얻어낸 결과들은 첫번째 것에서 얻은 결과를 충분히 입증해 주는 것이 되어왔으며, 충격적이게도 다음과 같은 사실을 보여 주고 있다. 즉 놀라울 정도로 은하들의 분포가 임의적인 것이 아니며, 균일한 것도 아니고, 엄청나게 복잡하다는 것이다.

천문학자들은 은하들이 몇백에서 몇천 개까지 포함되어 있는 무리들을 이루며 밀집해 있다는 사실을 오래 전부터 알고 있었다. 처녀자리성단이 지구에서 가장 가까이 있는 예가 되는 이러한 성단은, 일반적으로 1천만에서 2천만 광년의 거리에 걸쳐 있다. 하지만 훨씬 더 먼 거리——5천만에서 10억 광년까지——에서는 우주가 하나의 은

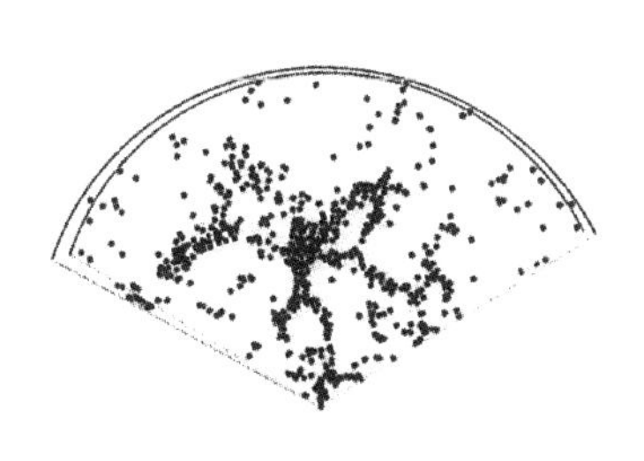

하 무리보다 한층 더 복잡하며, 거의 은하들이 존재하지 않는 엄청나게 넓은 부분들을 둘러싸고 있는 가닥과 판으로 되어 있는 섬세한 해면과 같은 거미줄 모양의 구조를 이루고 있다는 것을 예상했던 사람은 아무도 없었다. 겔러와 후크라의 천체도에서 가장 인상적인 것은, 천체도 전체에서 10억 광년에 육박하는 거리에 걸쳐 거의 모든 방향으로 만리장성처럼 뻗어 있는 은하들이다.

겔러와 후크라는 우주의 조각 몇 개를 보여 주는 그들의 최초 천체도를 거의 10년 전에 만들었다. 그 이후로 그들은 우리은하를 둘러싸고 있는 우주의 더 많은 부분에 대한 천체도를 계속해서 만들어 왔다.(도판 8) 그들은 단지 육안으로 확인되는 가장 밝게 나타나는 은하들만을 관측했기 때문에, 그들의 조사는 '겨우' 약 4억 광년까지만 외계로 뻗어 있다. 은하들로 이루어진 만리장성과 같은 구조물들은 축척으로 천체도에 표시될 때 천체도 자체와 거의 같은 크기가 되어야 하기 때문에, 우리는 여전히 우주에서 가장 큰 구조물은 얼마나 큰 것인가 같은 질문에 대답을 해야만 한다. 이제까지 매번 점차 더 먼 거리의 우주에 대한 천체도가 만들어질 때마다 각각의 새로운 천체도만큼 큰 구조물이 발견되어 왔다.

천문학자들이 발견해 내는 구조물들이 크면 클수록 그것들을 설명해 내는 데 있어서 어려움은 더 커지게 될 것이다. 이렇게 되는 이유는 대폭발 이후로 경과한 시간의 양이 비교적 짧기 때문이다. 13장에서 보게 되겠지만, 천문학자들은 개별적인 은하들에 대해서조차도 그것들이 어떤 방식으로 형성되었는지를 일정하게 할당된 시간 동안에 설명해 내는 데 어려움을 겪는다. 지정된 기간 안에 우주에서 그 어떤 종류가 되었건 조직적인 형태를 갖춘 구조물을 창조해 낸다는 문제는, 우리가 점진적으로 보다 더 큰 구조물을 관측의 목표로 삼게 되면서 보다 중대한 것이 되고 있는데, 그 까닭은 하나의 은하의 형성은 그보다 훨씬 더 큰 구조물의 형성에 관계된 것에서 그래야 하는 것보다 훨씬 더 짧은 거리에 걸쳐 움직이는 물체를 필요로 하게 되기 때문이다. 만약 천문학자들이 은하들의 존재를 설명하는 데 어려움을 겪게 된다면, 그들은 은하들로 이루어진 만리장성과 같은 구조물을 설명하는 데 있어서는 한층 더 큰 어려움을 안고 있게 되는 것이다.

가리키고 있는 손가락들

겔러와 후크라의 천체도는 수백 차례에 걸쳐 복제되어 왔으며, 마거릿 겔러와 영화제작자인 보이드 에스투스는 멋진 영화 1편(《그토록 많은 은하들에…… 너무도 적은 시간》)을 제작했는데, 그것은 컴퓨터 그래픽을 이용해 그 연구에 의해 밝혀진 우주를 항해해 보기 위한 것이었다. 그러나 만약 당신이 이 천체도에 관한 지식으로 당신의 친구들이나 친척들을 감동시키고자 한다면, 가장 확실한 방법은 아마도 이 천체도 안에서 가장 '분명한' 많은 특징들이 실은 환상이라는 점을 지적하는 것이 될 것이다! 이것들은 '신의 손가락들' 이라는 것으로서, 천문학자들은 인간의 손으로 만들어 낸 물건과 조물주가 만들어 낸 물건 사이의 차이를 이해하고 있기 때문에 천문학자들이 장난삼아 붙인 이름이다. '신의 손가락들' 은 육안으로 확인되는 알아볼 수 있는 은하들로 이루어진 선으로서, 양쪽 반대편으로 뻗어 있는 조각들로 나타나 있는 천체도의 꼭지점에 자리잡고 있는 기원이 되는 지점(지구의 북반구와 남반구에서 관측된 것을 나타내는 천체도로서의 우주)으로서 우리은하와 한 줄로 늘어선 것들이다.

신의 뜻이라도 되는 것처럼 우리은하를 가리키고 있는 이 '신의 손가락들' 은 무엇인가? 정말 적절하게도 그것들은 어떤 한 은하가 보여 주고 있는 후퇴 속도의 **모든** 것이 우주의 팽창에서 기인하는 것이라는, 너무도 인간적인 가정으로부터 생겨난다. 천문학자들은 이것이 그렇지 않다는 것을 아주 잘 알고 있지만, 우리가 그 어느것이 되었건 특정한 은하의 움직임이 갖고 있는 독자적이고 임의적인 분력에 대해 알고 있지 못하기 때문에, 우주에 관한 천체도를 만들려는 최초의 합리적인 시도에서는 각각의 은하가 0이라는 임의적인 속도 분력을 가지고 있다는 가설을 이용하게 되는 것이다.

이처럼 사람의 손으로 만들어 낸 듯한 형체가 어떻게 천체도에 나타나게 되었는지를 이해하기 위해서라면, 우선 상반부 중앙에 눈에 띄게 은하들이 밀집해 있는 부분을 주목해 보라. 이것은 그 중심이 코마 베레니케 별자리에 들어 있기 때문에 코마성단이라고 불리는 은하 무리이다.(도판 7) 이 성단에 속해 있는 몇천 개의 은하들(모든 성단에 속해 있는 은하들과 마찬가지로)은 성단의 중심 주위를 궤도를 그리면서 돌게 만드는 원인이 되는, 그것들이 서로간에 미치게 되는 중력에 의한 인력으로 함께 뭉쳐 있게 되는 것이다. 은하들이 궤도를 돌 때의 속도는 우주의 팽창에서 비롯되는 것이 **아니라** 오히려 속도의 다른 범주, 즉 은하들의 임의적인 속도라는 범주에 속하는 것이다. 어느 순간에건 코마성단의 중심에서의 속도와 비교할 때 이 성단에 속한 일부 은하들은 접근 속도를 가지고 있으며, 대략 같은 수의 은하들은 후퇴 속도를 가지고 있게 된다. 이 은하들은 사실 정확하게 우리를 향해 다가오는 쪽으로, 혹은 우리에게서 멀어지는 쪽으로 움직이는 것이 아니라, 오히려 그것들의 움직임은 접근과 후퇴의 분력들을 포함하고 있으며, 이것이 우리가 각각의 은하로부터 나오는 빛의 스펙트럼에서의 도플러 편이를 가지고 측정하는 분력인 것이다.

겔러와 후크라는 은하들까지의 거리가 아니라, 단지 그것들의 도플러 편이만을 표시해 주고 있는 천체도를 만든다. 만약 우리가 은하들까지의 거리를 오직 은하들의 측정된 후퇴 속도만을 근거로 해서 정한다면, 우리는 성단 내에서의 움직임이 우리에게서 멀어지는 쪽으로 이동하는 은하들까지의 거리는 지나치게 멀리 잡아야 하고, 궤도를 따라 도는 속도에 접근 분력을 포함하고 있는 은하들까지의 거리는 지나치게 가까운 것으로 잡아야 하게 될 것이다. 이것은 천체도 안에서 조밀하며 구형의 점으로 나타나게 될 코마성단을, 길쭉한 형태로 천체도의 원점을 직접 가리키고 있다는 특징을 모두 공유하고 있는 '신의 손가락들' 중 하나로서, 우리가 보게 되는 길게 잡아늘인 듯한 형태의 것으로 펼쳐 놓는다.

이 '신의 손가락들'은 천문학자(또는 다른 분야의 과학자)들이 자신들이 얻어낸 자료를 설명할 때 그들은 **자신들에게** 아주 유용하도록 계획된 방식들을 사용해 설명을 하지만, 그러한 방식들은 그들의 설명에 직접적으로 분명하게 드러나지 않는 중요한 가설들을 포함하고 있게 된다는 점을 훌륭하게 일깨워 주는 예가 된다. 일단 당신이 이 '신의 손가락들'에 대해 알고 있게 되면, 우주는 그 어떤 설명도 허용하지 않는 복잡한 구조로 되어 있는 것이라는 근본적인 영향력에는 여전히 변함이 없는 겔러와 후크라의 천체도를 쉽사리 적절하게 해석해 낼 수 있게 되는 것이다.

우주의 지향적 흐름과 엄청난 인력을 가진 존재

일부 천문학자들은 은하들의 적색 편이에 대한 자신들의 분석을, 평균보다 더 높은 밀도를 가진 엄청나게 넓은 부분들을 드러내 보여 줄 수 있는 속도의 분포에 있어서의 밀집된 것을 찾는 데 이용하려고 시도해 왔다. 이러한 부분들은 그것들이 천체도 속의 은하들에 대해 미치게 되는 중력에 의해 스스로를 드러내 보이게 될 것이다. 많은 양의 중력이 추가되는 것은 우주 팽창이라는 기본적인 '허블의 지향적 흐름'에 덧붙여진, 속도에 있어서 추가의 '지향적 흐름'을 생겨나게 할 것이다.

지난 10년 동안, 천문학자들은 우주의 팽창으로부터 이러한 대규모의 지향적 흐름들을 구별하기 시작해 왔다. 그러한 작업은 도플러 편이가 측정되고, 각각에 대한 거리가 추산된 다수의 은하들에 대한 복잡한 통계학적 분석을 필요로 하는 것이기 때문에 현대우주학 연구에서나 겨우 성취해 낼 수 있는 노력을 요구하는 것이다. 이에 더하여 그 분석은 각각의 은하가 어느 정도 독립적인 움직임을 가지고 있다는 사실을 처리하지 않을 수 없는데(104쪽 참조) 그것은 특정한 넓은 지역에 있는 상당수의 은하들이 허블의 지향적 흐름에서 벗어나는 보편적인 지향적 흐름을 가지고 있는지의 여부를 결정하려는 시도에 혼동만을 초래하게 되는 것이다.

하지만 그러한 노력은 막대한 보상을 해준다. 즉 그 거리에 있어서 몇억 광년에 걸치게 되는 은하를 포함하는 대규모의 지향적 흐름은 어느것이건 얼마나 큰 질량이 그러한 지향적 흐름을 생겨나게 하는 것인지를 천문학자들에게 적어도 대략적으로나마 말해 줄 수가 있는 것이다. 질량의 농축 정도가 크면 클수록 수백 혹은 수천 개의 개별적인 은하의 움직임에 대한 분석에 의해 측정되는 지향적 흐름의 속도도 더 커지게 된다.

더욱이 그 지향적 흐름은 알려지지 않고 있는 양이 우주의 미래를 결정하게 되는 물질의 가설적 형태를 포함, 온갖 유형의 질량에 반응한다. 만약 우리가 하나의 지향적 흐름을 구별하고 그 양을 계산해 낼 수 있다면, 우리가 측정해 낸 물질의 질량은 은하 무리(한쪽 끝에서 다른 한쪽 끝까지 거리가 1천만 광년의 등급에 속하는)와 같은 작은 체적에 대해서가 아니라 직경이 수억 광년인 부분들에 대해 적용되게 된다. 그러한 지향적 흐름들은 우리가 그 양을 측정해 내기를 희망해 볼 수 있는 가장 큰 거리상의 비례(우주 전체에서 물질의 평균 밀도를 측정해 낸다는 희망은 제외하고)에서 질량의 전체 밀도를 드러내 보여 주게 된다. 따라서 우주학자들은 큰 거리상의 비례에서, 어떤 방식으로 은하들이 일정한 방향을 향해 흘러가게 되는지를 알게 된다는 것에 기뻐하게 될 것이다. 지향적 흐름에 대해 현재 얻어낸 결과들은, 비록 잡다한 요소들이 섞여 있고 논쟁의 소지가 많은 것이긴 하지만, 우주학적으로 한 가지 중요한 결론에 도달할 수 있게 해준다.

우주에 대한 이해에 있어서 우리가 도달해 있는 이 단계는, 비록 아무것도 명백하게 받아들여져 온 것은 아니지만, 눈에 보이는 우주의 몇몇 부분들이 대규모의 지향적 흐름을 가지고 있는 것으로 보고되어 왔다. 이러한 지향적 흐름들 가운데서 가장 유명한 것은, 다수의 은하들 가운데서 허블의 지향적 움직임으로부터의 일탈을 만들어 내는 것으로 주장되는 것으로, 밀도의 증가를 가리키는 거대중력원으로부터 나오는 것인데, 그 각각은 우리은하로부터 몇억 광년씩 떨어져 있으며, 전갈자리나 켄타우루스자리와 같은 남반구 쪽의 별자리들에서 볼 수 있다. 이 거대중력원의 발견자들은 자신들의 성취를 자랑스럽게 여기면서 스스로를 7명의 사무라이라는 매력적인 이름으로 불러왔다. 옛날의 사무라이들과 마찬가지로 이 7명의 천문학자들은 자신들의 관측 자료에 대한 해석에 반박하는 반대자들을 맞아 승리를 거두어 왔다. 이제 문외한들은 이 거대중력원을 은하의 만리장성과 동일한 자격을 가진 것으로 받아들이기보다는, 거대중력원과 그것의 옹호자들에 대한 속보를 들을 수 있게 준비하고 있는 편이 나을 것이다.

하지만 그 거대중력원처럼 어떤 특정의 농축된 질량 덩어리를 찾아내려고 시도하려 들지 않는 은하들의 움직임에 대한 광범위한 분석은, 이제 은하들의 움직임이 독자적이고 임의적인 움직임의 결과를 한참 넘어서 허블의 지향적 흐름으로부터 벗어나고 있다는 것을 분명하게 입증해 주고 있는 것으로 보인다. 비록 우리가 어느 특정한 지향적 흐름의 세세한 부분까지 명시할 수는 없을지라도(왜냐하면 도플러 효과는 오직 우리의 시선 방향과 일치하는 속도만을 드러내 보여 주며, 어떤 은하들이 어느 특정 방향을 향하고 있는지는 전혀 보여 줄 수가 없기 때문에) 우리는 지향적 흐름이 존재하며, 그러한 지향적 흐름이 생겨날 수 있게 되려면 엄청난 양을 지닌 물체를 필요로 하게 된다는 결론을 내려 볼 수 있다. 그 지향적 흐름이 드러내 보여 주게 되는 물체의 양이 도대체 얼마나 되는 것인가 하는 문제에 대해서는 11장에서 논의하게 될 것이고, 지금 당장은 엄청나게 먼 거리상의 비례에서의 우주가 갖고 있는 지향적 흐름은 우주 속의 물질이 빛을 내건, 혹은 그밖의 다른 어떤 유형의 전자기 복사를 하건간에 그 물질의 밀도를 측정해 볼 수 있는 가능성을 제공하게 된다는 사실을 알게 된다는 것에 만족할 수도 있는 것이다.

한층 더 큰 규모의 구조물

최근 몇 년 동안 겔러와 후크라가 개척해 낸 유형의 연구는, 하버드대학교의 로버트 커시너, 예일대학교의 오거스터스 오이믈러, 매사추세츠 공과대학의 폴 시크터, 그리고 카네기 재단 천문대의 스티

븐 식트먼 등이 이끄는 일단의 천문학자들로 구성된 팀에 의해 한층 더 먼 거리까지 확장되어 왔다. 매일 밤마다의 관측에서 많은 수의 은하들이 보여 주는 적색 편이를 측정하기 위한 방편으로, 이 천문학자들은 하늘에 있는 은하들의 위치에 일치하도록 조심스럽게 철판에 구멍들을 뚫고는 그 구멍에 광학섬유 케이블을 연결했다. 이러한 기술로 그들은 1백여 개나 되는 은하들의 도플러 편이를 동시에 측정하는 것이 가능하게 된다.

현재까지 이 천문학자들은 더글러스 터커와 후안 린――각각 예일대학교와 하버드대학교의 대학원생들이며, 가장 힘든 작업의 대부분을 해냈던――의 도움을 받아 그 하나하나의 너비가 1과 2분의 1도, 길이가 75도인 6개로 조각을 낸 천체에서 2만 5천 개나 되는 은하들의 적색 편이를 측정해 왔다. 그들의 연구는 겔러와 후크라가 연구를 위해 조각낸 천체의 한계보다 4배나 더 먼 거리에까지 이르고 있다. 이보다 더 먼 거리에까지 미치는 연구는 그 이전의 연구에서 관측되었던 것과 비슷한 규모의 크기로, 은하들이 존재하지 않는 커다랗게 비어 있는 공간과 은하들이 넓게 퍼져 있는 부분들을 드러내 보여 준다. 그러나 그 연구는 이미 확인된 것들보다 훨씬 더 큰 공기방울이나 넓게 퍼져 있는 모양의 그 어떤 구조물도 분명하게 보여 주고 있지 않다. 흥미롭게도 좀더 상세한 분석을 하면 더 큰 구조물들이 드러나게 되리라는 단서가 되는 것들이 존재하고는 있지만, 천문학자들은 마침내 가장 큰 구조물의 형태를 발견해 내기에 충분한 깊이까지 우주를 연구해 온 것으로 드러날 수도 있다.

이러한 만족할 만한 결과에도 불구하고 천문학자들은, 한쪽 끝에서 다른 한쪽 끝까지가 10억 광년이나 되는 거대한 구조물들이 대폭발이 있은 이후의 시간 동안 어떻게 형성되어 왔는지를 설명하느라 아주 바쁘다.(13장) 이 문제는 추산된 우주의 나이가 줄어들게 되면서 설명을 하는 것이 약간 힘들게 되었다. 이제 이 문제를 정면에서 대처해야 할 때가, 그리고 우주가 팽창을 시작한 이후의 시간 간격이 갖는 새로운 가치를 놓고 벌어지는 토론을 점검해 봐야 할 때가 된 것이다.

도해 1. 가시적 물질.

은하 원반
은하계 헤일로에 분포
되어 있는 구상성단
은하 중심
은하 원반에 있는
나선팔
태양
나선팔에 분포되어
있는 산개성단

도해 2. 우리은하.

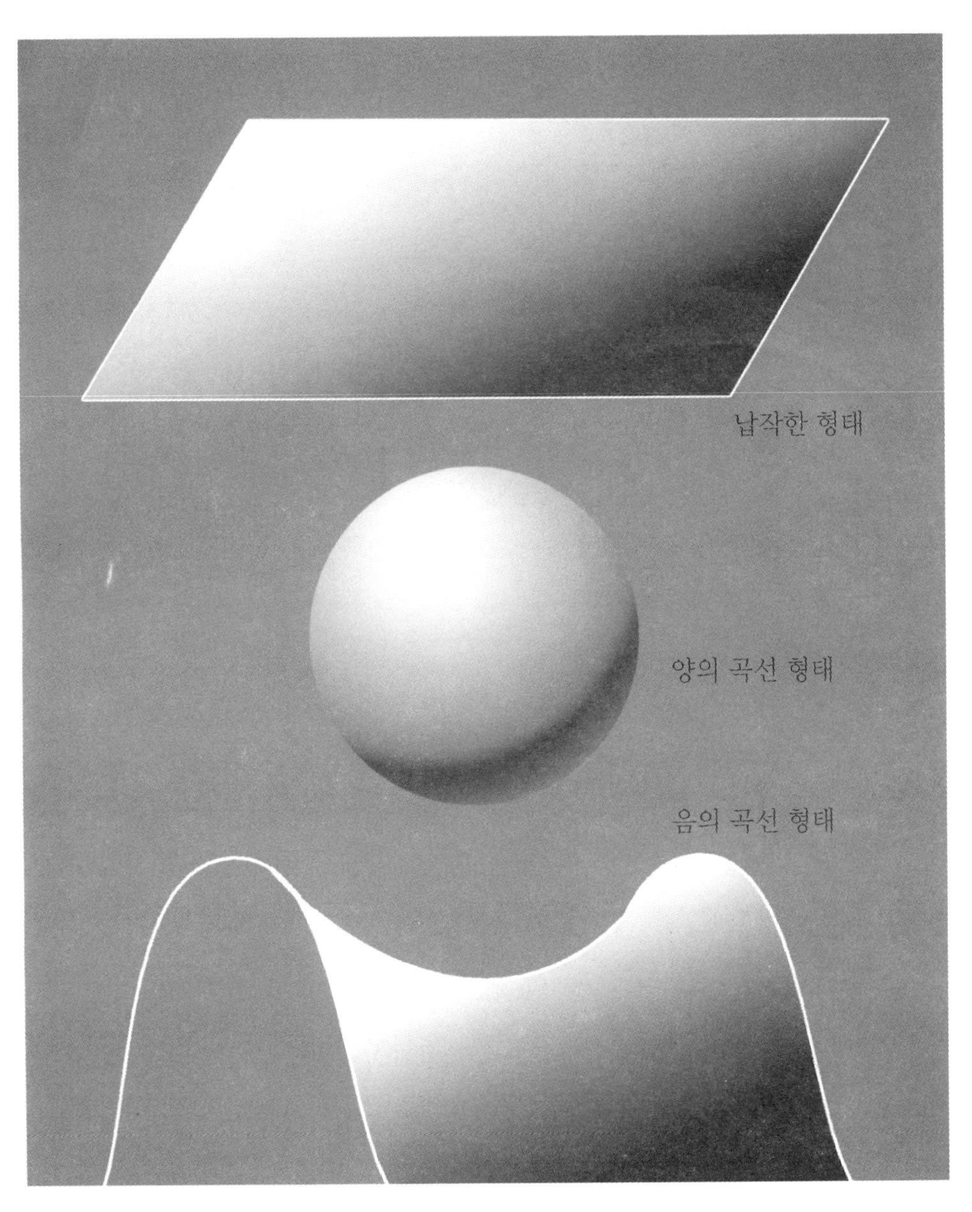

도해 3. 우주 공간의 세 가지 형태.

도해 1. 우리 눈에 보이는 우주는 은하들 안에 분포되어 있는 별들로 이루어져 있으며, 이 은하들 자체는 서로 모여 은하 무리를 형성한다. 별들의 분포는 대부분의 은하들을 회전 타원체, 즉 타원체(타원은하)이거나 그렇지 않으면 가장 젊은, 그리고 가장 밝은 별들이 은하들의 나선팔의 윤곽을 나타내 주게 되는 아주 납작한 원반(나선은하) 중 하나의 형태를 갖게 만든다.

도해 2. 우리은하는 거대한 나선은하의 전형으로서, 그 폭은 대략 10만 광년이지만 두께는 겨우 몇천 광년에 지나지 않는 형태로 별들이 납작하게 분포되어 있다. 우리 태양계는 은하의 중심에서 약 3만 광년 떨어진 곳인, 우리은하의 나선팔들 중 하나와 가까운 곳에, 그러나 그 내부는 아닌 곳에 자리잡고 있다. 이 원반 모양을 둘러싸고 있는 것은, 은하가 현재의 크기로 수축하면서 남겨진 것으로 보이는 넓게 퍼져 있는 별들로 이루어진 헤일로와 구상성단이다.

도해 3. 우주 속의 공간은 납작하거나, 또는 양의 곡선을 이루고 있거나, 또는 음의 곡선을 이루고 있거나 한 것들 중 하나로 설명될 수 있다. 납작한 우주 공간이라는 것은 우리가 직관적으로 갖게 되는 느낌과 일치하는 것이다. 그것은 모든 방향으로 무한히 고르게 뻗어 있다. 이와 대조적으로 양의 곡선을 이루고 있는 우주 공간은, 구체의 표면과도 같이 그 자체를 향해 다시 굽어져 있다. (여기에서 보여 주고 있는 도해는 3차원적 공간의 가능성을 2차원적인 것으로 유추한 것을 나타낸다.) 음의 곡선을 그리고 있는 우주 공간은, 한 방향은 어떤 특정 방향을 향해 곡선을 그리며, 반대 방향은 수직 방향으로 곡선을 그리게 되는데, 납작한 우주 공간과 마찬가지로 그것은 스스로를 향해 다시 곡선을 그리지 않고 무한히 뻗어 나간다. 이러한 세 가지 가능성들 중 단 한 가지만이 실제 우주를 정확하게 설명하고 있는데, 유감스럽게도 우리는 그것이 어떤 것인지를 알 수가 없다.

도해 4. 별들의 온도-광도 상관 도표를 얻기 위해 천문학자들은 흔히 별들의 광도(초당 내뿜게 되는 에너지)에 대한 표면온도를 점으로 찍어 나타낸다. 몇 가지 역사적인 이유로 해서, 이 도표에서는 표면온도는 왼쪽을 향해 높아지게 되어 있다. 대부분의 별들은 도표의 왼쪽 위에서부터 오른쪽 아래를 향해 훑고 내려오는 메인 시퀀스에 속해 있으며, 보다 적은 수의 별들은 젊고 온도가 높은 청색거성들(위쪽 중앙과 중앙에서 왼쪽)이거나, 메인 시퀀스를 벗어나 있는 적색거성들(오른쪽 위와 중앙에서 오른쪽), 또는 한층 더 고도로 진화된 백색왜성들(아래 중앙)이다. 이 도표의 중심선은 또한 별들의 절대 광도—보다 작은 수가 보다 더 큰 고유의 밝기를 나타내는 고대의 체계에 따른 별들의 광도—뿐만 아니라 표면온도를 근거로 하여, 그것들의 것으로 정해진 스펙트럼 계열을 보여 준다. 여기에서 보여 주고 있는 별들의 표본은 보다 더 밝은 별들을 적절한 비율 이상으로 나타낸 것으로, 진정한 표본은 엄청나게 많은 수의 백색왜성들과 낮은 광도의 메인 시퀀스에 속해 있는 별들을 드러내 보여 주게 된다.

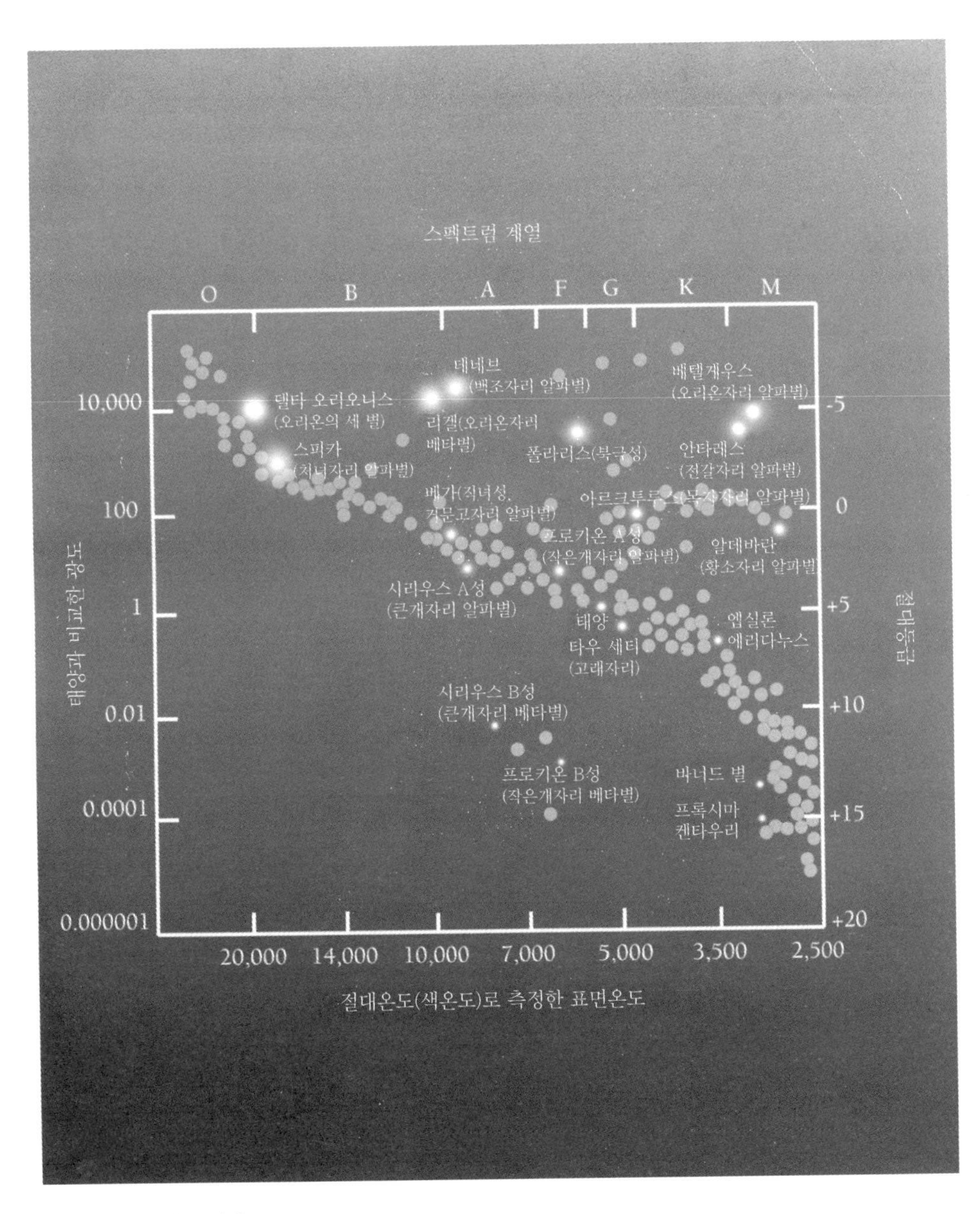

도해 4. 온도-광도 상관 도표.

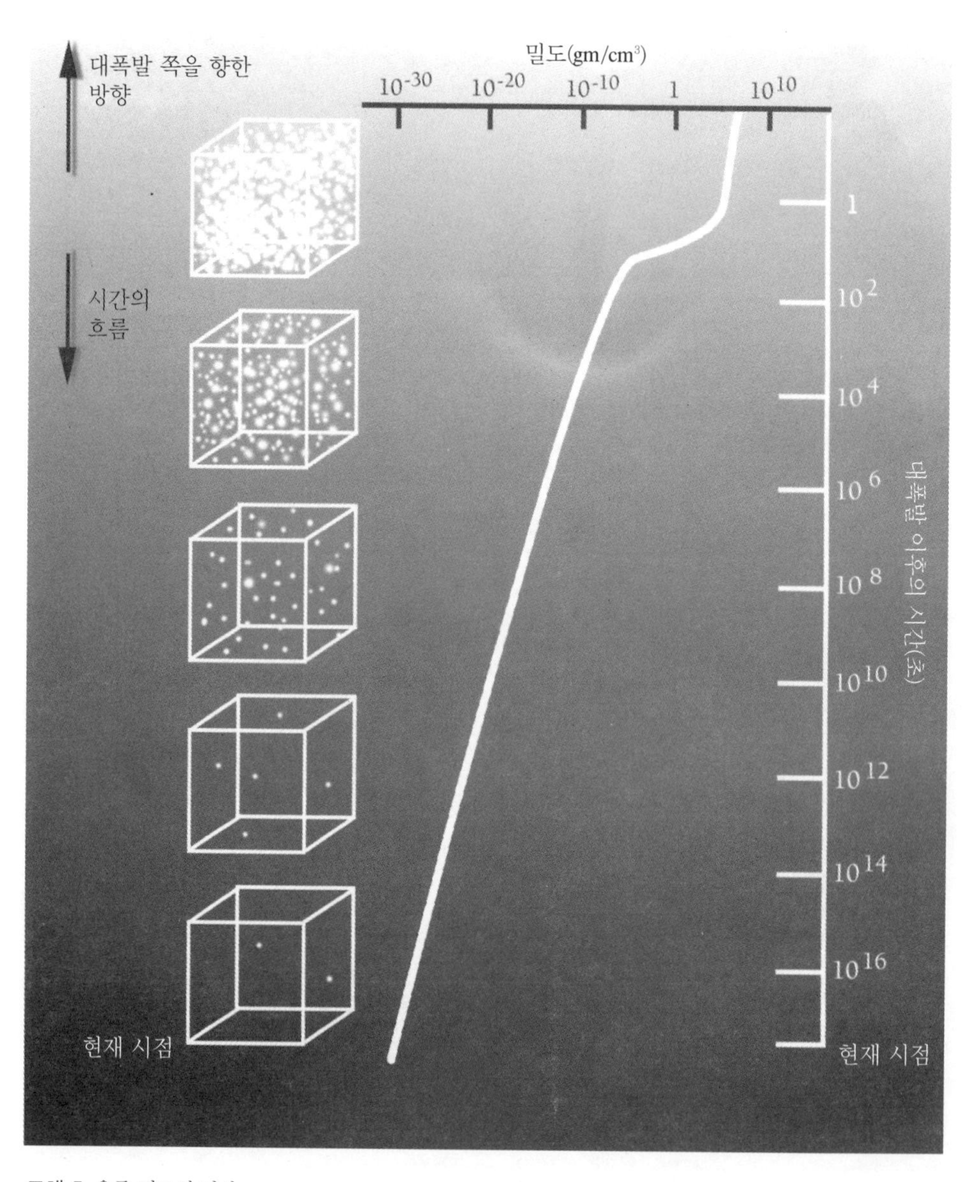
대폭발 쪽을 향한 방향
밀도(gm/cm³)
10-30
10-20
10-10
1
1010
시간의
흐름
1
102
104
106
108
1010
1012
1014
1016
대폭발 이후의 시간(초)
현재 시점
현재 시점

도해 5. 우주 밀도의 역사.

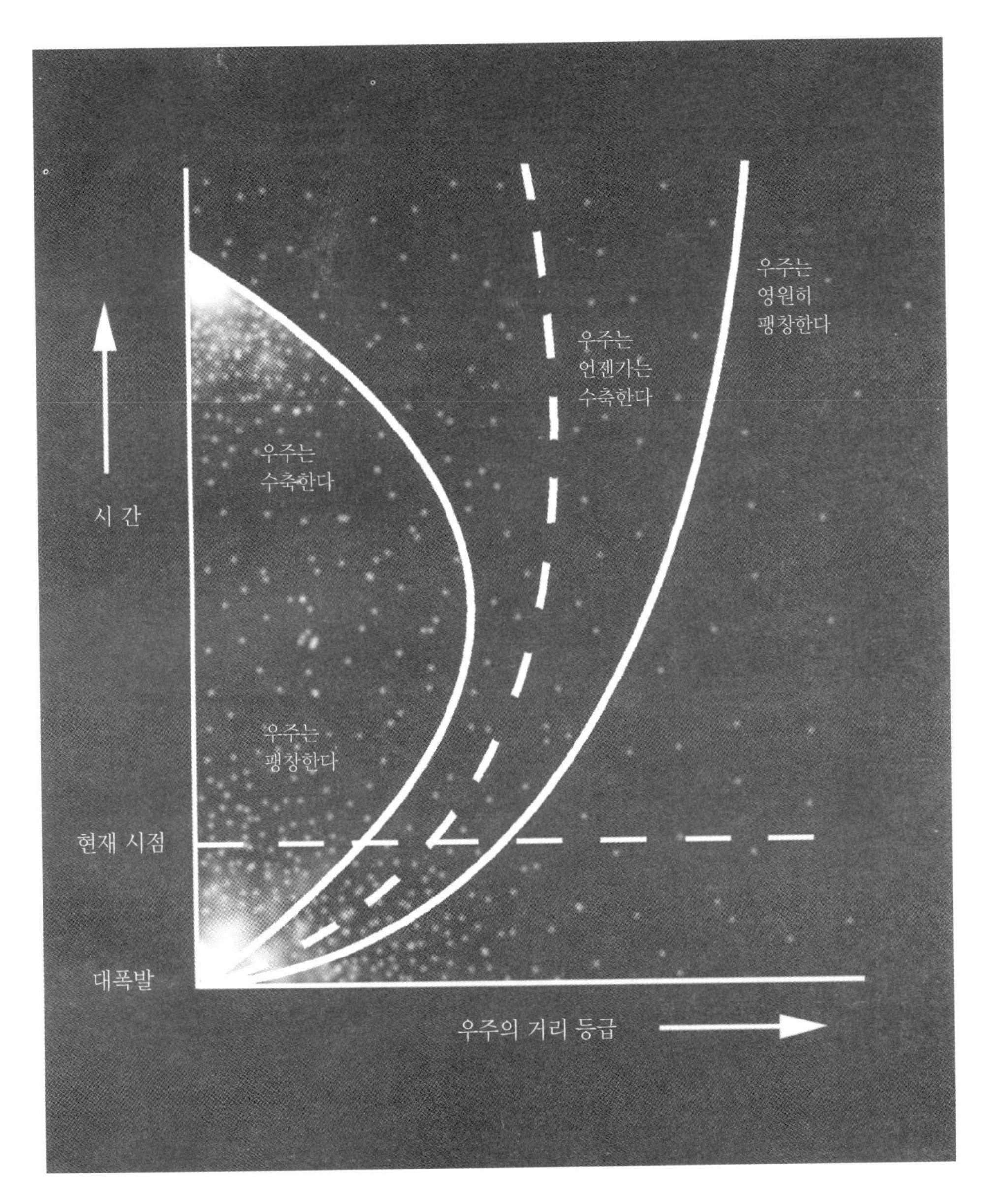

도해 6. 우주의 과거와 미래.

도해 5. 대폭발 이후로 우주에 있는 질량은 눈에 띄게 변화하지 않고 있었기 때문에, 물질의 평균 밀도(단위 용적당 질량)는 우주가 팽창하면서 꾸준히 감소되어 왔다. 이 그래프는 대폭발이 있은 직후 1초의 몇 분의 1에 해당하는 시간 동안의 밀도의 변화를 보여 주고 있다. 시간의 척도는 대수학적인 것이기 때문에 대폭발 그 자체는 페이지의 꼭대기 위쪽으로 무한히 먼 거리에 자리잡고 있게 된다. 평균 밀도를 나타내 주고 있는 곡선 속에 꺾인 부분은 우주가 복사의 형태로 에너지의 대부분을 가지고 있던 것에서, 질량 에너지의 형태($E=mc^2$)로 에너지의 대부분을 가지고 있게 되는 쪽으로 변화하면서 생겨난 것이다.

도해 6. 우주의 미래가 어떤 식으로 발전될 것인지 그 가능성을 보여 주기 위해서 우리는 증가하는 시간의 상관 관계를 나타내는 것으로서의 2개의 견본이 되는 지점들 사이의 평균 간격(우주적 거리 척도)에 점을 찍어 표시해 볼 수 있다. 현재 팽창하고 있는 이 우주는 (1)영원히 팽창을 계속하거나, (2)무한한 양의 시간이 흐르고 난 후에 팽창을 멈추거나, (3)결국에는 수축하거나 하는 것들 중 한 가지에 해당될 것이다. 첫번째의 가능성은 음의 곡선을 그리고 있는 우주 공간에 해당하는 것이고, 두번째는 납작한 우주에 해당하는 것이며, 세번째는 양의 곡선을 그리고 있는 우주에 해당하는 것이 된다.(도해 3) 실제적인 내용에서 처음 두 가지 가능성은 거의 동일한 것이다.

도해 7. 천문학자들이 서로 반대 방향에 자리잡고 있는 우주 공간의 두 부분에서 나오는 우주배경복사를 관측할 때, 그들은 그것이 거의 정확하게 동일한 온도상의 특징을 가지고 있다는 것을 알게 된다. 이러한 일정함은 우주 전체가 대폭발 이후—오늘날 우리가 관측하게 되는 배경복사가 마지막으로 물질과의 상호 작용을 했던 때—의 몇십만 년 동안 거의 동일한 특징들을 지니고 있었다는 것을 암시하는 것이다. 하지만 그 당시에조차도 현재는 우리은하가 된 곳과는 반대 방향에 있는 우주 공간의 부분들은 이미 그들 사이에 어떤 정보가 흐르기에는 너무도 멀리 간격이 벌어져 있었는데, 그러한 까닭은 그 어떤 정보도 빛의 속도보다 빠르게 진행할 수는 없는 것이기 때문이다. 우주학자들은 설명하기 힘든 우주배경복사의 이러한 일정함을 '지평 문제' 라고 일컫는다.

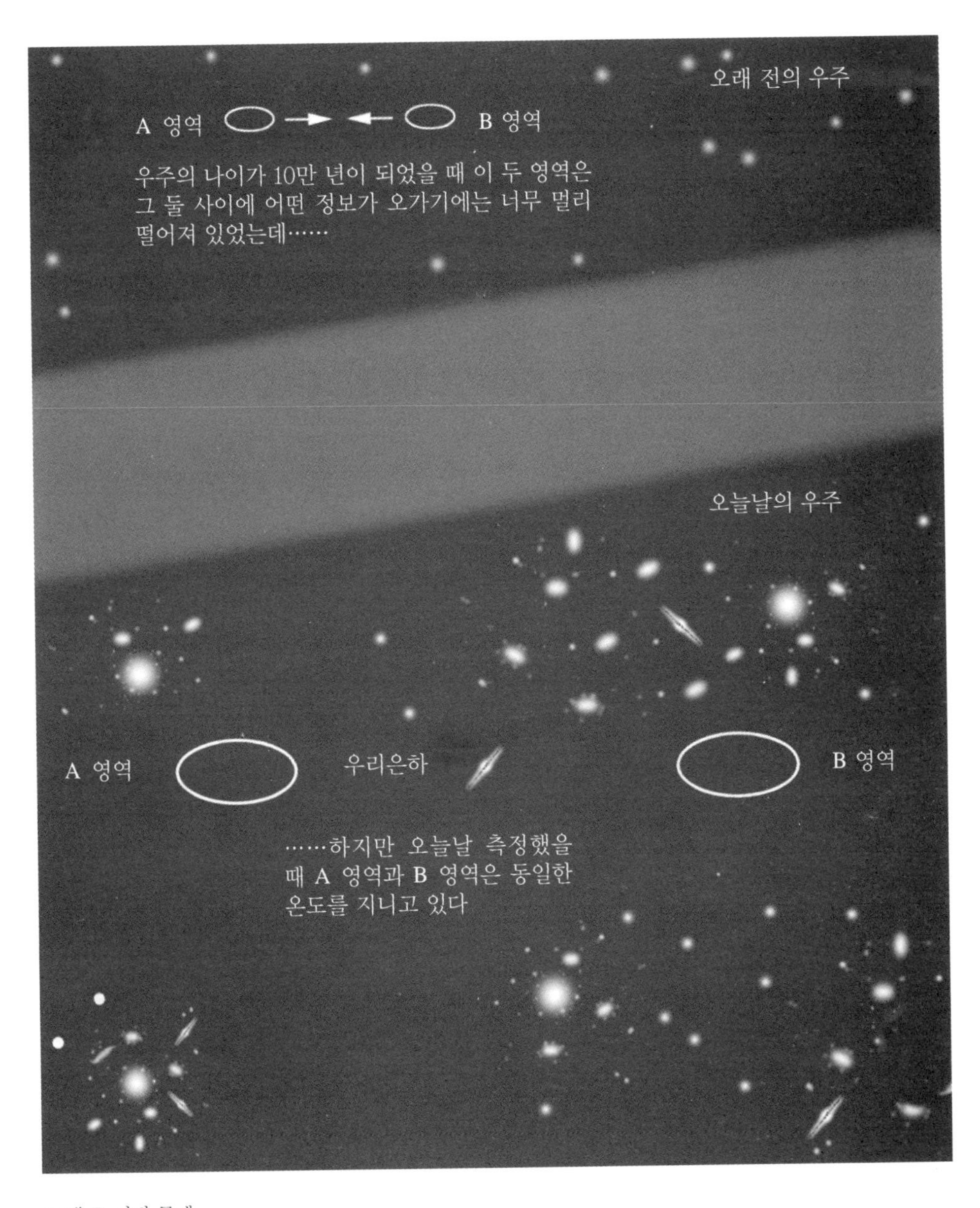

오래 전의 우주
A 영역
B 영역
우주의 나이가 10만 년이 되었을 때 이 두 영역은
그 둘 사이에 어떤 정보가 오가기에는 너무 멀리
떨어져 있었는데……
오늘날의 우주
A 영역
우리은하
B 영역
……하지만 오늘날 측정했을
때 A 영역과 B 영역은 동일한
온도를 지니고 있다

도해 7. 지평 문제.

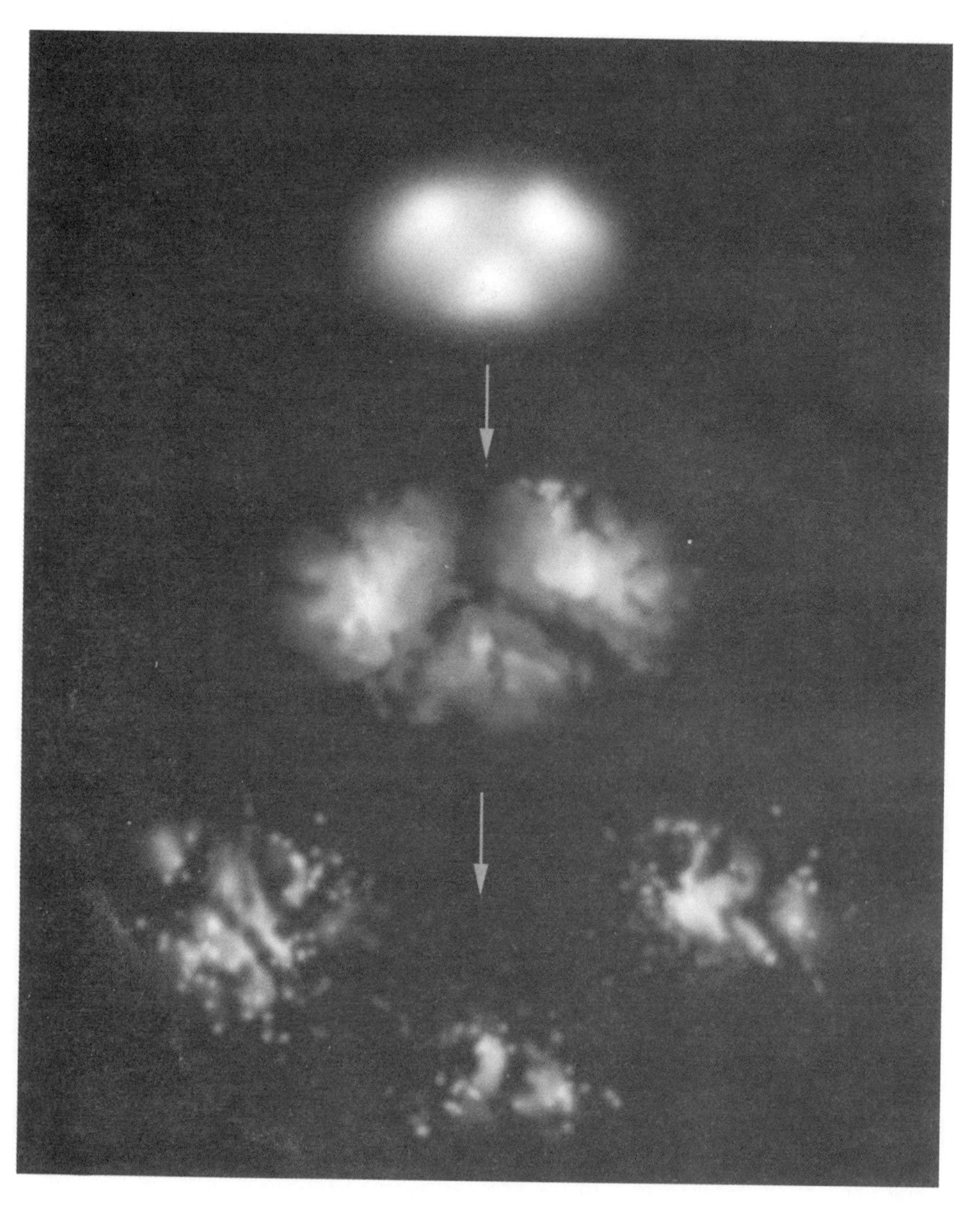

도해 8. 초기 우주에서 물질이 어떻게 해서 덩어리를 이루게 되었는지에 대한 '위에서부터 아래로 향하는' 모형에서는, 커다란 물질의 덩어리가 보다 작은 덩어리들로 부서지고, 그것들은 다시 한층 더 작은 덩어리들로 부서지게 된다.

도해 9. 초기 우주에서 물질이 어떻게 해서 덩어리를 이루게 되었는지에 대한 '아래에서부터 위로 향하는' 모형에서는, 물질의 작은 덩어리들이 보다 큰 단위들로 집적되고, 그것들은 다시 한층 더 큰 단위들을 구성하게 된다.

도해 10. 상이한 유형의 원자핵들에 대해 측정된 풍부함을 초기 우주의 모형들에서 계산된 양과 비교함으로써, 우주학자들은 중입자적 물질의 현재 밀도를 측정해 낼 수 있게 된다. 그들이 이러한 계산을 해낼 수 있는 것은 현재 중입자적 물질이 가지고 있는 밀도는, 우주 전체에 걸쳐 핵융합이 일어났던 때인 대폭발 직후의 처음 몇 분이 지속되는 동안의 밀도와 비례하는 것이기 때문이다. 이 도표에서 회색 막대기들은 상이한 유형의 원자핵들의 측정된 양을 나타내 주는 것이고, 검은색 선들은 중입자적 물질의 각기 다른 밀도에 대해 계산된 양을 나타내 주는 것이다. 관측된 내용과 모형들 사이에서 최선의 합치가 이뤄지는 것은, 비록 그 수치가 거의 2라는 인수로 오류를 일으킬 수 있는 것이긴 하지만, 만약 중입자적 물질의 현재 밀도가 대략 매 3제곱센티미터당 6×10^{-31}그램이 될 때이다. 가장 잘 합치되는 수치는, 팽창 이론에 의해 요구되는 바와 같이 납작한 우주를 만들어 내는 데 요구되는 물질의 임계 밀도의 겨우 약 4에서 8퍼센트이다. 그러나 중입자적 물질의 밀도는 실질적으로 가시적 물질의 밀도를 넘어선다.(도해 11) 이것은 우주가 주로 중입자적 물질로 이루어져 있거나(만약 실제 밀도가 임계 밀도의 10분의 1보다 작다면), 또는 주로 비중입자적 물질로 이루어져 있는(만약 실제 밀도가 임계 밀도의 10분의 1보다 월등히 크다면) 둘 중 하나임이 분명한, 물질의 가설적 형태로 대부분이 이루어져 있다는 것을 함축하고 있는 것이다.

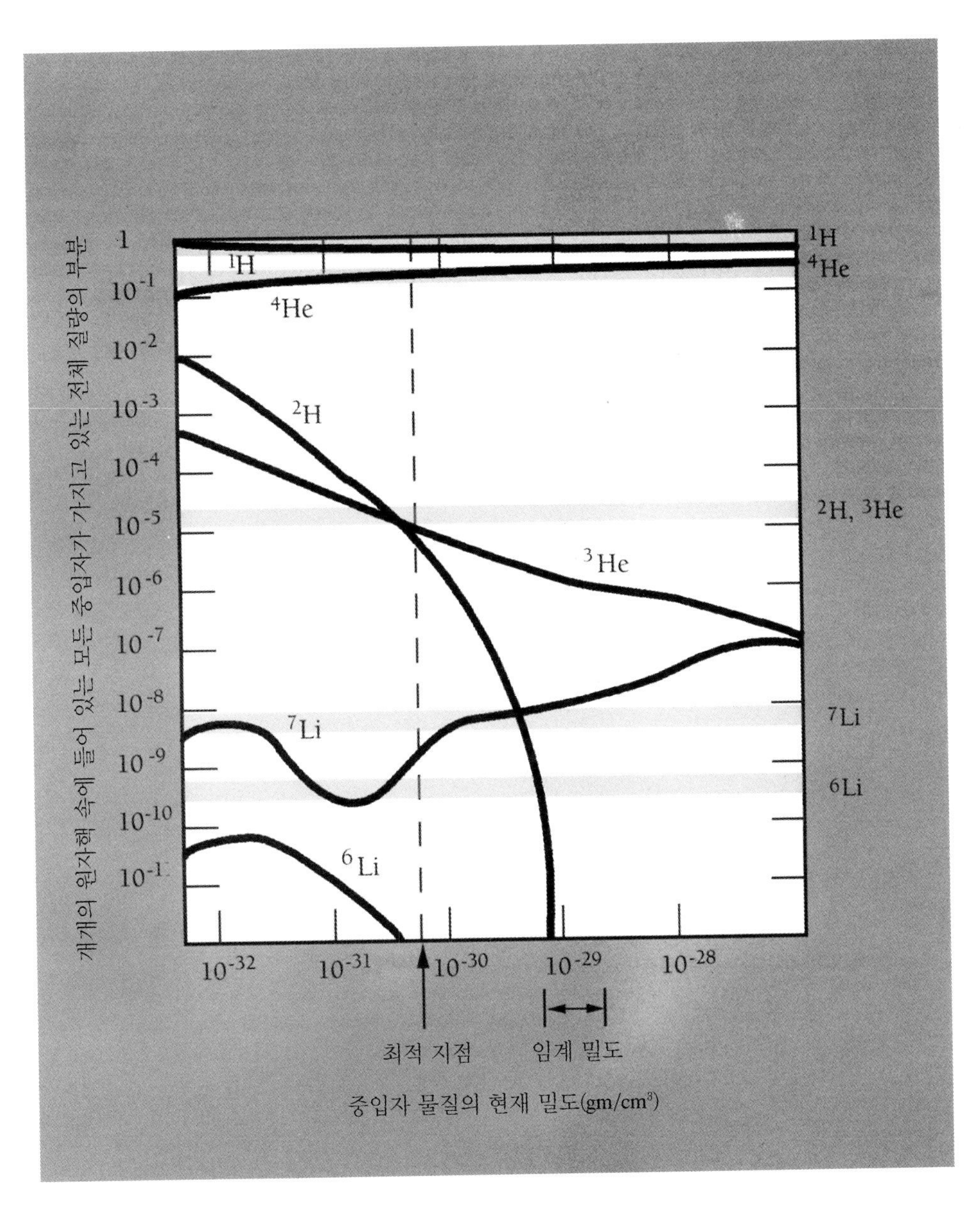

도해 10. 원자핵의 풍부함.

도해 11. 이 도표는 현재 허블 상수값 Ho와 우주에 있는 물질의 전체 밀도가 가지고 있는 한계를 보여 주는 것이다. Ho=40과 Ho=80의 수직선들은 많은 천문학자들이 타당한 것으로 받아들이고 있는 Ho의 한계이다. 넓은 검은색 선은 가시적 물질의 밀도(가장 낮은 절대 가능 밀도)와, 상이한 유형의 원자핵들의 풍부함의 측정을 통해 추론한 중입자적 물질의 밀도를, 그리고 우주는 최소한 1백억 년의 나이를 먹었으며, 우주학 상수가 0이라는 가정에 의해 강요되는 한계를 나타내고 있는 것이다.(도해 10) 은하 무리들에 대한 관측에서 물질의 밀도는 임계 밀도의 최소한 10퍼센트임을 강력하게 암시하고 있는 부가적인 한계(여기에는 나타나 있지 않은)가 생겨난다. 만약 우리가 이 모든 한계들이 타당한 것이라고 여긴다면, 현재의 관측 내용은 허블 상수의 값과, 임계 밀도에 대한 물질의 밀도의 비율을 대략 위쪽 중앙에 있는 옅은 회색의 사다리꼴까지 제한하게 된다. 만약 Ho값이 실제적으로 40보다 큰 것으로 증명된다면 이 부분은 현저하게 줄어들 것이며, 만약 Ho값이 60 이상인 것으로 밝혀진다면 물질의 밀도는 더 이상 임계 밀도와 같은 것이 될 수 없거나, 아니면 우주학 상수는 0이 아닌 다른 것이 되어야만 하는 것 둘 중 하나가 될 것이다.

도해 12. 우리은하와 같은 나선은하들은 각기 물질의 가설적 형태로 이루어진 엄청나게 커다란 헤일로를 가지고 있는데, 그것들은 은하를 둘러싸고 있는 나이 든 별들이 가지고 있는 헤일로를 훨씬 넘어선 곳에까지 뻗어 있는 것이다. 전형적인 물질의 가설적 형태로 이루어진 헤일로는 은하 원반 반경보다 10에서 20배 더 큰 반경을 가지고 있을 수도 있으며, 그렇게 해서 곁에 있는 다른 은하의 중간에까지 이르게 된다. 여기에 그려진 헤일로는 실제로는 가시광선의 모든 주파수나 파장에서는 눈에 보이지 않는 것이다.

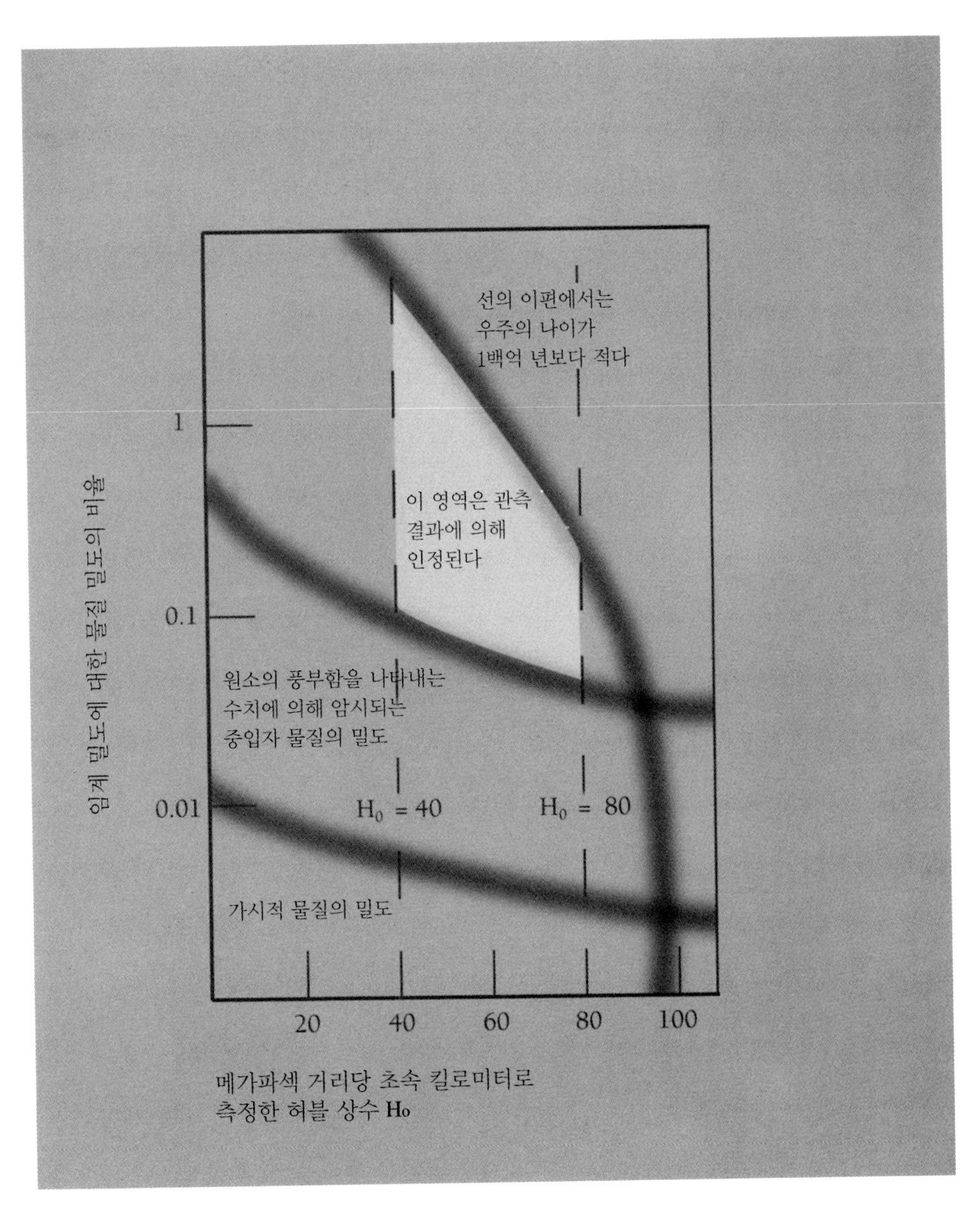

도해 11. 현재의 관측상의 한계들.

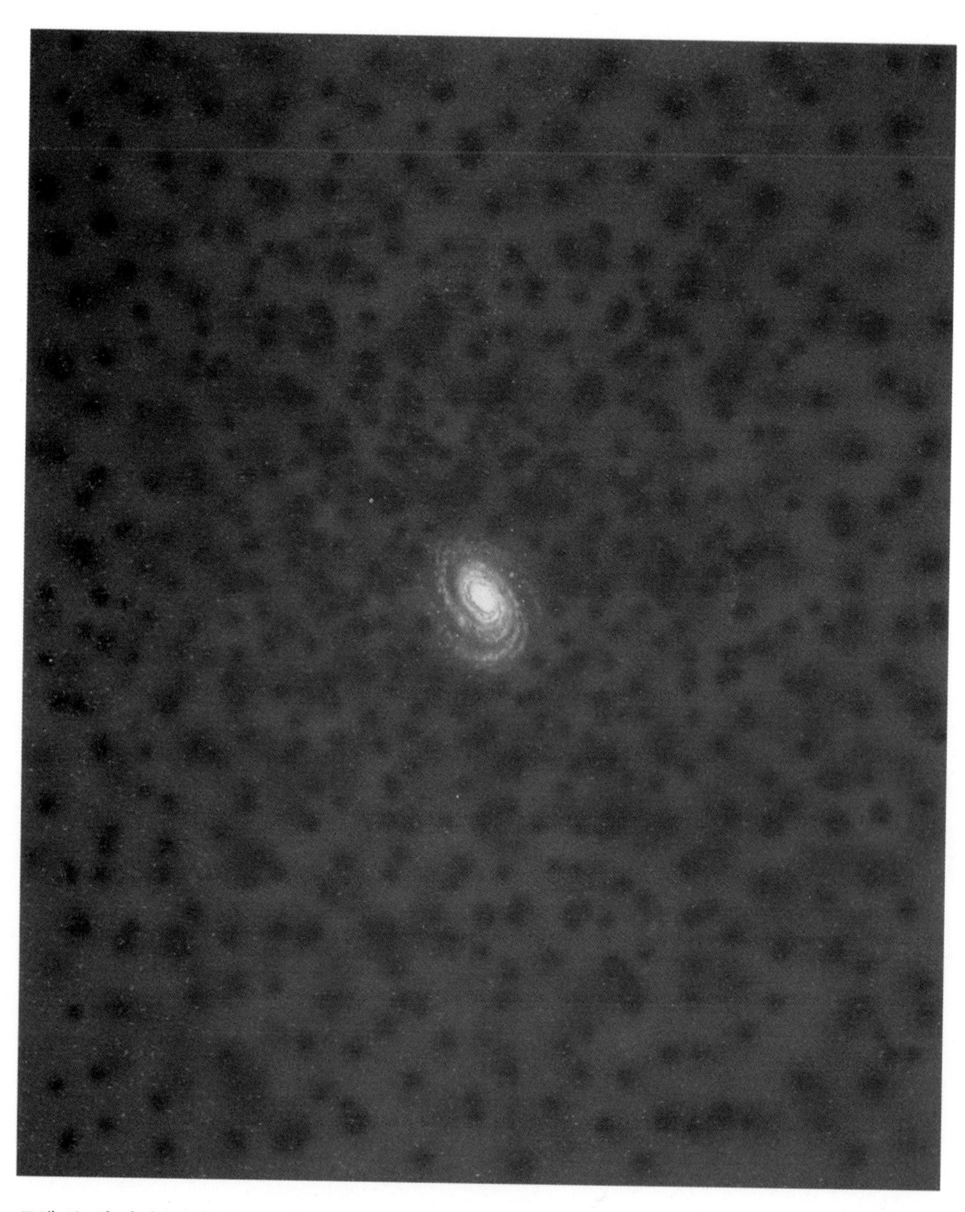

도해 12. 한 나선은하 물질의 가설적 형태로 되어 있는 헤일로

도판 1. 산개성단 메시에 16.

도판 2. 오리온성운.

도판 3. 말머리성운.

도판 1. 메시에 16은 젊은 산개성단으로, 태양계에서 약 6천5백 광년 떨어진 곳인 우리은하의 나선팔들 중 하나에 위치해 있다. 이 성단은 현재에도 계속 더 많은 별들을 생성시키고 있는, 거대한 가스와 먼지구름에서 몇백만 년 전에 형성된 것이다.

도판 2. 오리온성운은 대규모로 별들을 생성시키는 부분으로서는 태양계와 가장 가까이 자리잡고 있다. 이 젊은 산개성단은 수십 개의 젊고 온도가 높은 청색 별들을 포함하고 있으며, 오리온자리에서 검(劍)의 중간 부분에 '별'로 자리잡고 있다.

도판 3. 오리온의 띠 가까이 말머리성운이 자리잡고 있다. 모든 빛깔의 별빛을 흡수하는 먼지로 이루어진 이 검은 덩어리는, 사진의 가장자리 너머에 있는 아주 광도가 높은 별로부터 나오는 흩어져 있는 빛들을 배경으로 말의 머리 모양을 만들어 내고 있다.

도판 4. 나선은하 메시에 83.

도판 5. 1990년과 1991년 동안, 우주배경탐사(COBE) 위성은 4개의 상이한 적외선 주파수대에서 우리은하를 촬영했다. COBE 위성을 통해 연구하는 천문학자들은 그 장면들에서 태양계보다 은하 중심에 더 가까이 위치한 우리은하의 일부분을 보여 주고 있는 이 사진을 뽑아냈다. 우리들은 우리은하가 형성하고 있는 원반의 외부를 향해 한참 떨어진 곳에 자리잡고 있기 때문에, 만약 우리가 그것을 측면에서 똑바로 본다면 이 영상은 우리은하를 다른 나선은하와 아주 유사한 것으로 보이게 한다.

도판 4. 우리은하로부터 약 1천만 광년 떨어진 곳에 있는 이 나선은하 메시에 83은 거의 정면을 향한 모양으로 나타난다. 이 은하는 그 중심에 황색 별들이, 그리고 그것의 나선팔들에 젊고 온도가 높은 밝은 별들이 집중되어 있는 것뿐만 아니라, 그 크기나 구조에 있어서도 우리은하를 닮은 것이다. 메시에 83에서는 평균 매 20년마다 하나 정도의 비율로 무수히 많은 수의 초신성 폭발이 관측되어 왔다.

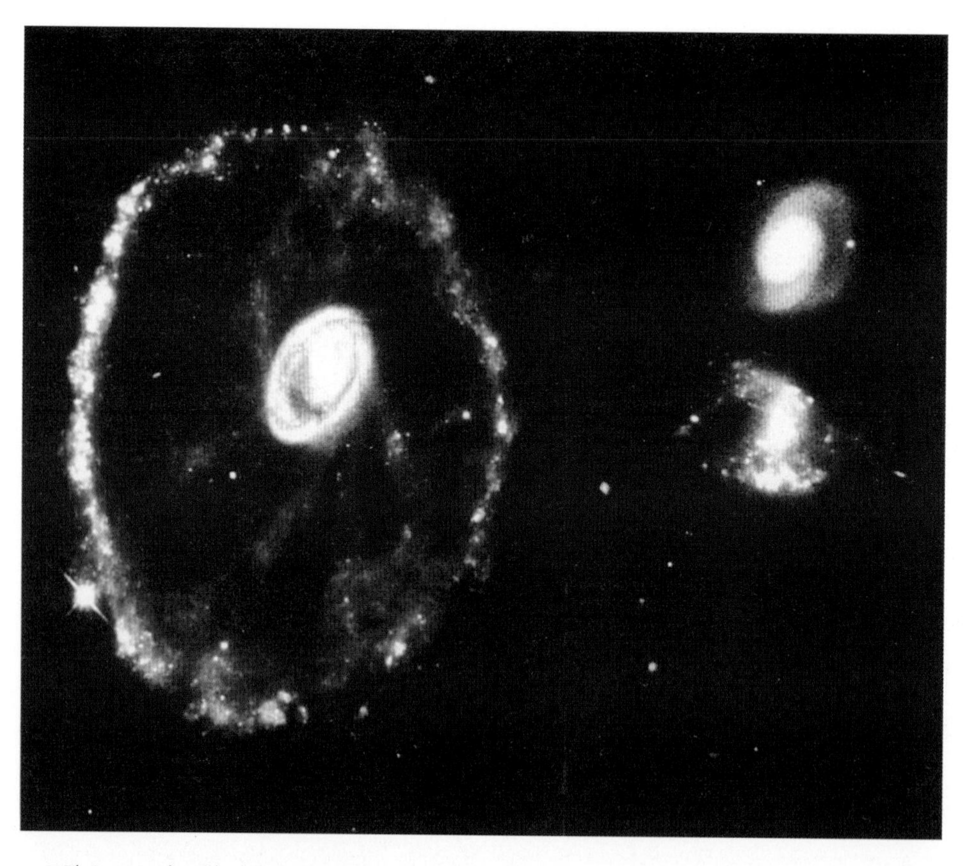

도판 6. 1994년 10월 허블 우주망원경은 이 차륜상 은하의 놀라운 모습을 촬영해 냈는데(약 5억 광년 떨어져 있다), 오른쪽에 있는 2개의 작은 은하는 최근에 이 차륜 속을 통과했다(통과한 것이 둘 중 어느쪽인지는 우리도 아직 모르고 있다). 별들의 크기에 비해 은하 내부의 공간은 너무도 광대하기 때문에, 그러한 은하끼리의 충돌에서도 별들 사이에서 직접적인 충돌이 거의 일어나지 않을 정도인 것이다. 하지만 지나가는 은하가 가지고 있는 중력은 가스 덩어리들을 끌어모으는 '항적(航跡)들' 을 생겨나게 하여 고리와 같은 구조물을 만들어 낸, 별들의 갑작스러운 생성을 촉발시키게 된다. 은하를 뚫고 지나간 이 침입자—우리은하보다도 훨씬 더 큰 것인—의 통과는 10억 개의 별들이 생성되도록 하는 원인이 되었다. 고리 안에 있는 푸른색 '매듭들' 은 새로 생성된 별들로 이루어진 거대한 성단이며, 그것들 중 일부는 초신성(폭발하는 거대한 별들)에 의해 부분적으로 파괴되어 왔다.

도판 7. 1994년 3월 허블 우주망원경은 약 3억 광년 거리인 코마성단 안의 이 거대한 타원은하를 촬영했다. 이 영상은 우리은하의 가장 두드러진 일부 별들과 코마성단에 들어 있는 1, 2개의 다른 은하들을 보여 주고 있지만, 눈에 보이는 대부분의 은하들은 이 성단을 지나서 멀리 뒤쪽에 자리잡고 있다.

도판 8. 마거릿 겔러와 존 후크라가 제작한 것으로, 우리은하 주위에 존재하는 거의 1만 개에 달하는 은하들이 표시되어 있는 이 천체도에서, 암흑의 공간들과 수천 개의 은하들이 판처럼 밀집해 있는 부분들은 1억 광년 이상의 거리를 가지고 있는 것들이다. 이들 쐐기꼴의 조각들의 바깥쪽 가장자리들은 우리은하로부터 대략 4억 광년 정도 떨어진 곳에 자리잡고 있다. 은하들까지의 거리는, 직접적인 측정에 의한 것이라기보다는 그것들이 보여 주고 있는 도플러 적색 편이를 근거로 정한 것이다. 이론적인 측면을 연구하는 우주학자들의 큰 목표는 이러한 구조물들을 그려내는 것이다.

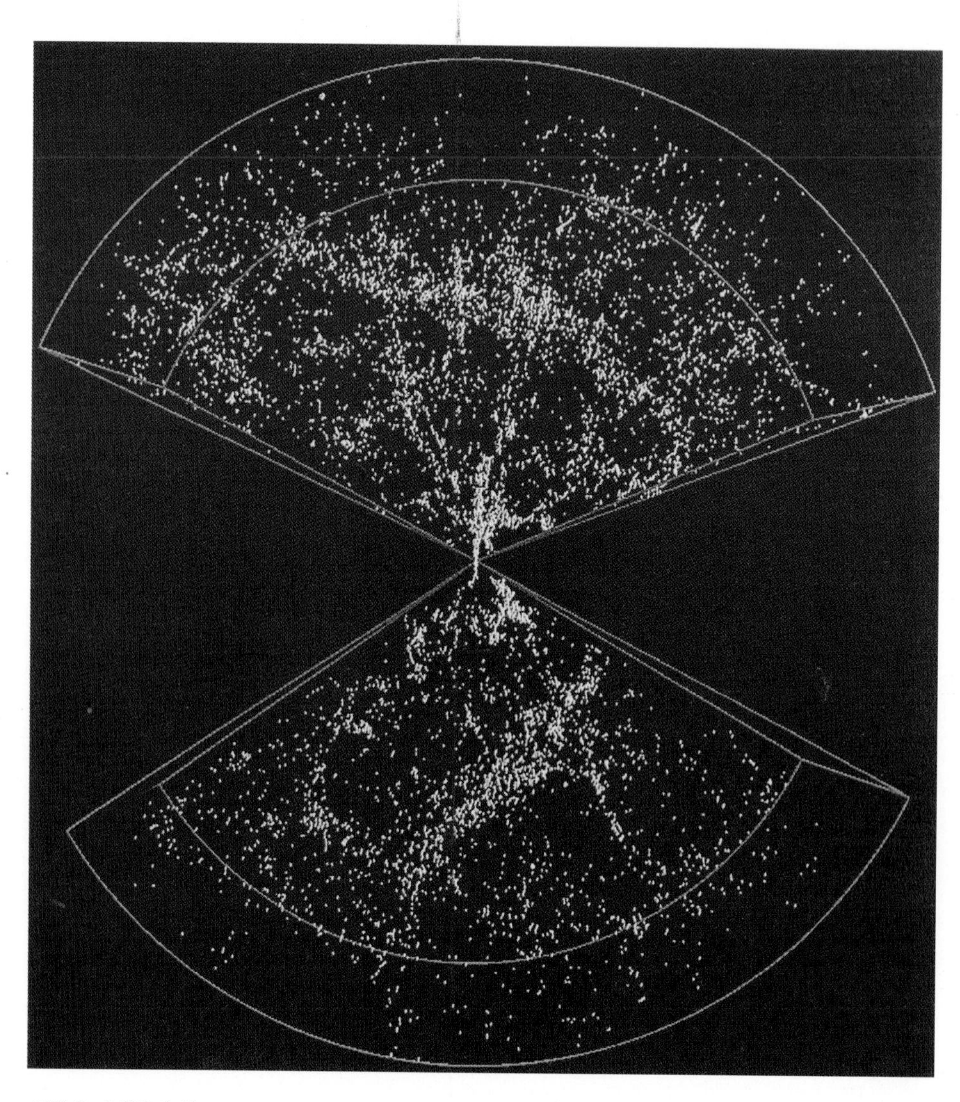

도판 8. 은하들의 분포.

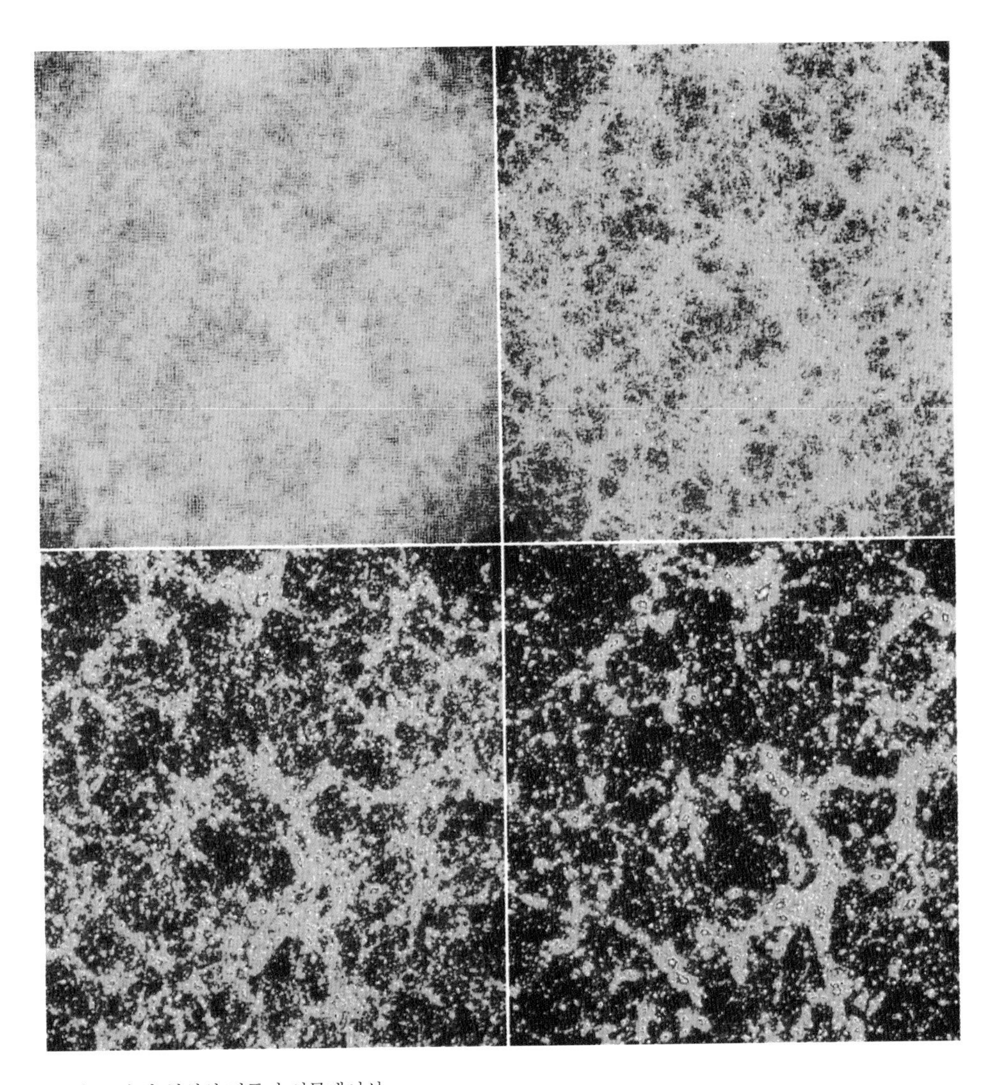

도판 9. 은하 형성의 컴퓨터 시뮬레이션.

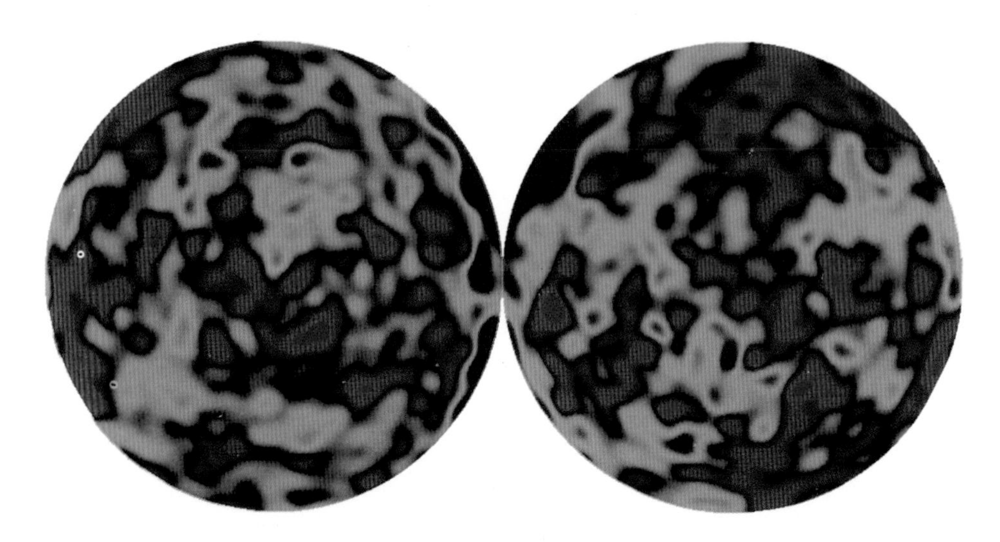

도판 10. 1992년 우주학자들은 자신들이 우주배경복사의 온도에서 최초로 이방성(異方性)—장소에 따라 군데군데 나타나는 일탈—의 분명한 증거를 발견했다고 발표했다. 이러한 일탈은 우리가 오늘날 관측하게 되는 대규모 구조물들의 '씨앗들'이 되는 자리를 표시하고 있는 것이다.(도판 8) 최근 COBE가 촬영한 이 천체도는, 우리은하 원반을 수직으로 바라본 하늘의 두 반구에서 나타난 일탈들을 보여 주고 있다. 그러나 이 천체도에서조차도 대부분의 일탈(각기 다른 색깔들로 나타난)은 마구잡이의 잡음으로 이루어져 있으며, 실제적인 이방성은 조심스러운 통계적 분석에 의해 샅샅이 뽑아내야만 하는 것이다.

도판 9. 이 네모꼴로 나뉜 부분에 들어 있는 그림들은 은하 형성의 컴퓨터 시뮬레이션을 보여 주고 있다. 이 시뮬레이션은 밀도에 있어서의 절대적인 매끄러움으로부터의 일탈들에 대한 가정된 분포도를 시작으로 하여, 왼쪽 위로부터(대폭발이 있은 후 약 10억 년) 오른쪽 위를 지나 아래 왼쪽에서 아래 오른쪽(현재)으로 진행된다. (푸른색은 가장 낮은 밀도를 나타내며, 밀도는 청록색 · 녹색 · 빨간색 · 노란색 그리고 흰색 등의 순서로 높아지게 된다.) 네모꼴 안에 들어 있는 그림들은 우주와 함께 팽창하며, 오른쪽 아래에 있는 그림은 약 6억5천만 광년 길이의 각 변을 가지고 있다. 빨간색과 노란색, 그리고 흰색이 집중되어 있는 곳들은 은하들에 더하여 그것들이 가지고 있는 훨씬 더 큰 물질의 가설적 형태들로 이루어진 헤일로로 여겨져야 한다. 도판 8의 이러한 시뮬레이션들과 실제 은하들의 분포의 비교는, 컴퓨터가 우주에 존재하는 구조물들의 발달을 정확하게 나타내 주는 모형을 만들어 내지 못할 것이라고 장담할 수 없게 해주는 것들이다.

도판 11. 나선은하 메시에 100은, 우리은하에서 가장 가까이 자리잡고 있는 대규모 은하 무리인 처녀자리 성단에 속해 있다. 1994년 허블 우주망원경으로 촬영한 사진은 메시에 100의 나선팔 안에 들어 있는 가장 밝게 빛나는 따로 떨어져 있는 별들을 보여 주고 있는데, 그것들 중 일부는 케페우스형 변광성으로 밝혀졌다. 이 케페우스형 변광성은 천문학자들로 하여금 메시에 100까지의 거리를 대략 5천2백만 광년으로 다시 측정할 수 있게 했다. 안에 삽입된 사진은 메시에 100의 중심부를 보여 주는 것으로서, 새로 정비된 허블 우주망원경의 놀라운 해상력(解像力)을 입증해 주고 있다.

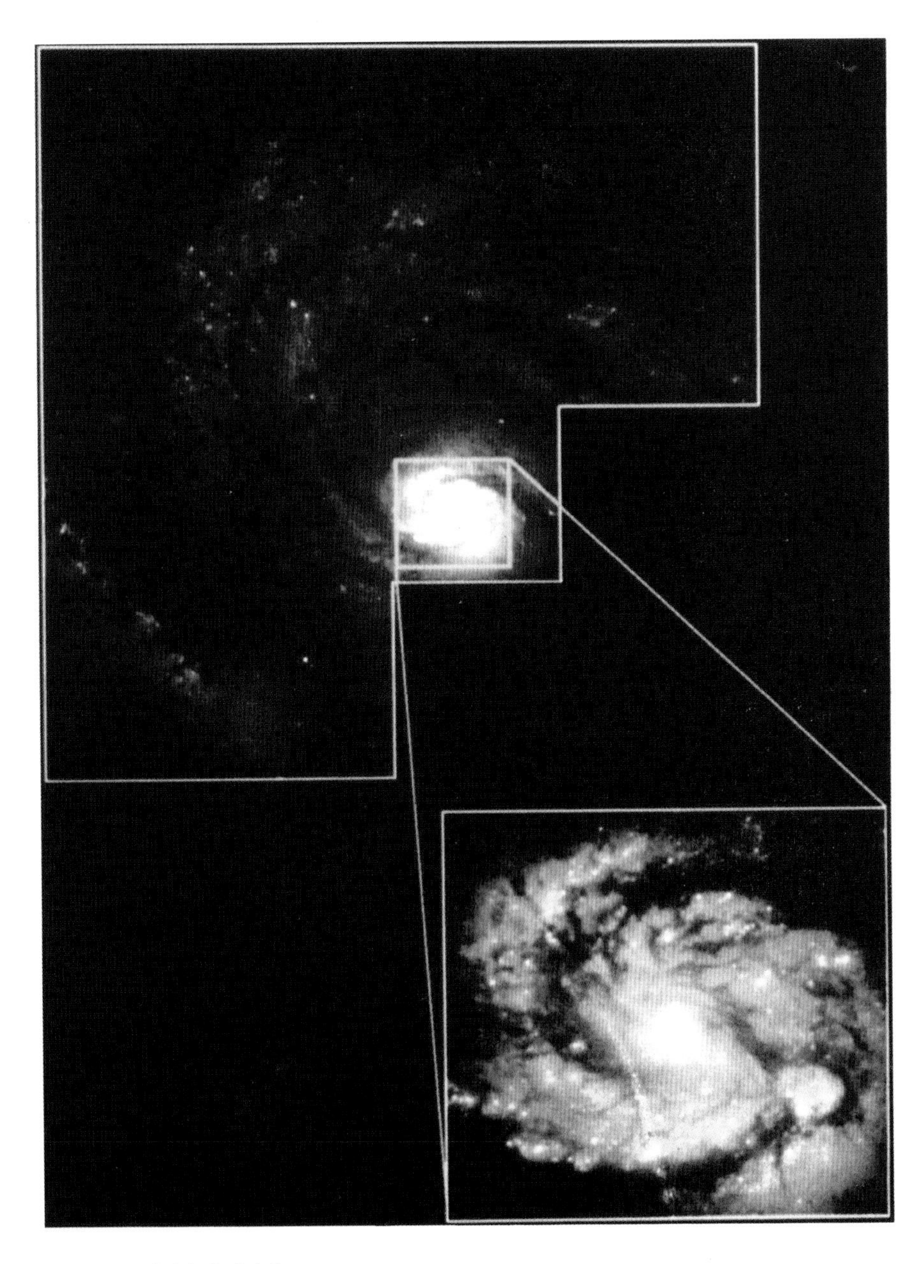

도판 11. 나선은하 메시에 100.

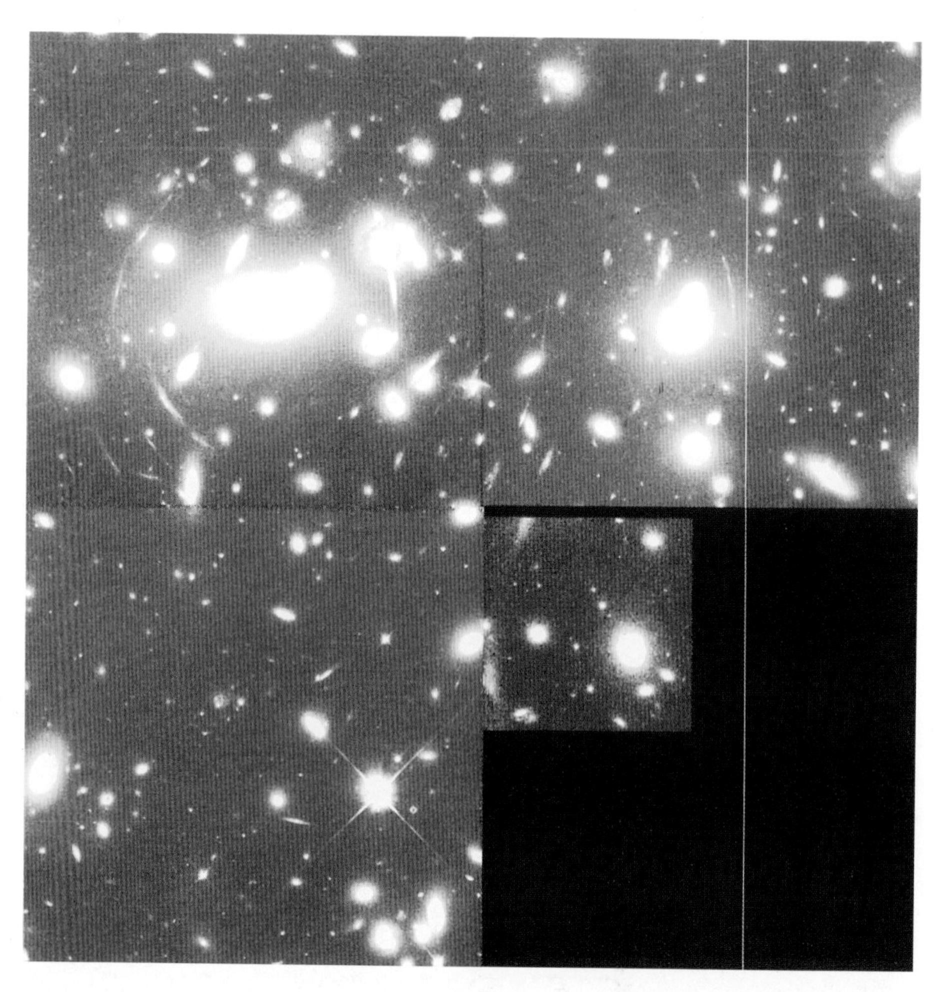

도판 12. 약 30억 광년 떨어진 곳에 자리잡고 있는 은하 무리 에이벨 2218이 1994년 9월 허블 우주망원경에 의해 촬영되었다. 그것은 중력 호광(弧光)의 형태로 되어 있는 중력에 의한 렌즈 효과—중력에 의한 빛의 집중 현상—를 보여 주고 있다. 이러한 호광들은 눈에 보이는 성단을 지나 멀리 자리잡고 있는 은하들로부터 나오는 빛의 일그러짐에 의해 발생하는 것으로, 어떤 경우에는 빛의 특정 근원의 모습이 1개 이상으로 생겨나기도 한다. 보다 더 큰 중력은 보다 더 큰 일그러짐을 만들어 내기 때문에, 천문학자들은 이러한 중력 호광을 연구함으로써 하나의 은하 무리 안에 존재하는 질량의 분포와 양에 대한 많은 것들을 알아낼 수 있다.

8

파악하기 힘든 우주의 나이

은하들의 후퇴 속도에 대한 다른 천문학자들의 측정과, 은하들까지의 거리에 대한 허블의 추산은 천문학자들로 하여금 우주 전체——우주 공간 전체와 그 안에 들어 있는 모든 것——가 팽창하고 있으며, 그 팽창은 우리가 대폭발이라고 부르는 시간상으로 명확한 한 시점에서 시작된 것이라는 결론을 내리게끔 유도했다.

만약 대폭발이 정말로 일어났던 것이라면, 대부분의 사람들은 그것이 어디에서 일어났는가 하는 질문을 해볼 수가 있다고 느끼게 될 것이다. 대폭발에 대해 강의를 하는 천문학자들은 대폭발이 마치 '저쪽 어디에서' 일어나기라도 한 것처럼 두 손을 잔 모양으로 오목하게 만들어 마주 포개는 좋지 않은 버릇을 가지고 있다. 이러한 실수는 우주를 우리의 외부에 존재하는 하나의 물체로 상상하려 드는 우리의 천성적인 성향을 강조해 주는 것이다. 사실 대폭발은 우주가 어떤 것이건 도대체 구조라는 것을 갖고 있게 되기에 앞서, 일시에 **모든 곳**에서 일어났던 것이다. 따라서 만약에 당신이 시간을 거슬러 올라가는 영화를 연출해 볼 계획이라면, 반드시 한 손은 당신의 머리 위에, 그리고 다른 한 손은 발 밑에 놓은 다음에 그 두 손을 모아 쥐어짜듯 꽉 쥐도록 하라.

오늘날의 양자물리학은, 대폭발이 있은 다음 약 10^{-43}초 후가 되는 '플랑크 시간' 이전에는 우주가 어떤 상태였는지에 대해 우리가 그 어떤 것도 알 수 없다는 것을 의미한다. 대부분의 목적에 대하여(우주가 어떻게 창조되었는지에 대한 질문을 별개로 하면, 그에 대한 답은 플랑크 시간 동안에 발견될지도 모른다), 우주가 이미 팽창하기 시작하고 있었던 바로 그 시간에 대폭발이 시작되었을 것이라고 상상하는 것으로 충분히 증명된다.

플랑크 시간과 관련된 어려움에 더하여, 대폭발에 대한 손쉬운 이해를 가로막는 또 하나의 장벽은 그것의 크기와 관련된 것이다. 우주는 유한한 크기를 가진 것일 수도 있고, 혹은 무한히 큰 것일 수도 있다. 전자의 경우에서 대폭발은 우주가 단지 아주 작은 용적만을 차지하고 있을 때 일어난 것이 되지만, 만약 우주가 오늘날 무한한 크기를 가지고 있다면 그것은 언제나 무한한 것이었으며, 대폭발은 비록 대폭발 이후에도 계속해서 팽창을 해온 것이긴 하지만 무한히 큰 용적 속에서 일어났던 것임이 분명하다.

마음속에서 상상해 보기조차 힘든 이러한 문제들이 세부적인 사항들이다. 대폭발이 과거의 어떤 유한한 시간에 일어났다는 것은 대폭발에 대한 한 가지 기본적인 사실로 여전히 남아 있다. 이처럼 유한한 우주 대 무한한 우주, 플랑크 시간들, 그리고 불가지한 창조의 순간들에 대하여 그들이 내놓고 있는 미묘한 이야기들이 한창인 가운데서, 천문학자들은 현 상태에 이르게 된 우주의 팽창이 언제 시작되었는지(이론상으로) 우리에게 말해 줄 수 있게 된다. 대폭발이 있었던 시기는, 변화무쌍한 우주학적 가설들이 뒤엉켜 있는 불안정한 수렁 속에서 움켜질 수 있는 단단한 사실 한 가지를 우리에게 제공해 준다.

우주의 나이를 말해 줄 수 있는 열쇠, 허블 법칙

어떻게 우리는 대폭발이 있은 이후의 시간인 우주의 나이를 아는가? 5장에서 우리는 은하들의 거리와 그것들의 후퇴 속도 사이의 관계에 대해 주목했었다. 허블 법칙이라고 불리는 이 관계는 우주의 팽창을 설명하고 있으며, V=H×D라는 단순한 방정식에 따르면, 그것은 은하들이 우리와의 거리(D)에 비례하는 속도(V)로 후퇴하고 있는데, 여기서 H는 허블 상수라고 불리는 우주 전체에 걸친 하나의 상수이다. H를 '우주 전체에 걸친 하나의 상수'라고 부름으로써, 우리는 우주의 어느곳에 위치해 있는 그 어떤 관측자도 현재 우리가 관측하는 것을 관측하고 있게 된다는 가정을 받아들이는 것이 된다. 즉 은하들은 그 관측자로부터 은하들의 후퇴 속도와, 우리가 관측하는 은하의 거리 사이의 비례가 갖고 있는 동일한 상수와 같은 속도로 후퇴하고 있는 것이다.

H의 단위들은 무엇인가? 허블 상수는 속도인가, 거리인가, 아니면 속도와 거리의 비율인가? 이 질문에 보다 명확한 대답을 하기 위해서, 우리는 그 방정식의 양편 모두를 H로 나눠야 될지도 모른다. 그렇게 되면 우리는 D=V/H라는 결과를 얻게 되는데, 그것은 은하들의 거리가 그것들의 후퇴 속도 곱하기 상수, 즉 1/H이라는 것을 보여주게 된다. 거리는 속도 곱하기 시간과 같기 때문에 1/H은 시간의 단위들로 측정되어야만 하며, H는 '거꾸로 가는 시간'이라는 단위들을 가져야만 한다.

사실(독자들이 전문적인 것처럼 여겨질 수도 있는 논의를 하는 수고를 덜어 주기 위해 말해 두자면) 1/H이라는 상수는, **만약** 팽창 속도가 변화하지 않았다면, 정확히 대폭발 이후에 흘러간 시간의 양으로 나

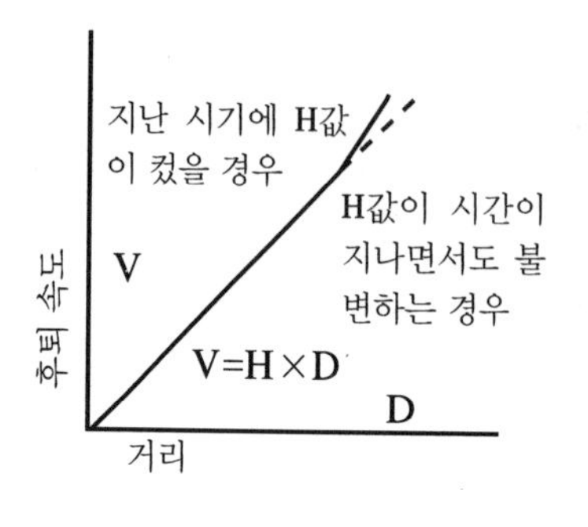

타나게 된다. 그러므로 만약 우리가 은하들의 거리와 후퇴 속도를 정확하게 측정해 내는 것으로 H값을 결정할 수 있다면, 우주가 팽창 속도를 일정하게 유지해 왔다고 우리가 확신하는 한, 1로 나뉜 H값은 대폭발 이후 흘러간 시간을 나타내 주게 된다.

그러나 팽창 속도가 변화해 왔다는 것은 분명한데, 그 변화된 양을 알 수가 없는 것이다. 우주에 있는 모든 물질을 다른 모든 물질을 향해 잡아당기는 힘인 중력은 그 팽창을 둔화시키는 경향이 있다. 따라서 천문학자들이 현재의 허블 상수의 값의 표기를 Ho로 하는 것은, 그것이 과거에는 현재와 달랐었다는 것을 인식하고 있기 때문이다. V=H×D인 까닭에, 만약 과거의 여러 시기에 팽창이 보다 빠르게 진행되었다면, H값은 현재보다 그때가 더 큰 것이었음이 분명하다. 보다 더 큰 H값은 현재 은하들의 속도보다 더 빠른 속도를 가진 ── 즉 보다 더 빠르게 팽창하는 ── 은하들 사이의 주어진 거리의 양에 어울리는 것이 된다.

따라서 대폭발이 일어났던 시기를 알아내려는 시도는 적어도 2개의 근본적인 문제점을 가지게 된다. 첫번째의, 그리고 보다 더 큰 문제는 은하들까지의 거리를 추산해 내고, 그렇게 해서 현재의 우주가 가지고 있는 특성을 나타내 주는 허블 상수인 Ho값을 얻어내는 것에 존재한다. 두번째의 문제는 대폭발 이후의 시간을 추산해 내는 것에 Ho값을 사용하는 것, 즉 H값이 어떻게 변화되어 왔는지를 계산해 내려는 시도에 존재한다.

두번째 문제는 제대로 그 한계를 정해 볼 수 있다. 대폭발 이후의 시간은 (2/3)×(1/Ho) 그리고 1/Ho 사이의 어딘가에 존재한다. 나이 계산에서 전자는 만약 우주가 천문학자들이 적절한 것이라고 받아들이는, 물질의 최대 밀도를 포함하고 있는 경우에 생겨나는 것이며 (11장) 후자는 만약 우주가 훨씬 더 낮은 밀도——물질이 팽창을 둔화시키는 데 있어서 아무런 힘도 쓸 수 없을 정도로 낮은 밀도——를 가지고 있을 경우에 생겨나는 것이다. 이처럼 만약 천문학자들이 현재의 허블 상수의 값인 Ho를 측정해 낼 수 있다면, 대폭발 이후의 시간은 0.67/Ho과 그보다 50퍼센트 정도 더 큰 시간, 즉 1/Ho 사이의 어딘가에 존재하는 것이 분명한 것이다. 우주학계에서는 우주에 대한 설명을 해내는 중대한 한정 요소의 범위를 확실하게 정하는 것, 그리고 보다 더 큰 범위가 더 작은 것을 단지 50퍼센트만큼 초과한다는 것을 알아내는 것은 기뻐할 만하다.

따라서 모든 길은 현재의 허블 상수의 역인, 1/Ho'의 값은 무엇인가 하는 중요한 질문으로 통하게 된다. 이것은 대답이 불가능한 질문처럼 여겨질 수도 있다. 빛의 유한한 속도는 우리가 다른 은하들을 관측할 때, 그것들의 현재 상태가 아니라 빛이 은하들을 떠난 때인 몇백만 년 혹은 몇십억 년 전의 모습까지도 보고 있게 된다는 사실을 의미하는 것이다. 하지만 우리가 그 거리를 추산해 내는 것을 바랄 수 있는 은하들은 몇 억 광년 이상 떨어져 있지 않다. 몇억 광년의 시간을 '거슬러 올라가서 본다는 것' 정도는 수십억 년의 나이를 지닌 우주에서는 거의 하찮은 등급이 매겨지는 것이다. 그러므로 우리는 이러한 가까이 있는 은하들을, 우리가 얻어낸 결과에 중대한 오류를 끌어들이지 않고 현재의 허블 상수인 Ho값을 결정하는 데 이용할 수가 있는 것이다.

만약 Ho와 관련된 모든 의문점들이 그토록 쉽게 해결될 수 있다면, 우주학자들은 편안히 누워만 있어도 될 것이다. 하지만 불편한

한 가지 사실은, Ho의 측정이 단단한 바위와 같은 난관에 직면해야만 한다는 점이다. 즉 다른 은하들까지의 거리를 측정하는 것은, 앞장에서 살펴봤듯이 수십 년에 걸친 연구를 필요로 하는 것이며, 그러하고도 동료 학자들이 그 연구 결과에 동의하지 않을 수도 있다는 것이다.

허블 상수의 열쇠, 처녀자리성단

은하들의 거리를 추산해 내는 문제에 우리가 더 깊이 뛰어들기에 앞서 잠시 멈추고, 허블 법칙을 나타내는 방정식의 다른 반쪽인 은하들의 후퇴 속도가 흔히 1퍼센트, 혹은 그보다 한층 더 높은 정도까지 놀라울 정도의 정확한 측정이 가능하다는 사실을 축하하기로 하자. 방정식의 그쪽 편에 있는 현저한 불확실성은 그 어느것이건 속도의 측정에서 발생하는 것이 아니라 측정된 수치의 해석에서 발생하는 것이다. 즉 얼마만큼의 속도가 우주의 팽창에 의해 생겨나는 것이 아닌 은하들의 독자적이고 임의적인 움직임에 의해 생겨나는가 하는 것이다. 우리가 살펴봤던 것과 같이 이 물음은 우리가 더 먼 거리에 있는, 따라서 더 큰 후퇴 속도를 지닌 은하들을 관측하게 되면서 중요성을 덜 가지게 된다. 유감스럽게도 점진적으로 더 멀어지는 거리들은 그에 상응하여 추산해 내기가 더 어렵게 되는데, 그 까닭은 은하들이나 그것들 안에 포함된 그 어떤 물체들이거나 더 작고 더 희미하게 나타나기 때문이다.

이상적인 은하들은 우리에게 충분히 가까운 거리에 있어서 천문학자들이 그 은하들의 거리를 드러내 줄 자세한 부분들을 관측할 수 있지만, 그럼에도 불구하고 그것들의 후퇴 속도가 거의 전적으로 우주의 팽창에 의해 생겨날 수 있도록 충분히 멀리 떨어져 있는 것들이다. 비록 그러한 완벽한 조건을 갖추고 있는 대상을 실제로 우리가 찾아내기란 힘든 일이지만, 천문학자들은 그러한 이상에 가장 근접해 있는 은하들을 오래 전부터 알고 있어왔고, 그것들의 거리를 측정할 수 있게 되길 꿈꿔 왔는데, 그것들은 처녀자리성단에 있는 은하들이다.

우리은하와 가장 근접해 존재하는 거대한 은하 무리인 처녀자리성단은 대략 1천 개의 은하들을 포함하고 있으며, 처녀자리 방향으로 자리잡고 있는데, 그 경계선은 근처에 있는 다른 별자리 위로 불규칙하게 뻗어 있다. (물론 그러한 별자리들은 수백, 또는 수천 광년 떨어져 있는 것으로 측정되는 우리은하의 다른 별들로 이루어져 있는 한편, 처녀자리성단에 있는 은하들은 수천만 광년의 거리를 가지고 있는 것으로 측정된다.) 이 은하 무리는 비록 개별적인 은하들의 속도가, 그것들이 가지고 있는 임의적인 분력 덕분에 이 성단 평균 속도의 5에서 10퍼센트를 더하거나 빼야 할 수도 있긴 하지만, 그 안에 속해 있는 은하들에서 측정된 후퇴 속도가 기본적으로 우주의 팽창에서 발생하는 것으로 나타날 수 있도록 우리에게서 충분히 멀리 떨어져 있다.

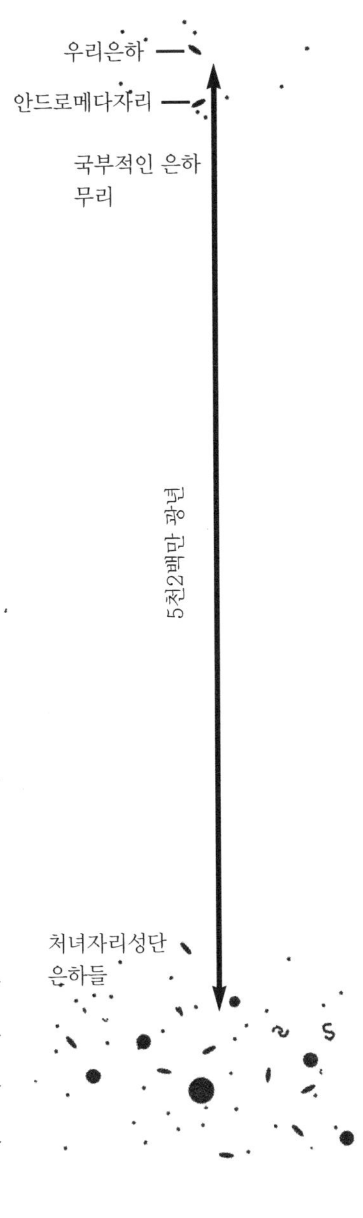

정확히 말해 처녀자리성단은 얼마나 멀리 떨어져 있는 것일까? 만약 우리가 그 대답을 알고

있었다면, 우리는 그 거리를 그 성단에 속해 있는 은하들에 대해 측정된 후퇴 속도인 매초당 평균 약 1천2백 킬로미터로 나누어 1/Ho 값을 구할 수 있었을 것이다. 그러나 우리는 먼저 처녀자리성단이 우리은하를 끌어당길 정도로 엄청난 질량을 가지고 있으며, 그 결과 우리은하가 처녀자리성단을 향해 '추락하고' 있다는 사실에 맞춰 그 값을 바로잡아야만 한다. 따라서 우리가 우리은하에 연관지어 측정한 처녀자리성단의 후퇴 속도는, 만약 우리은하가 처녀자리를 향해 추락하고 있지 않을 경우 우리가 구하게 되는 값 이하로 떨어지게 된다. 이러한 수정은 어쩌면 측정된 후퇴 속도의 10퍼센트에 달하며, 우리가 그 양을 정확하게 알고 있지 못하다는 사실은 1/Ho값에서 유도해 내게 될 값에 있어서의 잠재적인 오류의 몇 가지 원인을 제공하게 된다.

만약 우리가 어떻게 해서 은하들의 거리가 여전히 우리로부터 멀어져 가고 있는지를 알고 있었다면, 1/Ho값을 알아내기 위해 우리는 그 은하들의 후퇴 속도를 그것들의 거리로 나눌 수 있었을 것이다. (더욱이 이 속도들은 우리은하가 그 은하들을 향해 추락하는 그 어떤 성향에 의해서도 '오염되지 않은' 것이 된다.) 천문학자들은 큰 은하 무리——거대한 나선이나 타원의 은하들, 아울러 그러한 은하들에서 때때로 나타나는 초신성들——에 들어 있는 비슷한 유형의 물체들을 관측하기 때문에, 그들은 상당히 쉽게 처녀자리성단의 거리에 대한 그 성단들의 거리의 **비율**을 구할 수 있다. 그들이 해야 할 필요가 있는 모든 것은, 예컨대 동일한 스펙트럼상의 특징을 지닌 코마성단에서 폭발한 어떤 초신성과, 처녀자리성단에서 폭발한 초신성의 육안으로 확인되는 최대 밝기를 측정하는 것이다. 만약 처녀자리의 초신성이 36배 밝게 보인다면, 코마성단의 초신성은 6배 더 멀리 떨어져 있는 것이 틀림없다. 이제까지 빠져 있었던 것은 우주 전체에 걸쳐 관측된 대형 은하들 가운데서 대표적인 것으로 불릴 수 있으며, 우리은하에서 가장 가까운 곳에 있는 처녀자리성단까지의 절대거리이다.

실제적인 숫자를 다루기 위해, 천문학자들이 처녀자리 은하들이 평균 6천만 광년의 거리를 가진 것으로 측정하기로 되어 있다고 가정해 보자. 그렇게 되면 1/Ho값은 6천만 광년에 대한 그 성단의 측정된 후퇴 속도인 매초당 1천2백 킬로미터가 될 것이다. 즉 1/Ho값은 60/1,200, 또는 0.05초×(1백만 광년/킬로미터)이 될 것이다.

무슨 말이냐고? 문제는 천문학자들이 멀리 떨어져 있는 은하들을 설명하기 위해서는 하나의 거리 단위(광년)를 사용하지만, 후퇴 속도를 측정할 때는 또 다른 단위(킬로미터)를 사용한다는 점이다. 일관성을 유지하기 위해서 그들은 거리를 측정하는 것에 킬로미터를 사용하고, 후퇴 속도를 측정하는 것에 매초당 광년을 사용하는 것이 나을 수도 있는 것이다. 하지만 에머슨이 말했듯이, 멍청한 일관성이라는 것은 좁은 마음속에 숨어 있는 도깨비인 것이다. 그 단위들을 각기 적절한 작업에 사용하는 것이 나을 것이며, 그렇게 하고 나서 다른 용도로 간단하게 전환하라. 일단 각 광년이 9.46×10^{12}킬로미터라는 사실을 알고 나면, 우리는 앞서 구한 1/Ho값이 $0.05 \times 9.46 \times 10^{18}$초, 또는 4.73×10^{17}초와 같다는 것을 알 수 있게 된다.

자, 이제 원하던 것을 얻었는데, 만약에 팽창 속도에 변화가 없었고, 처녀자리성단까지의 거리가 6천만 광년이라고 한다면, 바로 이것이 대폭발이 있은 이후 흘러온 시간이 되는 것이다. 매해를 초로 환산하면 3.15×10^{7}초가 되기 때문에, 이 시간은 1.5×10^{10}이나 1백50억 년이 된다. 이 수치의 3분의 2는 꼭 1백억 년이며, 따라서 만약에 처녀자리성단이 6천만 광년의 거리를 가지고 있다면, 대폭발 이후 1백억 년에서 1백50억 년 사이에 해당하는 시간이 흘러왔던 것이다.

1/Ho값이 1백50억 년과 같다면, Ho값 그 자체는 1/(1백50억 년)과 같은 것이다. 우리가 이제까지 조사해 왔던 복잡한 단위 속에서 이것은 또한 1백만 광년에 대하여 초속 20킬로미터와 같다. 믿어지지 않는 것으로 여겨질 수도 있지만, 천문학자들은 흔히 1백만 광년에 대한 초속 몇 킬로미터라는 단위를 써서 Ho값을 매기기도 한다. 천문학자들은 또한 거리를 '메가파섹' 〔parsec은 3.259광년에 해당하는 거리이다〕으로 측정하는 경우도 흔한데, 이 단위는 3백26만 광년과 같다. 그러므로 만약에 당신이 우주학자들과 교류가 있다면, 당신은 그들이 예컨대 메가파섹에 대하여 초속 50킬로미터의 허블 상수·Ho값 등에 대해 언급하는 것을 들을 수 있게 되겠지만, 그들은 그것을 '50' 이라고 줄여 말하는데, 그 까닭은 그들이 이 단위를 알고 있기 때문이다. 이 논의에서 나는 우주의 나이를 정하기 위한 시간의 기본 단위로서 1/Ho값의 사용에 대해서와, 초속 몇 킬로미터에 대한 몇백만 광년이라는 단위보다는 해를 단위로 하여 1/Ho값을 언급하는 방식을 알기 쉽게 단순화시켜 왔다. 만약 당신이 우주학자들이 사용하는 전문 용어에 대해 알기를 원한다면, 다음과 같은 사실을 기억해 두면 된다. 즉 만약에 Ho가 메가파섹에 대한 초속 몇 킬로미터라는 단위로 50과 같다면 1/Ho은 1백96억 년이며, 만약에 Ho가 이 단위로 75라면, 1/Ho은 1백31억 년이고, Ho가 1백이면, 1/Ho은 98억 년이 되는 것이다.

처녀자리성단까지의 거리에 대한 여러 새로운 추산들이 우주학자들을 헷갈리게 만들어 놓기 이전인 1994년 초반, 처녀자리성단까지의 거리에 대한 가장 그럴 듯한 추산은 6천2백만 광년이었는데, 그것은 우리가 우주의 나이에 적용시켜 추론해 낸 1백억 년에서 1백50억 년이란 값에 대한 6천만 광년에 충분히 근접하는 것이다. (실제 수치는 1백3억에서 1백55억 년이었다.) 천문학자들은 일부 별들이 1백40억에서 1백60억 년의 나이가 들었다고 확신하고 있었기 때문에, 이 나이 범위에서 낮은 쪽 끝은 가능성이 없는 것으로 여겨졌다. 하지만 은하 무리들까지의 거리가 10에서 20퍼센트 이상의 정확성을 가지고 있다고 알려진 것은 없기 때문에 우주의 나이에서 위쪽 경계에 속하는 수치들은, 이러한 규모의 수치에서 생겨날 수 있는 오류의 가능성을 인정한다면, 우주에 대하여 우주가 시작된 이후의 시간과 가장 나이가 든 별들이 생성된 시간 사이에 수십억 년이라는 여분의 시간이 생겨날 수 있게 해주는 것이었다.

새로운 관측의 해, 1994년

그 다음 언론에 의해(최소한 지구라는 테두리를 벗어나 우주에 대해 관심을 가지고 있는 언론의 분야에서) '우주학의 위기'로 광고된, 승리와 혼란의 해인 1994년이 되었다. 그러나 마치 한때는 애미티빌의 공포라고 추켜세워지던 것이 애미티빌의 골칫덩어리에 가까운 것으로 드러났던 것처럼 우주학에 있어서의 위기라는 주장은, 우리가 '위기'라는 말을 '우리가 이미 알고 있는 것에 대해 다시 생각을 해본다는 힘든 일을 해낼 기회'라는 뜻으로 사용하지 않는다면, 도가 지나치게 사태의 실상을 과장하는 것이 된다.

1994년 가을, 연구자들로 이루어진 독자적인 두 팀이 처녀자리성단의 은하들까지의 거리를 보다 정확하게 추산해 내는 데 그들이 사용해 온 각기 다른 방법을 통해 얻은 결과를 발표했다. 두 팀 모두 처녀자리성단은 우리은하에서 6천2백만 광년이 아닌 5천2백만 광년 떨어진 곳에 자리잡고 있다는, 거의 같은 결과를 얻어냈던 것이다!

이 결과가 함축하고 있는 의미는, 그 천문학자들이 어떤 방식으로 그러한 수치를 얻어냈는지에 대해 우리가 생각해 보기에 앞서 우리의 주의를 끌 만한 가치가 있는 것이다. 만약에 처녀자리성단이 겨우 5천2백만 광년밖에 떨어져 있지 않다면, 처녀자리성단의 거리와 후퇴 속도로부터 추론된 1/Ho값은 1백23억 년과 같은 것이다. 그 값의 3분의 2는 82억 년이므로, 대폭발이 있었던 이후의 시간은 대략 80억에서 1백30억 년이 되는 것이다. 하지만 물질이 높은 밀도를 가지고 있었다는 쪽을 선호하는 우주의 모형들은 대부분 우주학자들이 가장 좋아하는 것이 되어왔기 때문에(10장) 우주의 나이 범위에서 최소한 이러한 모형을 지지하는 사람들에 의해, 높은 쪽 끝보다는 낮은 쪽 끝이 선호되는 것으로 여겨진다. 그러한 경우 겨우 80억에서 90억 년밖에 되지 않은 우주에 어떻게 해서 1백20억, 또는 1백40억, 또는 1백60억 년이라는 나이를 가진 별들까지도 포함되어 있을 수 있게 된 것일까?

대답은 그럴 수가 없다는 것이다. 수수께끼나 다름없는 문제들을 많이 내놓고는 있지만, 우주학은 아직 우주가 그것의 구성 요소들보다 더 나이가 적다고 주장할 만한 지점에는 이르지 못하고 있다. 앞으로 계속되는 연구로 (대부분의 천문학자들이 그렇게 될 것이라고 예상하고 있는 바와 같이) 처녀자리성단까지의 거리에 대한 새로운 추산이 정확한 것이라고 증명이 된다면, 우주가 어떤 모양일 것인지에 대해 우리가 현재 상상하고 있는 생각에 수정이 이루어져야만 한다는 것은 분명하다. 만약 우주가 1백억 년 또는 1백20억 년까지도 더 나이가 적다는 사실이 입증된다면, 성단의 나이를 추산해 내는 것을 전문적으로 연구하고 있는 천문학자들은 자신들이 추산해 낸 별들의 나이가 잘못된 것이라는 점을 인정해야만 하게 될 것이다. 천문학자들이 자신들의 모형이 옳다고 변호할 수 있는 한 그들은 쉽게 포기하려 들지 않을 것이다. 그러나 161쪽에서 우리가 논의하게 되는 것처럼, 적당히 꾸며낸 요소들이 이들 모형들에게 어느 정도의 융통성을 주게 된다——모든 사람을 흡족히 만족시키기에는 조금 모자라는 감이 있긴 하지만, 그 모형들은 우주가 그 속에 들어 있는 별들보다 더 나이가 적다는 사실로부터 구제해 주는 수정을 거쳐야 함을 여전히 증명하는 것일 수도 있다는 점을 시사해 주기에는 충분한 것이다.

한때 상황이 정반대인 적도 있었다. 우주의 나이와 별들의 나이 사이의 불일치라는 문제에 관한 최초의 커다란 '위기'는, 에드윈 허블과 밀튼 허메이슨이 1/Ho값(우주의 나이)을 20억에서 30억 년으로 추산해 냈던 1930년대에 발생했다. 태양계 그 자체는 이미 40억 년(현재 가장 근접한 것으로 여겨지는 추산은 46억 년이다)보다 훨씬 더 큰 나이를 가진 것으로 정해져 왔기 때문에, 이러한 결과는 일반적인 사람들은 말할 것도 없고 제대로 된 생각을 가진 천문학자들이라면 찬성할 수 없는 그러한 것이었다.

이러한 위기는 독일에서 망명한 천문학자 발터 바데가 군사와 관련된 연구를 하는 것이 허락되지 않자, 윌슨 산 정상에 있는 1백 인치짜리 천체망원경으로 밤하늘을 관측할 시간을 충분히 가질 수 있었고, 로스앤젤레스의 전시 등화관제로 어두워진 하늘 덕분에 근거리에 있는 은하들에 대한 보다 선명한 사진을 찍을 수 있게 되었던 제2차 세계대전중에 해결되었다. 이 사진들로부터 바데는 케페우스형 변광성이 두 가지 유형으로 나타나고 있다는 점과, 허블은 본질적으로 우리은하에서 이 둘 중 한 가지 유형의 변광성을, 그리고 다른 유형은 근방에 있는 다른 은하들에서 관측하게 되었다는 것을 알아냈다. 별들이 마치 모두 동일한 등급에 속해 있는 것으로 여기는 상황에서 비교함으로써 오류가 생겨나게 되었으며, 이 경우에 근사치 3이라는 인수의 오류가 생겨나게 된 것이다.

이러한 발견을 가지고 바데는 추산된 은하들까지의 거리를 3배로 늘렸고, Ho값을 3이라는 인수로 나눠 줄였으며, 1/Ho값을 3배로 늘렸다. 우주는 최소한 80억 년의 나이를 가지게 되었으며, 따라서 당시에 나이가 알려져 있었던 태양계나 대부분의 별들에게 모순의 위험성이 없는 것이 되었다. 나중에 이루어진 거리 추산에서는 1/Ho값이 1백50억 년까지 높여졌고, 일부 우주학자들은 2백억 년까지 높게 잡아 오기도 했다. 하지만 최근에 나온 결과는 추론된 1/Ho값을 낮춤으로써 역사적인 경향을 거슬러 왔다. 이러한 행위들을 일으켜 온 거리 추산의 이면에 놓여 있는 지엽적인 일들은 무엇인가?

1994년에 발표된 것으로 처녀자리성단에 대하여 새롭게 추산된 2개의 거리는, 케페우스형 변광성을 관측하고, 그것들을 거리가 알려져 있는 우리은하의 변광성과 비교한다는 기본적인 방법을 사용해 얻은 것이었다. 하지만 처녀자리성단에 있는 은하들은, 이전에 발견되었던 개별적인 케페우스형 변광성이 들어 있는 그 어느 은하의 거리보다 최소한 2배나 먼 거리에 자리잡고 있다. 처녀자리성단에 들어 있는 케페우스형 변광성의 육안으로 확인되는 밝기는, 그것들을 찾아낸다는 것이 우리의 가장 성능이 뛰어난 장비가 가지고 있는 바로 한계, 혹은 그것을 넘어서는 것일 정도로 아주 약하다.

희미한 물체를 검출해 내는 우리의 능력은 그 물체가 내는 빛이 깜박거린다는 점으로부터, 즉 그 빛이 지구의 대기를 통과하면서 굴절하는 양이 변화하기 때문에 생겨나는 현상으로부터 어려움을 겪고 있다. 대기에 의한 굴절은 단일하며, 비교적 밝게 보일 수 있는 한 점의 빛을 원반 모양으로 퍼져 보이게 만든다. 이 원반 모양의 빛은, 빠르게 움직이는 입자들에 의해 여기(勵起)시켜져 과학자들이 '야광'이라고 부르는 것을 내뿜게 되는 원자와 이온으로부터 나오는 빛을 가지고 있는 대기권과, 그리고 먼지 입자들이 햇빛을 반사시켜 '황도광' 을 생성시키는 태양계 모두로부터 나오게 되는 희미한 바탕을 이루는 빛을 배경으로 하고 있을 때, 그 어느 한 부분도 그것을 감지해 낼 수 있을 만큼 충분한 밝기를 가지고 있지 못하다.

앞서의 노력이 실패로 돌아간 곳에서 성공을 거두기 위해서, 여러 개의 팀을 이루고 있는 천문학자들은 육안으로 확인되는 밝기가 낮은 케페우스형 변광성의 검출 가능성이라는 문턱을 낮추는 두 가지 방식을 찾아냈다. 키트피크 국립천문대의 마이클 피어스가 이끄는 한 팀은 새롭고, 보다 민감하게 빛을 검출해 낼 수 있는 장치들을 마우나케아 천문대에 있는 캐나다-프랑스-하와이 천체망원경(CFHT)에 장착했다. 1만 4천 피트 가까이 되는 고도로, 항상 모든 구름보다 높이 솟아 있는 산 정상에 자리잡은 이 천문대는 큰 규모를 가지고 있는 그 어느 천문대에서보다도 더 선명한 하늘을 관측할 수가 있다. 그 결과 마우나케아에 있는 천체망원경은 천문학자들이 전세계에서 가장 훌륭한 '구경거리' 라고 말하는 것의 덕을 보고 있는데, 그것은 별들을 깜박이도록 하는 굴절하는 빛의 양이 가장 적은 밤하늘이다. 이에 더하여 이 CFHT는 빛이 굴절하는 양의 변화를 끊임없이 감시하며, 그것을 상쇄시켜 줄 수 있도록 작은 거울들을 1초의 1백분의 1이라는 아주 짧은 시간적 척도로 움직여 주게 되는 '상황 변화에 대처하는 광학 기술' 을 가지고 있다.

이러한 세 가지의 강점——즉 더 나은 감지 장치, 개선된 천체망원경, 그리고 그것을 설치할 최적의 장소——을 가지고 피어스와 그의 동료 연구자들은 처녀자리성단의 중심 가까이 자리잡고 있는 NGC 4571이라는 은하 속의 케페우스형 변광성을 찾아냈다. 반복적으로 관찰한 결과 이 3개의 변광성이 보여 주고 있는 빛의 변화 주기는 50일에서 1백 일 사이라는 것이 밝혀지게 되었다. 이 별들이 가지고 있는 육안으로 확인되는 밝기를 우리은하에 있는 동일한 주기의 변광성이 가지고 있는 육안으로 확인되는 밝기와 비교함으로써, 이 천문학자들은 자신들이 추산해 낸 있을 수도 있는 오류를 플러스 또는 마이너스 3백90만 광년으로 잡고, NGC 4571까지의 거리가 4천8백60만 광년이 될 것으로 추론했다.

마우나케아 천문대보다 진보된 것으로, 다른 천문학자들로 구성된 팀은 유사한 노력의 일환으로 허블 우주망원경(HST)을 이용했다. 지구의 대기권 전체보다 더 높이 떠서 궤도를 그리면서 돌고 있는 HST는 천문학자들에게 깜박거리지 않는 우주의 모습을 보여 주며, 이에 상응하여 희미한 물체를 감지해 낼 수 있는 능력을 증가시켜 주게 된다. HST가 처음 고안된 때인 1970년대초, 그것의 주요 임무들 중 하나는 정확히 이들 천문학자들이 이루어 낸 것인 처녀자리성단에 속한 은하들 속에 있는 케페우스형 변광성을 확인해 내는 것으로 여겨졌었다. 카네기 재단 천문대의 웬디 프리드먼이 이끄는, 허블 우주망원경을 연구에 이용하는 천문학자들은 처녀자리성단을 구성하고 있는 또 다른 은하(도판 11)인 M100에서, 빛의 변화 주기가 22일에서 53일의 범위에 걸치는 12개 이상의 케페우스형 변광성을 발견했다. 이 케페우스형 변광성이 가지고 있는 육안으로 확인할 수 있는 밝기를, 우리가 그 거리를 몇 퍼센트 이내까지만 알고 있다고 생각되는 마젤란운에 속한 비슷한 별들이 가지고 있는 육안으로 확인할 수 있는 밝기와 비교함으로써 프리드먼과 그녀의 동료 연구자들은, 있을 수도 있는 오류를 플러스 또는 마이너스 5백90만 광년으로 잡고, M100까지의 거리를 5천5백70만 광년으로 밝혀냈다.

물론 이 두 천문학자들 집단 모두 이러한 거리 측정에는 별들이 가지고 있는 육안으로 확인되는 밝기를 측정하는 감지 장치의 결함, 케페우스형 변광성을 비교하는 데 있어서, 혹은 보다 근거리에 있는 케페우스형 변광성까지의 거리를 측정하는 데 있어서 생겨날 수 있는 실수, 그리고 처녀자리성단에 들어 있는 다양한 은하들이 정확하게 동일한 거리를 가지고 있지 않다는 사실 등을 포함, 많은 잠재적인 오류의 소지를 안고 있다는 점을 인식하고 있다. 이러한 문제점들은 이 두 집단이 추산해 낸 거리를 플러스 또는 마이너스 4백만에서 6백만 광년, 즉 플러스 또는 마이너스 약 10퍼센트 가량 융통성을 지닌 수치로서 제시하게 만드는 것이다. 은하들의 후퇴 속도가 어느 정도까지나 우주의 팽창에서 생겨나는 것인지에 대하여 확신을 할 수 없다는 점은, 이러한 잠재적인 오류를 플러스 또는 마이너스 약 20퍼센트 정도 증가시킨다. 이처럼 모든 것을 종합해 보면, 처녀자리성단까지의 거리에 대하여 1994년에 얻어낸 새로운 결과는, 1/Ho값이 어느 방향으로든 20퍼센트 정도의 오류가 발생할 가능성을 지닌 것으로 잡았을 때 1백18억 년과 같음을 함축하고 있다.

비록 거의 동시에 발표되긴 했지만, 각기 독자적으로 얻어낸 것인 처녀자리성단에 들어 있는 은하들에 대한 2개의 거리 추산은 서로가 서로를 보강해 주는 경향이 있는데, 그 까닭은 두 집단 모두에서 보여 주고 있는 플러스 또는 마이너스의 한계가 5천2백만 광년에 근접하는 값을 포함하고 있기 때문이다. 더구나 이 두 천문학자 집단은 각기 다른 은하들을 연구했으니, 그것들이 지구와 떨어져 있는 거리가 몇백만 광년 정도까지 차이를 나타내는 것은 당연하다.

이러한 거리 추산은 하버드대학교의 천문학자 로버트 커시너가 선구적인 역할을 했던 것으로, 거리를 추론해 내는 데 사용했던 또 하나의 다른 방법에 의해서도 지지를 받는다. 이 방법은 폭발하는 별들——초신성들——의 관측에 의존하는데, 그것들은 우리은하를 벗어나서 엄청나게 멀리 떨어진 거리에서도 식별할 수가 있다. 거리를 추산해 내는 데 사용된 초신성들은 두 가지 유형으로 나타난다.

이것들 중 하나로서 **Ia형의 초신성**이라 불리는 것은 백색왜성이 연성계(連星系)의 일부를 구성하며, 그것으로부터 이 백색왜성이 수소가 풍부하게 들어 있는 물질을 얻는, 짝이 되는 별을 가지고 있을 경우에 생겨난다. 일단 이 백색왜성의 표면에 충분한 양의 물질이 축적되면 열원자핵 폭발이 일어날 수 있게 된다. 현재 천문학자들은 Ia형의 초신성들이 10에서 20퍼센트에 이르는 일관된 광도를 지닌, 기준이 되는 발광체 역할을 할 수 있을 정도로 10퍼센트까지 이르는 정확성을 가지고 이들 Ia형의 초신성들의 광도를 측정해 낼 수 있다고 생각하고 있다.

초신성들을 거리를 표시해 주는 이정표로 쓰는 두번째 방법은, 어떻게 해서 일부 별들이 폭발하게 되었는지에 대한 천문학자들의 이해를 사용한다. 3장에서 설명했던 것처럼, 엄청난 질량을 가진 별의 핵은 더 이상의 핵융합 가능성을 모두 소진해 버리면 붕괴하게 될 것이다. 이러한 붕괴는 그 별의 중심으로부터 바깥쪽을 향해 폭발하여, 그 별의 바깥쪽 층들이 **II형의 초신성**이 되어 우주 공간으로 튀어 들어가게 하는 충격파를 만들어 낸다. II형의 초신성에 의해 발출되는 빛의 스펙트럼을 연구하는 데 있어서, 천문학자들은 그 빛을 발출시키는 가스가 외부를 향해 폭발할 때의 속도를 알아내기 위해 도플러 효과를 사용할 수 있다. 그들은 또한 빠르게 움직이는 가스층의 온도도 측정할 수 있다. 마지막으로 초신성 연구 전문가들은 특정 반경과 온도를 지닌 구형의 가스 외피가 가지고 있는 광도를 계산해 내는 방법을 알고 있다.

이러한 자료는 천문학자들이 초신성까지의 거리를 추산해 낼 수 있게 해준다. 그들은 초신성의 바깥쪽 층들의 반경이 어느 정도이건 일정한 시간 간격을 두고 증가한 것을 계산해 낼 수 있는데, 그 까닭은 이러한 증가는 시간 간격을 도플러 효과에 의해 드러나게 되는 팽창 속도와 곱한 것과 같기 때문이다. 나아가서 초신성의 반경과 그것까지의 거리의 비율은 그 초신성이 가지고 있는 육안으로 확인되는 밝기와 온도에 직접적인 관련성을 가질 수 있는 것이며, 따라서 밝기와 온도라는 두 가지 양의 관측으로 그 비율을 구할 수 있다. 이처럼 초신성의 온도, 육안으로 확인되는 밝기, 시간이 흐르면서 변화하는 그것의 반경 등에 대해 알고 있음으로써 천문학자들은 II형 초신성까지의 거리를 추론해 낼 수 있게 된다.

이처럼 Ia형과 II형 초신성들은 거리를 추산해 내는 두 가지 별개의 방식을, 그리고 그렇게 해서 허블 상수를 구하는 두 가지 별개의 방식을 제공해 준다. 1994년 로버트 커시너와 그의 동료들은 초신성이 나타난 은하들까지의 거리를 측정하는 데 두 가지 방법 모두를 적용했다. 다음 그들은 은하들의 후퇴 속도와 함께 이 거리를 허블 상수를 재차 측정하는 데 이용했다. 거리를 나타내 주는 표시로서 Ia형 초신성을 이용하는 것은 1/Ho값이 1백46억 년이었으며, 한편 II형 초신성의 이용은 1/Ho값이 1백34억 년이었다. 이 값들 모두 약 10에서 15퍼센트의 오류를 지니고 있다.

만약 우리가 초신성들을 근거로 하는 이 두 결과의 평균값을 내본다는 구미가 당기는 길을 택해 보면, 그 결과 얻어지게 되는 것은 1/Ho값이 1백40억 년, 그리고 (2/3)Ho값은 93억 년과 같은 것이 된다. 이 초신성들을 근거로 하는 거리는 케페우스형 변광성을 이용하여 측정한 거리에서 나타나게 되는 것보다 우주가 나이를 약 10억 년 가량 더 먹은 것이 되게 한다. 만약 초신성을 이용한 거리에서 개선된 점들이 1/Ho값이 1백40억 년에 근접한다는 것을 입증하게 된다 하더라도, 가장 오래된 별들의 나이와 우주의 나이를 조화시키는 데 있어서 한 가지 문제는 여전히 존재하게 된다——하지만 문제는 10억 년이 더 적어진다는 것이다.

모든 것을 종합해 볼 때, 1994년에 발표된 1/Ho값에 대한 별도의 4개의 결과는 1백20억에서 1백30억 년에 근접하는 값을 의미한다. 비록 Ho값이 아직 확실한 것으로 간주될 수는 없지만, 처녀자리성단에 속해 있는 2개의 은하에 들어 있는 케페우스형 변광성에서와, 그보다 한층 더 먼 거리에 있는 은하들에 들어 있는 초신성들로부터 얻어낸 새로운 결과들의 일부가 서로 일치하는데, 그 결과가 예를 들면 기껏해야 30퍼센트 이상 잘못 판단된 것이라고 의심하는 천문학자들은 거의 없었다. 그러나 이러한 결과에 의문을 가지고 있는 사람이 있었는데, 그는 카네기재단 천문대에서 허블의 뒤를 이어 연구를 계속하고 있던 앨런 샌디지였다. 샌디지는 그 새로 얻어낸 결과가 오류로 가득 차 있으며, 1/Ho값이 1백60억 년보다 더 크다고 믿고 있었다. 하지만 만약 우리가 1994년의 관측 결과를 받아들인다면, 우리는 대폭발 이후로 흐른 시간이 가장 오래된 별들에 대해 현재 추산하고 있는 나이보다 더 적은 80억에서 1백40억 년 사이의 어딘가에 위치하고 있는 것으로 여겨진다고 말할 수 있는 것이다. 따라서 역사의 쓰레기통 속으로 추락하기 전의 레닌이 던졌던 질문처럼 무엇이 행해져야 하는가 하는 것이 문제인 것이다.

이 새로운 관측 결과를 지지하지 않는 사람이라면, Ho값의 결정에 있어서 추산된 오류가 최소한 플러스 또는 마이너스 15퍼센트에 이르는 것이기 때문에(그리고 20에서 25퍼센트까지도 커질 수 있는 것이므로), 만약에 우리가 1/Ho값이 1백50억 년과 같아지도록 1백30억 년에서 15퍼센트를 높여 잡는다면, 그리고 만약에 우리가 우주에 있는 물질의 밀도가 낮다고 가정한다면, 거의 모든 별들의 나이가 이러한 시간적 틀에 들어맞게 될 수 있는 것이기 때문에 정말로 문제될 것은 없다고 말할 수도 있을 것이다. 하지만 우리는 우리가 시간이란 벽에 완전히 막혀 더 이상 뒤로 물러설 수 없게 되기 전까지는 이러한 종류의 일방적인 진술은 제외해야만 한다. 당분간 우리는 우주의 나이에 대한 최근의 측정을 다음과 같이 요약해 볼 수 있을 것이다.

우주 속에 있는 물질의 총밀도는, 대폭발 이후로 흐른 시간이 0.8/Ho보다 더 적은 것이 될 수 있도록 충분히 높은 밀도를 가지고 있다고 여기는 우주학자들이 현재 많이 있다.(205쪽) (극도로 낮은 밀도를 가진 우주만이 1/Ho의 나이를 가지고 있다는 것을 상기하자.) 1994년에 행해진 이 새로운 측정은, 0.8/Ho값을 1백3억 년이라는 중간 값에 플러스 또는 마이너스 20퍼센트로 추정된 오류를 지니고 있게 되는, 94억에서 1백12억 년 사이로 잡고 있다. 따라서 대폭발 이후로 흐른 시간은 겨우 75억 년에서 1백25억 년과 같은 것이 되는데, 이것을 이제부터는 정확도를 그리 많이 잃지 않은 80억에서 1백30억 년으로 언급하기로 한다. 만약 물질의 밀도가 결국 현재 최저로 추정하고 있는 것의 겨우 절반에 해당하는 크기인 것으로 드러난다면, 이 나이 범위는 0.9/Ho로 증가될 것이며, 그렇게 해서 84억에서 1백40억 년이란 기간에 걸치게 될 것이다. 한편 만약 물질의 밀도가 이론가들이 생각하는 것으로서 10장에서 설명된 것처럼 널리 지지를 얻고 있는 '팽창 모형'에 의해 예측되고 있는, 소위 '임계 밀도'라는 최대값과 같은 것이라면, 대폭발 이후에 흐른 시간은 너무 짧아서 상당히 애를 먹이게 되어 있는 시간인 63억에서 1백5억 년 사이의 어딘가에 위치하게 될 것이다. 보다 작은 밀도를 가진 우주에 대한 80억에서 1백30억 년이라는 한층 더 많은 나이조차도 여전히 무엇이 행해져야 하는가 하는 문제를 제기하게 된다.

0이 아닌 우주학 상수

무엇이 행해져야 하는가?라는 물음에 대한 보다 근본적인 대답은, 우주학 상수를 보다 진지하게 받아들이는 것이다. 한 가지 간략한 역사가 정리되어 있다.

우리가 살펴본 것처럼 아인슈타인과 다른 우주학자들이 일반상대성 이론에 대해 숙고하고 있을 때, 그들은 그것이 팽창, 아니면 수축이라는 오로지 2개의 가능성만을 의미하고 있는 것이라는 점을 알고 있었다. 팽창하거나 수축하지 않는 '정지된' 우주라는 것은 도대체 존재할 수가 없는 것이다. 아인슈타인은 이것이 받아들일 수 없는 것이라고 느꼈기 때문에, 그는 자신의 방정식을 우주학 상수라고 불리게 된 특별한 용어를 포함하는 것으로 수정했다. 이 우주학 상수――만약 그러한 것이 존재한다면 말이다――는 비어 있는 우주 공간에 일종의 직관에 반하는 특성을 부여하게 되는데, 그것은 마치 우주 공간이 압착되고 비틀리는 것처럼――우주 공간에 의해서 말이다!――양의 에너지를 가지고 있지만, 팽창력에 상당하는 음의 압력을 가하게 되는 것이다. 이 경우에 있어서, 우주 공간 속에 존재하는 비어 있는 매 3제곱센티미터에는 일정량의 에너지가 담겨져 있는 것이다. 이처럼 우주가 팽창하면서 새로운 공간뿐만 아니라 새로운 에너지도 생성시키게 된다.

비어 있는 우주 공간에 대한 이 음의 압력은 우주 공간이 자동적으로 팽창하는 경향이 있다는 것을 의미하는데, 그것은 우주의 각 부분들이 다른 모든 부분들에 대하여 서로 작용하는 중력에 의한 인력 때문에 우주가 수축하려는 경향을 저지하게 되는 것이다. 이러한 방식으로 우주학 상수가 적정한 값으로 정해지고, 우주는 결국 정지된 것이 될 수 있는 것이다.

우주학 상수를 도입함으로써 아인슈타인은 상당히 이해가 가는 방식으로, 일관성 있는 방식으로 설명은 가능하지만 연구 논문 속에서나 존재하게 되는 상상 속의 우주가 아니라, 실제 우주를 설명해 낼 수 있는 이론을 만들어 내려는 시도를 하고 있었다. 그가 허블의 관측에서 실제 우주는 정지된 것이 아니라 팽창하는 것이라는 사실을 알고 난 후, 그는 우주학 상수를 더 이상 사용할 수 없다는 것을 알게 되었다. 수년이 지난 뒤, 아인슈타인은 조지 가모브에게 자신이 그것을 만들어 낸 것은 '생애 최대의 실수' 였다고 평했다.

이러한 평가를 내리는 데 있어서, 아인슈타인은 관측을 통해 알려진 일련의 사실들이 진실임을 증명하기 위한, 서로 경쟁적인 관계에 있는 설명들을 평가할 때는 가장 단순한 것을 선택한다는 학문의 황금률을 따랐던 것이다. 이 규칙은 14세기 영국의 성직자이자 철학자인 윌리엄 오브 오컴의 이름을 따서 '오컴의 면도날' 이란 명칭으로도 알려져 있다. (몇 가지 역사적인 이유들로 해서, 이 사람의 출신지와 그의 면도날을 언급할 때 상이한 철자가 사용되게 되었다.) 오컴은 그의 생각을 표현하고 있는, "더 적은 것으로도 할 수 있는 것에 더 많은 것을 보태는 것은 쓸데없는 짓이다"라는 것에 보다 더 가깝게 여겨지는 것이긴 하지만, "실체가 필요 이상으로 늘어나서는 안 된다"라는 글을 남겼다. 오컴의 결론은, 자신들의 판단으로는 불필요하다고 여겨지는 가설이라는 껍질을 잘라내어 버리는 것에 오컴의 면도날을 사용해 온 그 이후의 과학자들에게 훌륭한 깨달음을 주었다——비록 재치 있고, 통찰력 있는 우주학자들이 때로는 하느님도 오컴의 면도날로 면도를 해야 하는지의 여부에 대해 궁금증을 나타내긴 하였지만.

아인슈타인이 최초로 우주학 상수를 소개한 이후 70년이 지난 오늘날에도 그것은 많은 우주학자들의 마음속에, 그리고 그들의 방정식 속에 계속 살아남아 있는데, 그 주된 이유는 그것이 1920년대에 아인슈타인에게는 알려져 있지 않았던 우주의 세밀한 부분들을 설명해 낼 수 있는 하나의 방법을 제공하기 때문이다. 비록 우주가 실제로 팽창을 하고 있어서, 최초의 자극이 서서히 약화되어 왔다 할지라도 우주를 완벽하게 정지해 있는 것으로 만들 수 있는 정확한 값을 가질 필요는 없지만, 우주학 상수는 당연히 존재하는 것일 수도 있는 것이다. 대신에 0이 아닌 우주학 상수를 적용하게 되면, 일정한 방식으로 느려지는 대신 우주의 팽창은 처음에는 눈에 띄게 느려질 수 있고, 다음에는 '관성을 받아 움직이게 되다가'——즉 일정한 속도로 계속되다가——그 다음에는 좀더 느려지게 되는 것이다. 우주학자들이 이러한 움직임이 Ho값이란 측면에서는 어떤 것을 의미하는지를 연구할 때, 그들은 이 우주가 1/Ho값보다 더 **나이가 든** 것일 수도 있으며, 여전히 그렇게 움직이고 있는 것처럼 보인다는 사실을 발견하게 된다.

이러한 결과는 만약에 우주학 상수가 0과 같은 우주의 모형들에 있어서 대폭발 이후에 흐른 시간이 80억 년에 근접하는 것으로 나타나게 될 경우, 실제 우주를 우리가 제시하는 모형들과 일치시키는 데 있어서 매우 편리한 것임을 증명해 주게 될 것이다. 만약 우리가 어쩔 수 없이 별들의 나이 계산을 가장 근사치에 접근한 것으로 추정된 우주의 나이에 일치시킬 수 없다는 결론을 내려야만 하게 된다면, 아인슈타인의 '최대 실수'는 우리로 하여금 이론과 관측 결과를 일치시킬 수 있게 해준다.

이 우주학 상수는 거의 완벽에 가까울 정도의 적당히 꾸며낸 요소를 제공하는데, 그 이유는 우주학 상수의 일부 값들이 기가 막히게 우주와 별들의 나이에 일치하게 될 것이며, 그 방정식 안에서 이러한 측면의 값에 대한 그밖의 제약이 거의 없기 때문이다. 이러한 상황은 오래 지속되지 않을 수도 있는데, 큰 우주학 상수값은 현재 관측되고 있는 것보다 '중력이라는 렌즈에 비춰진 것'——먼 거리에 있는 은하, 혹은 퀘이사들에서 나오는 빛이 엄청난 질량을 가진 물체의 근처를 지나면서 확대되는 현상——인 경우가 더 많음을 의미할 수도 있는 것이다. 계속되는 관찰은 이러한 진술을 한층 더 정교한 것으로 만들어 주게 될 것이다.

오컴의 면도날 정신은 0이 아닌 우주학 상수가 절대로 필요한 것이 되기 전에는 받아들이지 말 것을 우리에게 경고한다. 우주학 상수는, 예를 들면 우리가 여기서는 관심을 가질 필요가 없는 단위로 10^{-40}에서 10^{40}에 이르기까지, 그 어느 값이건 가지게 될 수 있다는 것을 기억해 두자. 따라서 대부분의 우주학자들은 우리가 우주의 모형을 실제의 우주와 들어맞는 것으로 만드는 데 요구되는 값만을 취하는 것은 기괴함의 정도를 넘어서는 일임을 알게 된다. 당분간 대부분의 우주학자들은, 엄청난 가능성의 범위 가운데서 0이 아닌 우주학 상수는 우리가 그 이유를 설명할 방법이 전혀 없는 사실들로 이루어져 있다는 것에 대한 가장 강력한 반론은 우주학 상수가 우주를 설명해 줄 수 있는 특정한 값을 가지게 되는 것이라고 말할 것이다. 미학적으로 유일하게 호소력을 지니고 있는 우주학 상수는 0이지만, 최소한 우주학 상수라는 측면에서 우리의 미학이 우주를 지배하게 되는 것이 어느 정도까지인지를 결정할 수 있는 날은 아직 닥치지 않은 것이다.

별들의 나이가 부정확한 것일 수 있을까?

그렇다면 그날은 언제가 될 것인가? 그날은 오직 우리가 보다 정확한 관측을 하게 될 때인 것이다. 당분간은 1994년의 관측 결과가 몇몇 연구에서 분명한 결과를 얻게 해줄 것이다. 거리 측정을 전문으로 연구하는 천문학자들은 그들이 최근에 해낸 추론들을 계속해서 점검해야 하는 반면, 별들의 나이를 추산해 내는 천문학자들은 오래도록 존속되어 온 자신들의 연구 결과를 재고해야만 하게 된다. 4장에서 우리가 살펴본 것처럼, 천문학자들이 추산해 낸 것으로 가장 오래 된 구상성단들의 1백40억에서 1백60억 년이란 나이는 별들 내부에서의 핵융합과, 별들이 나이를 먹어가면서 그 핵융합이 어떻게 변화하게 되는지를 보여 주는 모형을 컴퓨터를 통해 계산하여 추론해 내는 것이다. 천문학자들은 그 모형들이 복잡하기 때문에 컴퓨터를 사용하는데, 그들은 별 내부의 각 지점에 걸쳐 그 별이 어떤 방식으로 에너지를 외부로 전달하게 되는지를 명시해 주어야만 한다. 40년 동안 별들의 내부를 전문적으로 연구하는 천체물리학자들은 별들의 구조와 진화에 대한 그들의 계산을 보다 정교한 것으로 만들어 왔으며, 그들의 연구 결과를 여러 성단에 있는 별들의 나이를 추론해 내는 데 응용해 왔다. 예일대학교의 피에르 디마르크와 같은 몇몇 전문가들은, 위에서 언급된 1백40억에서 1백60억 년이라는 가장 오래 된 구상성단에 들어 있는 별들에 대한 것이라고 계산해 낸 나이는, 별들의 내부에서 어떤 일이 벌어지고 있는지에 대해 우리가 이해하고 있다고 주장하는 것들을 포기하지 않고는 눈에 띄게 줄일 수 없는 것이라고 여기고 있다. 그러나 시카고대학교의 데이비드 시람을 포함하여 다른 학자들은 컴퓨터로 만들어 낸 모형을 다시 검토한 끝에, 일부 적당히 꾸며낸 요소들이 존재한다는 결론을 내렸다. 시람의 모형들은 만약 적당히 꾸며낸 요소들이 별들의 보다 낮은 나이 쪽을 향해 가게 된다면, 나이의 위쪽 경계선은 그 계산에 있어서의 오류 가능성을 나타내는 플러스 또는 마이너스 20억 년에, 1백20억 년의 나이가 되는 것이다.

만약 시람의 모형들, 혹은 그것과 유사한 어떤 것들이 정확한 것이고, 그것들에 들어 있는 적당히 꾸며낸 요소들이 맞는 방향을 향하게 할 수 있는 것으로 밝혀진다면, 가장 오래된 구상성단들은 '겨우' 1백억 년에서 1백20억 년의 나이를 먹은 것이 될 수 있다. 그러한 경우에 있어서는, 우주의 나이로서 0.67/Ho과 같은 값을 요구하는 팽창 모형만이 별들의 나이와 모순되는 것으로 제외될 위험에 처하게 되는데, 그 이유는 1994년에 관측된 결과가 0.67/Ho값은 63억에서 1백5억 년과 같다는 것을 의미하고 있기 때문이다. 그리고 시람이나 다른 많은 우주학자들이 여전히 선호하고 있는 그 팽창 모형조차도, 만약 적당히 꾸며낸 요소들 모두가 적절한 위치에 해당하기만 한다면 살아남을 수 있는 것이 된다.

그렇다면 요컨대 오늘날 '우주학에 있어서의 위기' 라는 것은, 당연히 50년 전 발터 바데가 내린 결론인 '우주 나이의 위기' 라는 주장만큼의 영향도 남기지 못한 채 역사 속으로 사라져 버릴 수도 있는 것이다. 한편 만약 앞으로 계속되는 관측이 비교적 낮은 1/Ho값이 정확한 것이라는 사실을 입증해 내게 된다면, 그리고 만약에 컴퓨터를 사용해 만들어진 모형들이 앞으로 계속해서 별들의 나이에 대해 적당히 꾸며낸 요소들이 부정확한 것임을 증명해 내게 된다면, 그때는 천문학자들이 위기에 직면하게 될 것이다. 그들은 분명 그 위기를 극복하고, 그 위기보다 더 오래 살아남아, 우리를 여기에 있게 한 우주의 과거와 더불어 우주의 미래에 대해 계속해서 심사숙고할 것이다.

9

불확실한 미래

우주학자들은 그들이 확신하지 못하는 영역들을 가지고 있지만, 우주의 미래는 두 갈래의 길 중에서 어느 한쪽을 따라가게 될 것으로 확신하고 있다. 즉 영원히 팽창하는 것과, 먼 장래의 어느 시점에서 수축으로 반전되는 것, 둘 중 하나를 따르게 되리라는 것이다. 철학의 세계는 이 2개의 가능성 안에 감싸져 있다. 영원한 팽창은 춥고 어두우며, 현재의 우주가 물질로 채워져 있는 것처럼 여겨지게 될 정도로 밀도가 낮은 우주라는, 점점 더 희망이 줄어드는 우주를 만들게 될 것이다. 언제인가는 결국 수축하게 된다는 쪽은, 많은 사람들이 정서적으로 훨씬 더 이끌리게 되는 것으로서, 마침내——아주 먼 미래에——그 팽창을 멈추고는 수축하는 단계로 반전된 우주를 제시해 주게 된다. 대폭발 이후의 팽창 속도가 어떻게 변화해 왔는지에 대한 계산은, 만약에 그러한 것이 일어날 수 있다고 친다면, 수축 단계는 기껏해야 앞으로 1천억 년 이후에나 있게 될 것임을 암시하는 것이다. 이 수축 단계에 대한 논리적인 추론으로 얻어낸 결과는, 모든 우주 공간과 물질이 그 크기에 있어서 무한히 작은 용적을 차지하게 되는 '대압착' 이 될 것이다.

비록 아직까지 우리는 그러한 결과를 이끌어 내게 될 만한 그럴듯한 수학적 이론을 갖고 있지는 못하지만, 그러한 대압착이 있은 다음에는 거의 동시에 또 하나의 대폭발이 뒤따르게 될 수도 있는 것이다. 하지만 달리 취할 수 있는 접근 방식들은 분명하다. 우주는 무한히 점점 더 텅 비어 있는 곳이 되어가고 있는 한 번으로 끝나는 물건이거나, 아니면 우리가 만들어 낸 모든 오류와 쓰레기는 결국 최소한 앞으로 1천억 년이 지난 후에 있게 될 거대한 분쇄 압축기를 통해 재활용될 것이라는 지식을 우리에게 제공해 주게 되는 팽창과 수축의 혼합물, 둘 중 하나인 것이다.(도해 6)

이 시간은 보다 아래쪽에 있는 경계선을 나타내는 것이며, 사실 우리는 이 우주가 대압착이라는 것을 일으키게 될 정도로 수축할 것인지에 대해 알고 있지 못하다. 만약 우주가 무한히 팽창한다면, 비록 별들이 암흑 속으로 사라져 버리는 것을 드러내고 있다 하더라도, 우주가 생성시켜 온 영광스러운 구조물들은 당연히 지속될 것이다. 한편 우주의 수축은 모든 구조물들을, 그리고 실로 그러한 구조물이 존재하고 있었음을 나타내 주게 되는 모든 흔적들까지도 파괴하게 될 것이다.

밀도의 중요성

우주의 미래는 인간의 감성이나 철학에 달려 있는 것이 아니다. 팽창의 미래에 관한 한 전적으로 지배적인 인수는, 우주 속에 존재하는 물질의 평균 밀도인 단일 변수이다. 밀도는 매단위 체적마다 들어 있는 질량을 측정하는 단위이다. 질량은 중력의 양을 측정하는 데 있어서 중요한 역할을 한다. 뉴턴이 입증했던 것처럼 우주 공간의 어느 두 부분 사이에 존재하는 중력은 그 각각의 부분에 들어 있는 질량의 적(積)을, 그 둘을 나눠 놓고 있는 거리의 제곱으로 나눈 것에 비례하여 달라진다.

만약 우주의 운명에 우주가 현재에도 계속하고 있는 팽창의 종말까지 포함되는 것이라면, 이것은 중력 때문에 생겨나는 일이 될 것이다. 중력은 질량을 가지고 있는 모든 물체들을 모든 다른 물체들을 향해 잡아당기게 되며, 따라서 중력은 팽창에 제동을 걸어 대폭발에서 시작되었던 것인 현재의 우주를 지배하고 있는 팽창하려는 경향을 저지하게 되는 것이다. 그럴 마음이 있다면, 우리는 대폭발이 우주 안에 있는 모든 물질――그리고 우주 공간 전체!――에 엄청난 반발력을 전달했던 것으로 상상해 볼 수 있다. 그 이후로 우주 공간의 모든 부분들은 모든 다른 부분들로부터 멀어지면서 팽창해 왔던 것이지만, 그 부분들은 전적으로 불변인 방식으로 팽창을 계속해 온 것은 아니다. 대신 중력이 수십억 광년의 거리에 걸쳐 눈에 띄게 작용할 수 있는 유일한 힘인 까닭에, 우주의 팽창은 대폭발이 있었던 순간 이후 줄곧 그 속도가 느려져 온 것이다.

물론 속도가 떨어지는 것이 반드시 0에 이르는 것을 의미하는 것은 아니다. 만약 우리가 상공을 향해 로켓을 발사한다면, 분명 지구가 갖고 있는 중력이 그 로켓의 속도를 늦추려는 경향을 보이겠지만, 그럼에도 불구하고 그 로켓은 일정한 속도로 무한히 지구에서 멀어질 수도 있는 것이다. 이와 유사하게 대폭발이 있은 이후 수십억 년이 지난 후인 오늘날의 우주도 그대로 팽창을 계속하고 있는 것이다. 또다시 80억에서 1백30억 년이 경과한 이후, 어느것이건 표본이 되는 2개의 은하 무리들 사이의 거리를 2배로 만들어 놓을 그러한 속도로 계속 팽창하고 있다. 하지만 이 속도는 과거의 팽창 속도보다 더 느린 것이다. 예를 들면 우주의 나이가 현재 나이의 절반이었을 때, 팽창 속도는 또다시 40억에서 60억 년이 경과한 이후에는 그 거리가 2배로 될 그러한 것이었다.

대략적으로 말해서, 이 우주는 대폭발 이후 경과해 온 시간과 거의 같은 시간이 지나면 모든 거리는 2배가 될 것이다. 대폭발 이후 경과한 시간의 양과 우주의 거리가 2배로 되는 데 걸리는 시간의 이러한 일치는 우연에 의해 생겨나는 것이 아니다. 대신에 이러한 일치는 팽창하는 우주에 대한 현대적 이해로부터 직접 나오는 것이다. 아인슈타인의 일반상대성 이론을 한 번 살펴보는 것으로, 우리는 이러한 이해를 할 수 있는 원리를 얻을 수 있다.

우주 공간의 곡률

아인슈타인의 일반상대성 이론은, 중력이 어떤 방식으로 우주 공간에 영향을 주는지를 설명하고 있다. 근본적으로 중력은 우주 공간을 구부리며, 우주 공간이 구부러지는 것은 물질이 어떤 방식으로 움직이는지를 말해 주는 것이다. 보다 더 크게 응축된 질량은 보다 더 큰 중력을 만들어 내며, 따라서 중력이 보다 더 작은 물체보다 더 크게 우주 공간을 구부려 놓게 된다. (시간과 우주 공간 두 가지 모두에 관한 이유들로 해서, 우리는 여기서 우주 공간이 형태를 **가지고 있다**고 말하는 것이 무엇을 의미하는 것인지에 대한 논의——특히 만약에 우주 공간이 물질과는 관계 없이 존재를 갖고 있지 못하다면——는 생략해야만 한다. 때때로 우리는 우주학의 바다에 침몰하지 않고 계속 떠 있기 위해서 그러한 희생을 해야만 한다.)

우리 같은 일반인들과는 달리, 우주학자들은(의심할 여지없이 오랜 세월에 걸친 훈련을 통해서이겠지만) 구부러진 우주 공간이 어떠한 것인지를 상상하는 데 있어서 전혀 어려움을 겪지 않는다. 만약 우주 공간이 양의 곡선을 가지고 있다면, 그것은 구체(球體)의 표면과 유사한 방식으로 그 자체를 향해 다시 구부러져 있다는 것이다.(도해

3) 아인슈타인의 일반상대성 이론은 양의 곡선을 가지고 있는 우주는 결국에는 수축해야만 한다는 것을 증명하고 있다. 이와 대조적으로 음의 곡선을 가지고 있는 우주는 영원히 팽창을 계속하게 될 것이다. 그러한 우주 공간은 말안장의 형태에 비유될 수도 있을 것이다. 그러나 음의 곡선을 가지고 있는 우주 공간으로부터 나오게 되는 가장 중요한 결과──영원히 계속되는 팽창──는 공간의 곡률이 0인 우주로부터 얻게 되는 결과와 같은 것이기 때문에, 우리는 간단하게 곡률 0을 궁극적으로는 수축되게 되어 있는 우주와는 정반대가 되는 것으로 취급할 수가 있는 것이다. 납작한 우주 공간──곡률 0의 우주 공간──은 마치 우리의 직관에서 우주는 그래야 한다고 주장하고 있는 것처럼 모든 방향을 향해 무한히 확장되며, 음으로 곡선을 이루고 있는 우주 공간도 마찬가지로 그 범위가 무한한 것이 된다.

구부러진 우주 공간의 존재 가능성이 아인슈타인의 일반상대성 이론의 핵심을 구성하게 되며, 그 이론은 우리가 **진화 방정식**이라고 부를 수도 있는 것인, 우주의 전반적인 진화에 대해 설명하는 하나의 방정식으로 유도된다. 이 진화 방정식은 그 방정식에서 우리가 적절한 항(項)을 옮겨 놓게 되는 쪽에 달려 있는 두 가지 방식에 의해 제시된다.

만약 우주학 상수가 0이라면, 계속되고 있는 우주의 진화를 설명해 주는 진화 방정식은 $H^2=(8\pi G\rho/3)-(\kappa c^2/S^2)$이 되는데, 여기서 H는 허블 상수로서, 이것은 우리가 살펴봐 왔던 것처럼 은하들의 거리와 후퇴 속도 사이의 비례를 나타내기 위해서 허블 법칙에 등장하는 것이다. 방정식의 오른쪽 편에서 G는 중력 상수이고, ρ는 물질의 실제 밀도이며, κ는 우주 공간의 (불변) 곡률이고, c는 빛의 속도이며, S는 은하 무리들과 같은 2개의 표본이 되는 지점들의 평균 간격의 측정 단위인 축척 인수이다.

우주 ρ 속에 들어 있는 물질의 평균 밀도(매단위 체적에 들어 있는 질량)는 축척 인수의 3제곱 이상의 평균 밀도에 비례하여 변동하게 된다. 우주가 팽창하면서 ρ와 비례하는 것이며, 따라서 $1/S^3$과도 비례하는 $(8\pi G\rho/3)$는 $1/S^2$과 비례하는 **두번째 항보다 더 빠르게 줄어든다.** 만약 κ가 음이라 하더라도 그것은 중요하지가 않은데, 그 까닭은 그렇게 된다면 방정식의 오른쪽에 있는 2개의 항들 모두 양의 기여를 하게 된다. 따라서 H^2은 언제나 0보다 더 크게 되며, 우주는 영원히 계속해서 팽창하게 될 것이다. 만약 κ가 0이면, H^2은 0으로 떨어질 것이고, 그렇게 될 때에만 우주는 무한히 커지게 되며, 그렇게 되면 물질의 평균 밀도는 0으로 줄어들게 된다. 하지만 만약에 κ가 양이면, H^2은 우주 속에서 어느 정도 상대적으로 이른 시간에 양이 될 수도 있겠지만——왜냐하면 그 방정식의 첫번째 항은 두번째 항보다 더 크기 때문에——우주가 팽창하면서, 그리고 S가 점점 커지면서 줄곧 감소하여 결국에는 0이 될 것이다. 다른 말로 하면, 그 팽창은 음으로 곡선을 그리고 있는 우주에서는 결코 멈추지 않을 것이고, 납작한 우주로서 무한한 시간이 흐른 후에야 겨우 멈추겠지만, 양의 곡선을 그리고 있는 우주(도해 6)에서는 어느 정도 일정한 시간이 지난 후에 멈추게 될 것이다.

진화 방정식을 나타내는 두번째 방법에서는 임계 밀도인 ρc라는 개념을 사용하는데, 이것은 $3H^2/8\pi G$의 비(比)로 정의된다. 만약 그 진화 방정식의 양쪽 모두를 $(3/8\pi G)$으로 곱하고, ρc를 치환한 다음, 항들을 다시 정리했을 때 우리가 얻게 되는 방정식은 $\rho-\rho c=(3\kappa c^2/8\pi GS^2)$이다. 이것은 만약 물질의 실제 밀도가 임계 밀도보다 더 크다면 우주 공간의 곡률 κ는 양이 분명한 반면, 만약 실제 밀도가 임계 밀도보다 작다면 우주 공간의 곡률은 음이 분명하다는 것을 입증하고 있는 것이다.

그 임계 밀도를 유용한 것으로 만들어 주는 것, 그리고 실로 그것에 대한 정의를 내리도록 고무시키는 것은 바로 이러한 사실이다. ρ가 ρc보다 크냐 아니면 작냐의 문제는, κ가 양이냐 또는 음이냐의 여부에 대응하는 것이다. 우주 공간의 곡률은 변화하지 않기 때문에(c 혹은 G도 변화하지 않는다), 그리고 S는 언제나 양이기 때문에 ρ와 ρ c, $(3\kappa c^2/8\pi GS^2)$ 사이의 차이는 절대로 부호를 변화시킬 수가 없으며, 언제나 양, 언제나 음, 혹은 언제나 0이어야 한다는 점에 주목하라. (무한히 많은 양의 시간이 흐르고 난 다음에야 그렇게 되겠지만, ρ가 감소하여 마침내 ρc와 같아질 수 있도록 우리가 무한한 양의 시간을 기다려야 하는 경우는 제외하고 말이다.) 우주학자들은 ρc에 대한 ρ의 비율을 Ω(그리스어 오메가의 대문자)로 나타낸다. 만약 오메가가 1보다 크다면 우주는 결국 수축하게 될 것이며, 만약 오메가가 1이라는 수보다 작거나 같다면 우주는 영원히 계속해서 팽창하게 될 것이다.

우주의 진화 방정식을 나타내는 이 두번째의 방법은 임계 밀도의 중요성을 강조한다. 만약 우주 공간이 양의 곡선으로 되어 있다면, 물질의 실제 밀도는 임계 밀도보다 더 큰 것이 분명하다. 마찬가지로 음의 곡선으로 되어 있는 우주 공간이라는 것은 물질의 실제 밀도가 임계 밀도보다 더 **작다**는 것을 의미하게 되며, 곡률이 0인 우주 공간이라는 것은 평균 밀도가 임계 밀도와 **같아야만** 한다는 것을 의미하게 된다.

물론 우리는 물질의 평균 밀도는 우주가 팽창하면서 계속 줄어들게 된다는 것을 알고 있다. 즉 동일한 양의 물질이 보다 더 체적이 커진 우주 공간을 채우고 있는 것이다. 하지만 우주가 팽창하면서 임계 밀도의 값 또한 떨어져서 실제 밀도와 같은 비례가 된다. 진화 방정식은 만약 하나의 밀도가 다른 밀도보다 더 크다면, 그것은 미래에 어느 한정된 양의 시간 동안에도 계속 그러하리라는 것을 보여주고 있다. 따라서 만약 실제 밀도가 **현재**의 임계 밀도보다 더 크면, 그것은 언제나 그러했었으며 앞으로도 언제나 그러할 것이다. 마찬가지로 임계 밀도 이하의 실제 밀도의 값이라는 것은, 실제 밀도가 언제나 그러했었으며, 앞으로도 그러할 것이라는, 즉 임계 밀도보다 작다는 것을 의미하는 것이다.

우주 팽창의 미래, 그리고 실제 밀도와 임계 밀도 사이의 차이는 우주 공간의 곡률에 달려 있는 것이다. 따라서 진화 방정식은 만약에 우리가 임계 밀도를 물질의 실제 밀도와 비교하는 방법을 결정할 수 있다면, 그것에 의하여 우리가 우주의 미래를 알아낼 수 있다는 것을 의미하는 것이다. 만약 물질의 평균 밀도가 임계 밀도보다 작다면, 우주는 영원히 팽창을 계속할 것이다. 그리고 만약 물질의 실제 밀도가 임계 밀도와 정확하게 같다면, 우주는 팽창을 멈추게 될 것이다――하지만 그것은 무한히 많은 양의 시간이 경과하고 나서야 그렇게 된다. 임계 밀도와 정확히 같은 평균 밀도라고 말하는 것이나 마찬가지인 이것은 팽창률이 0을 향하고 있지만, 그 어느 한정된 양의 시간 안에 결코 거기에 도달하지 못하는 우주를 의미하는 것이다.

임계 밀도는 만일 우리가 허블 상수의 값을 알고 있다면 계산해 낼 수 있는 수치이다. 일단 우리가 이 계산을 하고 나면, 우리는 임계 밀도를 우주 속에 있는 물질의 실제 밀도와 비교할 수 있게 된다. 만약 물질의 실제 밀도가 임계 밀도보다 더 크면 우주는 결국 수축하게 될 것이며, 그 반대라면 우주는 영원히 팽창을 계속할 것이다. 따라서 60년 동안 관측을 전문으로 하는 우주학에서 한 가지 가장 큰 목표는, 직접적인 측정에 의해서건(극도로 어렵다. 그 까닭은 우주 공간에 들어 있는 물질의 표본을 얻기 위해, 예컨대 1백만 3광년의 거리를 여행할 수는 없기 때문이다), 아니면 추론이라는 보다 간접적인 방법을 통해서건, 어느쪽으로든지 우주 속에 있는 물질의 평균 밀도를 측정하는 것이 되어왔다. 만약 우리가 그 수치를 알아낼 수 있다면, 우주가 영원히 팽창할 것인지 아닐지의 여부를 결정하기 위해 그것을 직접 임계 밀도와 비교해 볼 수 있다.

대폭발이 일어난 후 수십억 년이 경과한 오늘날, 그 임계 밀도는 대략 매 3제곱센티미터마다 1.2×10^{-29}과 같다. 이 수치에는 불확정성이 존재하는데, 그것은 그 역(逆)이 현재 우주 속에서의 표본이 되는 부분들 사이의 거리를 2배로 만드는 데 필요한 시간을 말해 줄 수 있는 것인, 정확한 Ho값에 대해 우리가 확신을 하지 못하는 데서 생겨나는 것이다. 우리가 안고 있는 그 불확정성이 이번에는 거리──특히 그 후퇴 속도가 허블 법칙이 유효한 것이라는 결론을 내리는 데 바탕을 제공하게 되는 은하들까지의 거리──를 측정하는 데 우리가 겪게 되는 어려움에서 생겨나는 것이다. 우리가 앞장에서 살펴본 것과 마찬가지로 그 거리는 플러스 또는 마이너스 20퍼센트까지 불확실한 것이지만, 임계 밀도 값에 있어서의 불확정성은 거리에 있어서의 불확정성의 제곱에 비례하여 달라진다. 1.2의 제곱은 1.44이기 때문에 임계 밀도 값은 약 40퍼센트 정도 불확실하다는 결론을 내리는 것이 타당한데, 그것은 매 3제곱센티미터마다 1.7×10^{-29}그램만큼이나 큰 것이 될 수도 있고, 또는 0.8×10^{-29}그램만큼 작은 것이 될 수도 있다.

그 어느쪽이 되었건, 약간 다른 맥락에서 포고가 말했던 것처럼 그것은 상당히 온건한 생각이다. 매 3제곱센티미터마다 1.2×10^{-29}그램이라는 밀도는 한 변의 길이가 1미터인 육면체 안에 수소 원자 7개를 넣었을 때 얻게 되는 밀도와 대략 같은 것이다. 우주가 이토록 지극히 작은 밀도보다는 여러 배 더 큰 밀도를 가지고 있음은 분명하다——그래서 우주는 결국 수축하게 되리라는 것이 확실한 것이다!

우주 속에 있는 물질의 평균 밀도 측정하기

별로 그럴 가능성이 있을 것 같지 않다. 현재 우주에 들어 있는 물질의 평균 밀도에 대해 우리가 알고 있는 가장 중요한——그리고 거의 확실한——사실은 우리 눈에 보이는 모든 물질, 그리고 실로 우리가 '일반적인' 물질이라고 여길 수도 있는 모든 물질은 임계 밀도의 2퍼센트에도 미치지 못하는 부분만을 제공하고 있다는 것이다. 천문학자들은 그들이 내놓고 있는 설명의 처음 부분은 어느 정도 직접적인 관측으로부터 추론해 왔다. 그들은 은하들의 스펙트럼을 측정함으로써 은하들까지의 거리를 추산하는 방법과 허블 법칙을 이용하는 방법을 알고 있으며, 대표적인 대형 은하에 속해 있는 별들이 대략 얼마나 되는 질량을 가지고 있는지에 대해서도 알고 있다. 많은 수의 은하 무리들을 관측함으로써, 천문학자들은 전체 은하에 들어 있는 모든 별들이 제공하는 전체 밀도는 임계 밀도의 0.5퍼센트에도 미치지 못하는 것으로 여겨진다는 사실을 발견했다. 242쪽에 설명된 것으로, 보다 치밀한 접근 방식은 일반적인 물질의 전체 밀도를 임계 밀도의 약 4에서 8퍼센트로 잡고 있다.

따라서 만약 우리가 별들 · 은하들 및 멋진 형태와 색깔로 우주를 밝히고 있는 모든 것들 속에서 빛나고 있는 물질들에 의존해야만 한다면, 우리는 언젠가는 일어나게 되어 있는 수축을 기다려야만 한다는 불길한 운명인 것이다. 우리는 그 각각이 태양과 같은 크기의 수천억 개의 별들을 가지고 있는, 거대한 은하들이 포함하고 있는 것으로 생각되는 모든 물질을 모두 합할 수도 있고, 여기에 좀더 작은 위성처럼 딸려 있는 은하들을 끼워넣을 수도 있으며, 그 각각이 태양이 가지고 있는 질량의 10억 배인 엄청난 질량을 가진 은하 중심의 블랙홀을 더할 수도 있지만, 우리가 표본이 되는 것으로 여길 수 있는 용적 안에 들어 있는 전체 질량을 그 용적 안에 들어 있는 우주 공간의 양으로 나누게 되면, 우리가 계산에 넣은 질량은 여전히 임계 밀도에 한참 미치지 못하는 것이 된다. 우주가 언제인가는 수축하리라는 것이 우리의 예상이라면, 우리는 이 우주가 우리가 그 정체를 밝혀낸 일반적인 물질을 포함하고 있는 것보다 전적으로 관측되지 않았으며, 알려져 있지도 않은 형태로 되어 있는 물질을 여러 배 더 많이 포함하고 있다는 가정을 해야만 한다.

왜 우리는 우주가 복사 물질의 형태로 나타나는 것보다 훨씬 더 많은, 알려지지 않은 형태인 비복사성 물질을 가지고 있다고 예상해야만 하는가? 그에 대한 답의 한 부분은 우리를 깜짝 놀라게 하는 것이다. 11장에서 보다 자세히 살펴보게 되겠지만, 우리은하 안에서의 별들의 움직임과, 쌍을 이루고 있는 은하들과 은하 무리들 안에서의 개별적인 은하들의 움직임에 대한 측정은, 우주가 복사 물질이 제공하는 것보다 최소한 5에서 10배 더 많은 물질을 포함하고 있음을 암시해 주는 것이다. 이것은 그것 자체만으로도 주목할 만한 사실이지만, 한층 더 놀라운 가능성은 바로 이것이다. 대폭발 직후의 순간에 대한 가장 널리 받아들여지는 이론적 모형에 따르면(10장), 우주의 밀도는 필연적으로 임계 밀도와 같은 것이며, 따라서 현재에는 '사라져 버린'——존재하지만 아직까지 검출되거나 그 정체가 밝혀지지 않은——물질은, 우리 눈에 보이며 우리에게 익숙해진 물질보다 더 많은 물질을 제공한다는 것이다.

우주학자들 식으로 말한다면, 이 '사라져 버린 질량' 혹은 '그 정체가 밝혀지지 않은 물질의 가설적 형태'는 도대체 무엇일까? 염두에 둬야 할 한 가지 중요한 사실은, 그 물질의 가설적 형태가 '생소한 물질' ——현재 우리가 알고 있는 그 어떤 물질과도 같지 않은——로 이루어져 있는 것이 거의 확실하다는 점이다. 만약 그 비복사성의 물질이 우리에게 익숙한 물질이며, 우리 눈에 보이는 물질보다 훨씬 더 풍부하게 존재하는 물질이었다면, 그 흔적을 남겼을 것이다. 셜록 홈스의 이야기 〈은빛 섬광〉에 나오는 밤에 짖지 않았던 개와 마찬가지로, 그러한 흔적의 부재는 이 물질의 가설적 형태가 정말로 낯선 것이 분명함을 의미하는 것이다.

이 사라져 버린 흔적은 현재 우리가 측정할 수 있는 것인, 상대적으로 풍부한 수소와 헬륨 동위원소 속에 존재한다. 이러한 풍부함은 초기 우주 속에서의 핵융합에 의해 생겨난 것으로, 그것들의 등급은 대폭발 직후 우주 속의 일반적인 물질의 밀도에 달려 있다. 12장에서 보다 자세히 논의되겠지만, 측정된 수소와 헬륨 동위원소의 풍부함은, 만약 일반적인 물질의 밀도가 임계 밀도에 근접하기라도 하는 것이라면 우리가 예상할 수도 있는 흔적을 드러내지 않는다. 이러한 사실은, 그 일반적인 물질이 비록 거의 빛을 내지 않는 것이라 할지라도 물질의 가설적 형태가 될 가능성을 배제하게 된다.

그 결과 허블 우주망원경(HST)을 이용한 관측이 적색왜성이라고 불리는, 희미하고 차가운 별들의 존재를 밝혀내는 데 실패했다는 1994년의 발표에도 놀라는 천문학자들은 거의 없었는데, 그 이유는 적색왜성이 그 물질의 가설적 형태로서의 자격을 갖고 있기 때문이다. 대신에 만약 허블 우주망원경이, 필요한 만큼의 엄청난 수에 이르는 적색왜성을 **발견했다면** 훨씬 더 큰 동요가 일어났었을 것이다. 대부분의 천문학자들에게, 이것은 좀체 가능하다고 여겨지지 않는 것이었는데, 그 까닭은 적색왜성이 가장 가벼운 원소들의 풍부한 동위원소에 그 흔적을 불가피하게 남겨야만 하는 일반적인 물질로 이루어져 있기 때문이다.

물질의 가설적 형태에 대한 두번째로 중요한 점은, 비록 그것이 우주에서 가장 우위를 차지하고 있는 것이라 할지라도 물질의 가설적 형태가 우주에 존재하는 일반적인 물질의 평균 밀도가 임계 밀도와 같다거나, 또는 그에 근접하기라도 한다는 것을 의미하는 것은 **아니라는** 점이다. 물질의 가설적 형태가 존재한다는 것에 대하여(11장) 관측을 통해 얻어낸 증거는, 보이는 물질보다 약 5에서 10배 가량 더 많은 물질의 가설적 형태가 존재한다는 사실을 함축하고 있는 것이다. 보이는 물질의 밀도는 임계 밀도의 겨우 약 0.5퍼센트 정도에 미치는 것이기 때문에, 물질의 가설적 형태를 추가하는 것은 우주의 평균 밀도를 임계 밀도의 약 5퍼센트 가량 높이게 된다. 비록 물질의 가설적 형태가 보이는 물질과 비교했을 때 대단해 보이는 것일 수도 있지만, 여전히 임계 밀도에는 한참 미치지 못하는 것이다. 물론 만약 우리가 그토록 많은 물질의 가설적 형태를 발견할 수 있다면, 어째서 10퍼센트 혹은 20퍼센트를 더 발견해 내고, 그렇게 해서 우주가 수축하리라는 것을 확실히 해두기 위해 임계 밀도보다 더 큰 밀도를 얻어내지 않느냐고 말할 수도 있을 것이다.

현재로서는 이러한 주장이 우리에게 큰 진전을 가져다 주지는 못할 것이다. 관측에 의해 얻어낸 증거는 임계 밀도의 약 10퍼센트에 이르는 총밀도를 향하고 있다. 임계 밀도와 같은 밀도를 향한 이러한 떠밀기는 관측에 의해 생겨나는 것이 아니라 우주에 관한 이론으로부터, 특히 10장에서 논의된 팽창 이론으로부터 나오는 것이다. 따라서 우리가 '물질의 가설적 형태' 란 말을 듣게 되면, 우주에 대한 실제적인 관측을 통해 추론해 낸 것에 의해 밝혀진 물질의 가설적 형태와, 이론가들이 가정하고 있는 훨씬 더 많은 양에 달하는 물질의 가설적 형태를 구분짓는다는 것을 염두에 두는 것이 중요하다. 그 이론가들이 제시하고 있는 것이 정확한 것으로 증명되지 않을 것이라고 장담할 수는 없으며, 사라져 버린 질량이 발견될 수도 있지만, 오늘날 그 증거는 관측을 전문으로 하는 천문학자들이, 자신들이 얻어낸 결과의 탓으로 돌려야 하는 오류의 가능성을 심각하게 확대하지 않고는 그 정도까지 넓게 해석될 수 없다.

물질의 가설적 형태는 무엇인가? 그리고 우리는 어떻게 그것이 빛을 내지 않는데도 존재한다는 것을 아는가? 이 두번째 질문에는, 비록 꽤 복잡하긴 할지라도 상당히 괜찮은 대답이 있지만, 현재 상황으로 볼 때 우리는 근본적으로 물질의 가설적 형태가 무엇인지 전혀 알 수 없으며, 겨우 알 수 있는 것이라고는 무엇이 물질의 가설적 형태가 아닌지에 대한 것뿐이다. 11장에서 14장까지는 이 신비스러운 물질의 가설적 형태란 문제에 관해, 그리고 어느 정도 상세하게 그것의 성격을 탐색하는 내용을 다루어 보기로 한다.

하지만 먼저 우주의 미래에 대해 우리가 알고 있는 것을 요약해 보기로 하자. 우주학 상수를 0으로 놓게 되면, 진화 방정식은 우주의 나이와 표본이 되는 거리들이 2배로 되는 데 요구되는 시간 사이의 분명한 관계를 함축하고 있게 된다. 낮은 밀도를 가지고 있는 우주에서는 거리가 2배로 되는 데 요구되는 시간이 대폭발 이후에 흐른 시간과 같다는 식으로, 그러한 수치들이 거의 같은 것으로 나타나는 것이 분명하다. 한편 만약에 우주가 임계 밀도와 대략 같은 물질의 밀도를 가지고 있다면, 그 결과는 어느 정도 다르게 나타날 것이다. 즉 표본이 되는 거리가 2배로 되는 데 걸리는 시간은 우주 나이의 약 1.5배와 같은 것이다.

두 가지 경우 모두에 있어서 중요한 사실은, 우주가 나이를 먹어가면서 거리가 2배로 되는 데 걸리는 시간은 그것의 나이에 비례해서 늘어나게 된다는 것이다. 이것은 우주가 계속 팽창하게 되면서 허블 상수 H로 표시되는 그것의 팽창 **속도**가 계속적으로 감소하게 된다는 것을 말하는 또 다른 방법이다. 거리가 2배로 되는 데 걸리는 시간이 대폭발 이후의 시간 간격과 같거나, 또는 그 시간 간격보다 1.5배 더 크거나 한 것의 여부는 조금도 중요한 것이 아니다. 중요한 점은 거리가 2배로 되는 데 걸리는 시간이 꾸준히 줄어들고 있다는 것이다.

하지만 그것은 0에 이를 때까지 계속해서 줄어들 것인가, 즉 팽창이 중지될 것인가? 이것은 그에 대한 대답이 나오지 않은 우주학에서의 중요한 한 가지 질문으로, 이에 대한 해답은 우주에 있는 물질의 평균 밀도에 달려 있는 것이다. 우리가 어두운 물질의 가설적 형태를 향한 길로 더 깊이 뛰어들기에 앞서, 우리는 잠깐 옆길로 벗어나 오늘날 우주의 팽창 모형인 임계 밀도에 대한 탐구를 촉발시켜 온 경쟁의 장으로 여행을 해야만 할 것이다.

10

팽창 이론

우주학자들의 입에 오르내리고, 대중적인 과학 잡지들에서 숙고의 대상이 되어온 우주에 대한 모든 생소한 이론들——슈퍼스트링〔물질의 기본 단위는 일렬로, 즉 1차원적인 곡선으로 되어 있다고 하는 이론〕, 시간 반전(反轉), 양자 중력, 그리고 그밖의 다수의 다른 이론들——가운데서 어떤 것들은 감탄할 만한 것이긴 하나, 우주에 대한 부정확한 설명으로 드러나게 되리라는 것이 거의 확실하다고 예상할 수 있지만, 한편 다른 것들은 마치 근거 없는 것처럼 보이나 사실로 드러나게 되리라고 예상해 볼 수 있다. 후보가 되는 모든 이론들 가운데서, 믿기 어려운 사실을 정확성의 가능성이 큰 것으로 여겨지는 것과 결합시킴으로써 다른 모든 것들 중에서 눈에 띄는 것이 있는데 팽창하는 우주 이론이 그것이다.

소비자 물가가 빠르게 상승하고 있었던 때에 이처럼 우주와 관련된 목적에 사용하기 위해 만들어진 '팽창'이란 이 낱말은, 우주 공간 전체와 그 안에 들어 있는 모든 것들이 엄청난 속도로 팽창하고 있었을 때인, 우주가 시작된 최초의 순간들이 계속되던 기간을 가리킨다. 모든 우주학적 사실들을 무턱대고 받아들인다는 것이 어려운 것으로 여겨질 수도 있는 일이긴 하지만, 팽창을 일으키고 있는 우주라는 이론에서 주장하고 있는 시나리오와 일치할 수 있는 것은 거의 없다. 팽창이 계속되는 동안에는 그 어떤 표본이 되는 두 지점들 사이의 거리는 2배, 그 다음 그것이 다시 2배로, 다시 2배로 되어, 아마도 모두 합해 50에서 1백 번 정도 2배로 되는 현상이 반복되었을 것인데, 그 각각의 2배로 되는 현상은 10^{-33}초도 채 걸리지 않았던 것이다!

팽창 이론에서의 초기 우주에 대한 모습을 머릿속에서 그려 보기 위해서라면, 현재에는 서로 바싹 붙어 있을 수도 있는 어떤 두 지점이 10^{-33}초 이후에는 그 거리가 2배로, 그리고 다시 그 정도 시간이 지난 후에는 거리가 4배로 떨어지게 되는 엄청난 에너지가 소용돌이치는 대혼란의 장소를 상상해 보라. 거듭제곱되는 복리이자처럼 반복해서 2배로 되는 것의 효과는 엄청난 것이 된다. 10번을 제곱하는 것은 아마도 1천이 넘는 인수에 상응하는 것이 되며(정확히 말하자면 1,024), 20번을 제곱하는 것은 1백만 배 이상 증가하는 것과 같다. (꾀까다로움을 부려 보자면 1,048,576.) 50번을 제곱하면 1천조 이상 증가하게 되고(10^{15}), 1백 번을 제곱하게 되면 1조에 1백만조를 곱한 것 이상으로 증가하게 되며(10^{30}), 1천 번을 제곱하게 되면 10^{300} 이상으로 증가하게 되는데, 그것은 0으로만 몇 행을 채우게 될 그러한 수치이다.

따라서 우주학자들이 크기에 있어서 수십만 제곱의 증가를 수반하게 되는 초기 우주의 팽창 단계에 대해 유쾌하게 말할 때, 그들은 엄청난 증가에 대해 말하고 있는 것이다. 만약 우리가 원자 크기만한 것을 50번 제곱하면 그것은 델라웨어 주 정도의 크기가 되며, 그것을 1백 번 제곱하면 그 원자는 은하 무리보다 더 커지게 된다. 10^{-30}초 만에 우주가 원자 크기의 부분적 공간에서 은하 무리 정도의 크기로 팽창한다는 대담한 상상을 할 사람이 누구이겠는가? 무엇이 그들에게 이 정도의 윤곽에 대해 생각해 볼 수 있는 권한을 주었는가? 어떤 우주적 힘이 초기 우주가 50에서 1백 번 제곱할 수 있게 만들 수 있었는가?

이러한 질문에 대한 답은, 첫째로 우주학자들은 큰 숫자를 두려워하지 않는다는 것이며, 두번째는 팽창하는 우주라는 모형을 어쩌다가 우연히 만들어 낸 것이 아니라 그것이 우리가 관측하는 우주에 대해 많은 것을 설명해 줄 수 있는 것으로 여겨졌기 때문이며, 그리고 세번째로 팽창 모형에 따르면, 우주 공간 그 자체는 엄청나게 빠른 팽창에 대한 이유를 담고 있다는 것이다. 우리가 이해라는 달걀 노른자를 프라이하기 위해서 이 불가사의한 과학적 이야기라는 껍질을 깰 수 있는지 알아보기 위해, 이 진술들 중 세번째 것을 검토해 보기로 하자.

가(假)진공

팽창하는 우주의 이론은 팽창의 **기제**가 없다면 의미가 통하지 않는 것이 된다. 그러한 기제에 대해 다양한 주장이 제시되어 왔고, 이러한 기제들은 우주 공간이 그렇게 여겨지듯이 텅 비어 있다는 공통의 개념을 공유하고 있기는 하지만, 텅 빈 공간만이 담겨져 있는 진공으로 여겨지는 것은 소립자를 연구하는 물리학자들이 **가진공**이라고 부르는 것으로 드러날 수도 있는 것이다. 1970년대말 동안 소립자 물리학자들, 그 중에서도 가장 두드러지게 시드니 콜먼과 데모스테네스 카자나스 같은 학자들은 가진공이 에너지로 꽉 들어차 있는 것이라는 주장을 해왔다——그 에너지는 다수의 우주학자들이 믿고 있는 것처럼, 우주가 시작되게 한 팽창이 계속되던 동안에 우주를 놀라울 정도의 속도로 늘어나게 만들었던 힘인 것이다.

만약 '팽창' 이란 말이 상식을 벗어난 것으로 여겨진다면, 가진공에 대해 무슨 말을 할 수 있을 것인가? 텅 빈 우주 공간에 대한 우리의 경험은 상당히 제한되어 있는 것이어서, 믿거나 말거나 칼럼에서 즐겨 강조하는 것처럼 사실상 우리가 사는 이 세상에서는 완벽한 진공 상태를 만들어 낼 수가 없는 것이다. 지구상에서 최선의 '진공' 상태에서조차도 엄청난 수의 기체 분자들이 들어 있으며, 따라서 직접적인 관측에 의해 전적으로 진공 상태인 우주 공간의 특성들에 대해 확신할 수 있다고 말하는 것은 현실성이 없는 이야기가 될 것이다. 더욱이 가진공에 대해 이야기하는 우주학자들이 '진짜' 진공——정말로 아무것도 없이 텅 빈 우주 공간——은 존재할 수도, 그리고 존재하지도 않는다는 의미로 그런 말을 하는 것은 아니다. 대신 이론가들은 우주에는 엄청난 거리에 걸쳐 존재하는 정말로 비어 있는 공간(진정한 의미에서의 진공)을 포함하고 있을 수도 있으며, 우주 공간처럼 '보였던' 것이 실제로는 가진공이었던 것은 단지 우주가 시작된 초기의 순간들뿐이었을 것이라는 견해를 가지고 있다.

가진공은 비어 있는 것처럼 보이지만, 실제로는 에너지로 충만해 있을 것이다. 여기에서 예컨대 가시광선보다 파장이 더 길거나 짧은 광자, 혹은 블랙홀 내부에 빠르게 움직이지만 보이지는 않는 소립자들의 형태로 에너지가 숨겨져 있으리라는 것에는 의문의 여지가 없다. 또한 우리는 아직까지 우리가 경험한 바로 알려져 있지 않은, 예컨대 물질의 가설적 형태에 대한 논의를 시작하게 만든 것과 같은 유형의 소립자들에 대한 논의를 하고 있지도 않다. 대신에 우리는 우주 공간 **그 자체가** 에너지를 가지고 있을 것이라는 가능성에 대해서 고려해야만 한다——우리가 우주학 상수를 논의할 때 앞장에서 소개했던 시나리오이다. 그리고 실로 가진공은, 마치 0이 아닌 특정 우주학 상수를 가지고 있는 우주 속의 텅 빈 공간과 마찬가지로 작용한다. (이론적으로 우주학 상수는 여러 값들 중 하나를 가지고 있을 수 있지만, 그것들 중 단지 일부만이 텅 빈 공간을 가진공처럼 작용하게 만든다.)

결과를 기다리고 있는 세상 사람들에게 가진공에 대해 설명을 해내려는 노력의 일환으로 과학자들이 제시해 온 최선의 비유는, 물이 고체인 얼음으로 결빙될 때와 같은 것인 위상 변이 동안에 나타나게 되는 잠열(潛熱)에 의존해 보는 것이다. 비록 얼음은 물과 같은 온도를 가지고 있다 하더라도, 결빙 작용은 잠열——에너지——을 만들어 내게 되는데, 그것은 물이 결빙되면서 주변으로 내줘야만 하는 것이다. 이와 유사하게 섭씨 0도에서 온도의 변화가 없이 얼음을 녹여 물이 되게 하려면, 우리는 결빙될 때 나타났던 것과 같은 양의 잠열을 얼음에 가해야만 한다.

이 비유에서 투명해 보이는 물은 결빙되면서 나타나게 될 에너지를 가진 가진공을 나타내며, 마찬가지로 투명해 보이는 얼음은 참진공을 나타내는 것이다. 하지만 이 비유의 불완전함은 금방 나타나게 된다. 가진공은 얼음과 물의 영역에서는 전혀 알려져 있지 않은 한 가지 특징을 가지고 있다. 가진공이 확장되면서 각각의 3제곱센티미터는 전과 마찬가지로 동일한 양의 에너지를 계속 가지고 있게 된다. 누구나 당연히 그러하리라고 예상할 수 있는, 확장으로부터 오게 되는 매 3제곱센티미터마다 들어 있는 에너지량의 감소는 생겨나지 않는다. 대신에 매 3제곱센티미터마다 들어 있는 에너지량이 가진공의 특징이기 때문에, 더 많은 공간이 나타나게 되면서 모든 공간의 에너지량도 정비례해서 높아지게 되는 것이다!

이것이 직접적으로 인간 정신에 온당한 것으로 여겨질 수 있는 적절한 방법은 존재하지 않지만, 그럼에도 불구하고 가진공은 우주가 그러했던 것과 같은 방식을 지니고 있어왔다. 가진공은 두드러진 유래를 지니고 있는데, 그 까닭은 만약 우주가 0이 아닌 우주학 상수를 지니고 있다면, 그것은 단순히 텅 빈 공간일 뿐이기 때문이다. 우리가 살펴보아 온 것과 마찬가지로, 아인슈타인은 정지된 우주라는 것을 가능케 하기 위해서 우주학 상수라는 것을 만들어 냈지만, 오늘날의 소립자물리학이란 맥락에서, 우리는 현재 우주학 상수라는 것이 무엇을 의미하는 것인지를, 즉 그것이 가진공이라는 것을 알게 되었다.

상당히 높은 밀도의 물질을 가지고 있는 우주에서 우주학 상수는, 우주가 눈에 띄게 팽창하거나 수축하지 않는 동안인 일정 속도로 팽창이 계속되는 긴 기간이 생겨날 수 있게 해준다. 이것은 우주가 어떻게 진화되어 왔는가 하는 문제를 깊이 있게 파고드는 사람들에게 나름대로의 장점을 가지고 있는데, 그 이유는 우리가 살펴본 것과 같이 일정 속도로 팽창이 계속되는 긴 기간이라는 것은 은하들과, 그리고 그것보다 한층 더 큰 구조물들의 생성과 관련된 문제들 중 일부를 해결하게 해줄 수도 있는 것이기 때문이다. 하지만 우주학 상수는 또 다른 역할을 할 수도 있는 것으로서, 그 역할은 우주 생성의 초기 순간 동안에 있어서 최고의 중요성을 지니는 것이다. 그러한 순간들이 지속되는 동안, 우주학 상수가 존재한다는 것은 극도로 빠른 속도의 팽창을 일으켜 온 것일 수도 있다——그

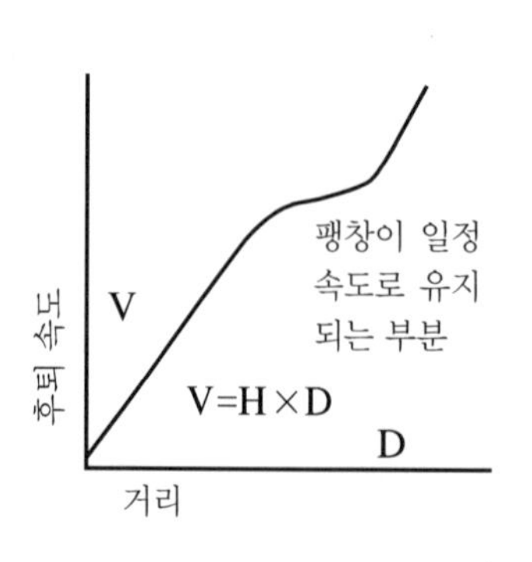

러므로 팽창하는 우주라는 모형의 중심부에 팽창이란 것이 자리잡고 있게 된 것이다.

우주의 팽창 역사

팽창 이론에 따르면, 우주는 그것의 초기 역사에서 놀라울 정도의 변화를 겪었다. 우리는 대폭발이 있었던 직후에 도대체 어떠한 조건이 존재했었는지에 대해 말하도록 몹시 재촉을 받고 있는데, 예를 들면 우주의 텅 빈 공간은 가진공으로 이루어져 있었는지, 아니면 참진공으로 이루어져 있었는지 여부와 같은 것이 그것이다. 당시 우주 전체에 걸친 조건은 너무도 극단적인 것이어서, 우리는 지구상에 있는 그 어떤 것도 대폭발이 있은 직후 우주를 지배하는 규칙이 어떤 것이었는지를 우리가 예상할 수 있게 알려 주지 못하고 있다고 말하는 것이 적절할 수도 있다. 더욱이 양자역학의 규칙은, 플랑크 시간인 대폭발 직후 최초의 10^{-43}초가 경과하기 전의 우주에서 무슨 일이 진행되고 있었는지 우리가 결코 알 수 없다는 것을 의미한다. 그에 앞서 우주는 너무도 혼돈 상태에 있었기 때문에 공간과 시간이 서로 구분조차 되지 않고 있었다. 현재 우주학자들은 이러한 조건을 다룰 수 있는 자생력 있는 이론을 전혀 갖고 있지 못하다.

하지만 대폭발이 있은 후 10^{-43}초 이상의 시간이 경과한 때인 플랑크 시간 이후, 우주의 어떤 부분은 매단위 용적마다 동일한 에너지량을 유지한다는 놀라울 정도의 특성을 가진 가진공으로 이루어져 있었다. 이러한 특성은 작은 '기포'와도 같은 가진공 부분을 폭발하게 만들었을 것이다. 그 어느 때이건 팽창 속도는 매 단위 용적마다의 에너지량인 에너지의 밀도에 달려 있는 것이다. 가진공은 매 3제곱센티미터마다 엄청난 에너지량을 가지고 있는 것이기 때문에, 작은 기포와 같은 가진공 부분은 놀라울 정도의 속도로 팽창하게 될 것이었다.

이 팽창하는 기포는 매10^{-34}초 정도마다 그 크기의 제곱으로 증가하게 되었을 것이다. 매10^{2}——전체가 약 10^{-33}초가 소요되었을 것인——은 그 기포를 2^{10}, 또는 1,024의 인수로 팽창시켰을 것이다. 100^{2}은 그 기포를 2^{100}(또는 약 10^{30})배로, 그리고 200^{2}은 2^{1000}, 또는 10^{60}이란 인수의 크기로 팽창시켰을 것이다. 10^{30}은 원자핵 크기의 것을 우리은하의 직경보다 더 큰 것으로 만들 수 있는 인수이기 때문에, 10^{60}이란 인수는 처음에는 원자의 크기보다도 작은 기포와 같은 그 어떤 우주 공간이라도, 현재 우리 눈에 보이는 가시의 우주보다 훨씬 더 큰 부분으로 바꿔 놓게 될 그러한 것이다.

팽창 이론에 따르면, 우주의 역사에서 세번째 단계는 한참 뒤인 대폭발 이후 10^{-30}초 후에 일어난 것이다. (우주가 팽창이 시작되었을 때인 10^{-34}초의 나이가 되었을 때, 10^{-30}초란 시간은 긴 시간**이었다**——당시 존재했던 우주보다 1만 배나 더 긴 시간이었다는 점에 주목하라.) 그때까지는 그 팽창하고 있었던 기포는 그 크기에 있어서 최소한 몇백 배의 제곱으로 팽창해 왔다. 그때 가진공이 참진공으로 되도록 만들었던 두번째의 위상 변이가 일어났다. 이 변이는 엄청난 양의 에너지를 방출하여 참진공으로 만들어 우주를 '재가열시키는' 원인이 되는데, 그렇게 불리는 것은 대폭발이 우주를 가열시켜 왔지만, 이 열은 팽창 이전의 단계가 진행되는 동안 방산(放散)되었기 때문이다. 이 재가열은 그 기포가 이미 우리 눈에 보이는 우주보다 훨씬 더 큰 것으로 커졌을 때 일어났으며, 그것이 참진공으로, 그리고 여기에 더하여 가진공에 담겨져 있던 에너지로부터 생겨난 소립자들로 이루어지도록 했으며, 우리에게 잘 알려진 우주학 상수가 0인 아인슈타인의 공식에 따라 팽창되도록 만들었다. (내가 이 맥락에서 우주학 상수 0이라고 말했을 때, 내가 진정으로 의미하는 것은 "천문학자들이 관측한 것을 설명할 수 있기 위해 우주가 반드시 가지고 있어야 하는 동일한 우주학 상수로서, 대부분의 우주학자들이 0과 같은 것으로 드러나게 되기를 **희망하고** 있는 것"이다.)

그것에 대한 과학적 동기 부여를 제공하기에 앞서 이러한 공상적인 이야기를 의도적으로 하는 것은, 내 독자들이 그것이 처음의 개요 부분에서는 도대체 얼마나 믿을 수 없는 것인지에 대해 잠시 생각을 해보도록 하기 위해서이다. 가진공으로 이루어진 원자보다 작은 기포는 우리가 볼 수 있는 그 어떤 것보다도 더 큰 것이 된다——그것도 대폭발 이후 10^{-30}초가 경과하기 전에 말이다. 그 다음 가진공은 참진공으로, 그리고 여기에 더하여 오늘날 우리가 우주 속에서 마주치게 되는 그밖의 모든 것으로 다시 진화하게 된다. 이것이 진정 현재 활동하고 있는 대부분의 우주학자들 사이에서 우주의 역사에 대한 가장 인기 있는 해석이 될 수 있을 것인가? 그들은 뭔가를 알고 있는가——아니면 방향을 잘못 잡고 있는 것인가? 이러한 물음들에 대답하기 위해서, 우리는 팽창 이론을 옹호하는 쪽에서 그 주장들을 검토해 봐야만 한다.

이 이론은 대통합 이론, 또는 GUTs라고 불리는 일종의 소립자 이론을 타당한 것이라고 가정한다면, 우주 전체는 어떤 것이 될지에 대해 측정을 해보고자 했던 매사추세츠 공과대학의 소립자물리학자 앨런 거스의 연구에서 생겨난 것이었다. 팽창하는 우주라는 모형의 원형은 독자적인 동기에서 창안된 소립자 이론의 덕을 보고 있는 것이기 때문에, 그것은 '특별히 그것을 위해서(ad hoc)'라는 옴짝달싹할 수 없는 낱말들로, 즉 한 가지 특정한 관측 결과들을 설명하기 위한 목적을 위해서만 창안된 것이라는 식으로 지칭되는 것을 피할 수 있었다.

우주학자들에게 이 모형이 갖고 있었던 1차적인 매력은, 그것이 우주에 대해 풀리지 않는 몇 가지의 주요 불가사의한 점들을 해결할 수 있는 방식을 제공한다는 점이다——그 불가사의한 점들이라는 것은 **지평 문제**와 **평탄함의 문제**라고 불리게 된 것들이다. 지평과 평탄함의 문제라는 것은 한 쌍의 질문으로 바꿔 말해 볼 수 있을 것이다. 즉 원인과 결과라는 관계로 결코 접촉을 해본 적이 없었던 부분들이, 그럼에도 불구하고 왜 거의 동일한 특징들을 보여 주고 있는 것일까? 그리고 우리가 오늘날 관측하는 우주의 평균 밀도는 궁극적 수축으로부터 영원히 계속될 팽창을 나눠 놓게 되는 임계 밀도에 왜 그토록 근접해 있는 것일까? 즉 우주는 왜 그토록 거의 평탄함에 가까운 것일까?

거스가 처음으로 팽창하는 우주라는 모형을 제안했던 1979년, 그 모형을 실제의 우주에 대해서 우리가 알고 있는 것——또는 우리가 알고 있었다고 생각하는 것——에 일치시킬 수 있을 방법이 전혀 존재하지 않는 것으로 여겨졌다. 하지만 다른 우주학자들, 그 중에서도 가장 두드러진 사람으로 모스크바 출신의 안드레이 린데(현재는 스탠퍼드대학교에 있는)와 펜실베이니아대학교의 폴 슈타인하르트와 안드레아스 알브레히트와 같은 학자들은, 여기서 설명하기에는 너무도 난해한 중요한 한 가지 수정을 가함으로써, 팽창 이론은 우주에 대한 이 2개의 중요한 불가사의를 상당히 잘 설명해 내는 데 도움을 줄 수 있으리라는 것을 곧 알게 되었다.

지평 문제

팽창하는 우주에 대한 전통적인(팽창하는 것이 아닌) 이론에는 원인과 결과의 관계로 접촉을 하기에는, 즉 대폭발 이후로 흐른 시간 속에서 빛을 교환하게 하거나, 또는 그밖의 어떤 유형의 상호 작용을 하게 하기에는 너무도 멀리 떨어져 있는 부분들이 언제나 존재하고 있다. 대폭발 이후 빛이 진행할 시간을 가질 수 있었던, 관측자로부터 최대의 거리는 빛의 속도로 곱한 우주의 나이와 같다. 관측자의 **지평**이라고 불리는 이 거리는 대폭발 이후 경과한 시간에 정비례하여 증가한다. 따라서 우주가 팽창하면서(전통적인 이론에서) 우리는——또는 그밖의 다른 관측자들은——점점 더 증가하는 우주 공간의 용적과, 원인과 결과의 관계에서 접촉을 하게 된다. 전통적인 이론에서의 팽창하는 우주는 그 어떤 관측자도 우주의 일부분이 지평 너머로 넘어가게 되는 까닭에 시야에서 '잃어버리지' 않게 된다. 대신에 시간이 증가하면서 그 어느 관측자이건 그의 지평 위로 우주에 추가되는 용적이 끊임없이 나타나게 된다.

하지만 관측자의 지평 너머에 있는 부분들은 그 관측자에게 영향을 줄 수 없는데, 그 까닭은 그 어떤 신호이건, 그 어떤 힘이건, 혹은 충격량이건 그 지평을 넘어선 곳으로부터는 도달할 시간을 갖지 못하기 때문이다. 6장에서 설명된 우주배경복사의 관측에 대하여, 이것이 어떤 의미를 지니게 되는지 생각해 보라. 우주배경복사가 마지막으로 물질과 상호 작용을 한 것은 대폭발이 있은 후 약 30만 년이 지나서였다. 따라서 그 복사는 거의 우리의 지평만큼이나 멀리 떨어진 부분으로부터 우리에게 이르고 있는 것이다. 우리가 2개의 서로 반대 방향을 잠시 들여다볼 때, 우리는 현재 우리의 지평보다 2배나 멀리 떨어져 있는 부분들로부터 생성되는 복사를 관측하게 되는 것이다. 이 각각의 두 부분들은 다른 사람의 지평 밖에 놓여 있으며, 그것들이 현재 그렇기 때문에 그것들은 전통적인(팽창하는 것이 아닌)

우주의 모형에서도 언제나 그러했던 것이다.(도해 7) 하지만 이 복사는 거의 같은 양으로, 그리고 거의 동일한 스펙트럼으로, 거의 모든 방향으로부터 우리에게 도달한다. 만약 이러한 반대의 용적들이 (우리가 그것들을 보게 되는 것처럼) 결코 원인과 결과의 관계로 접촉하고 있지 않았다면, 어떻게 이러한 일정 불변성이 가능한가? 만약 그것들이 그 어느 유형의 힘이나 소립자를 교환함으로써 접촉할 기회를 가지지 못했더라면, 그것들은 어떻게 그것들이 가지고 있는 복사의 유량(流量)을 균등하게 만드는 방법을 '알고' 있었던 것일까?

그에 대한 대답은 만약 전통적인, 팽창하는 것이 아닌 모형이 정확한 것이라면 그것들은 그러할 수도 없고, 그렇게 하지도 않았다는 것이다. 그 경우에 있어서 우리는 각자의 지평 너머에 있는 우주 공간의 부분들은, 그럼에도 불구하고 뚜렷하게 유사한 특성들을 보여주고 있다는 사실에 대한 특별한 설명을 찾아봐야만 한다는 것이다. 현재까지 그럴 듯한 특별한 설명이 존재하지 않는다. 하지만 팽창이론은 한 가지 직접적인 설명을 제공한다. 즉 언제인가 한때는 우주 공간의 각기 다른 부분들이 모두 서로 접촉을 하고 **있었다**는 것이다. 팽창이 시작되기 전의 아주 짧은 시간 동안 팽창을 일으키게 되었던, 원자핵보다도 더 작은 기포 안에 들어 있던 우주 공간의 모든 다른 부분들은 서로가 서로의 지평 이내에 놓여 있었으며, 원인과 결과의 관계로 상호 작용을 하고 있었던 것이다. (수학적인 면에 관심을 가진 사람이라면, 빛은 매초당 3×10^{10}센티미터를 진행하는 것이기 때문에, 대폭발 이후에 10^{-34}초가 지난 후에는 약 3×10^{-24}센티미터보다 더 작은 그 어떤 기포——양자 크기의 1백억분의 1에 해당하는——가 되었건 전체적으로 원인과 결과의 접촉을 하고 있었을 것이라는 점을 알 수 있게 될 것이다.) 그렇다면 팽창이 그 기포를 엄청난 크기가 되도록 파열시키면서, 처음 10^{-34}초가 지속되는 동안 물리적 특성들의 균등함이 확립되는 것이다.

세심한 독자는 팽창이 파열하는 기포의 각기 다른 부분들을 빛의 속도보다 빠르게 분리시키고, 그렇게 해서 각각의 지평 밖으로 이동시키게 되었을 때에서야 이것이 그렇게 되리라는 점을 알아차렸을 것이다. 따라서 팽창은 실로 빛의 속도보다 더 빠른 팽창 속도를 필요로 하게 되는 것이다.

우리는 살아가면서 "그 어떤 것도 빛보다 더 빠르게 진행할 수는 없다"라는 말을 흔히 듣게 된다. 다른 많은 것들과 마찬가지로 이 경구도 잘못된 것이다. 상대성 이론은 빛의 속도라는 한계를 단지 '동일 구간의' 속도에만, 즉 하나의 물체가 동일한 거리를 두고 근접해 있는 다른 물체를 향해 가는 속도에만 적용한다. 팽창하는 우주를 풍선에 비유한 모형이란 측면에서 보면, 이것은 그 풍선이 속도 제한이 없이 팽창할 수 있다는 것을 의미하는데, 상대성 이론은 단순히 어느것이건 2개의 물체가 빛의 속도보다 더 빠른 속도로 표면의 어느 지점에서 서로 지나치게 되는 것을 허락하지 않으며, 또한 그 어떤 정보가 되었건 빛의 속도보다 더 빠른 속도로 전달되는 것을 허락하지 않는다. 팽창하는 우주의 모형이 거둔 성공은, 그 모형의 일부로서 초기 우주의 모든 부분들이 빛의 속도보다 훨씬 더 빠른 속도로 팽창하면서 서로가 서로에게서 멀어져 가게 된다는 필요 조건으로부터 생겨나는 것이다.

평탄함의 문제

팽창 이론에 의해(그리고 마찬가지로 다른 문제들을 다루고 있지 않기 때문에 여기서는 언급되지 아니한 다른 이론들에 의해서도) 그토록 쉽사리 해결되는 지평 문제에 관해서는 이쯤 해두자. 이 평탄함의 문제는 우리가 이미 친숙해진 우주를 설명하는 중요한 매개변수인 물질의 평균 밀도라는 것을 상기시켜 준다. 우리는 이 매개변수를 정확하게 측정한다는 것이 중대한 문제를 제기하게 된다는 것을 보아 왔지만, 물질의 **최저** 평균 밀도는 가시적(可視的) 및 불가시적(미지) 물질이 가지고 있는 밀도를 모두 합한 것인 총평균 밀도에 대조되는 것으로서, 우리가 볼 수 있는 **가시적** 물질에 의해 생겨나는 밀도와 같다는 것은 그 누구도 의심하지 않는다.

우주에 존재하는 최저 평균 밀도는 임계 밀도의 약 2퍼센트와 같은데, 이것은 우주 속의 공간이 평탄하다는 것을 의미하게 되는 양이며, 만약 우주가 팽창을 멈추고 수축을 시작하려면 필요로 하게 되는 양이다. 지구의 생물권 내에 사는 일반 사람들에게, 가시적 물질의 밀도가 50이라는 인수만큼 임계 밀도보다 부족하다는 것은 상당히 큰 것으로 여겨질 수도 있는 일이다. 하지만 잠시 우주에 있는 물질의 밀도가 임계 밀도의 1천분의 1, 1백만분의 1, 혹은 1조분의 1 만큼이나 작다는 사실에 대해 생각해 보라. 그렇게 되면 우리는 많은 우주학자들이 그러하듯이, 우리가 존재하는 것으로 확신하는 물질의 실제 밀도가 임계 밀도에 아주 근접한 것이라는 점이 주목할 만한 사실임을 알게 될 것이다. 사실 그것은 너무도 근접하는 것이어서 많은 우주학자들에게 특별히 물리학적인 설명을 필요로 하는 것으로 여겨질 정도이다. 그것이 아무렇게나 그런 방식으로 '그냥 일어난' 것일 수가 없기 때문이다.

팽창 이론은 이와 같은 설명을 제공한다. 대폭발이 있은 직후, 팽창은 우주를 평탄한 것으로 만들었다. 팽창 이전의 우주 공간이 가지고 있었던 곡률이 어떠한 것이었건간에 팽창하는 시기가 지속되는 동안의 과도한 팽창은 그 굽은 것을 납작하게 폈던 것이다. 우리는 팽창을 정상적인 크기의 풍선이 은하보다 더 큰 어떤 것이 되도록 그것을 부풀리는 것에 비유해 볼 수가 있다. 이러한 팽창은 풍선에 있는 그 어떤 주름도 매끈하게 펴지게 할 것이며, 적절한 크기로 나눈 풍선의 어느 부분이건 아주 거의 납작하게 보이게 할 것이다. 납작한 것에 가깝다는 것이지, 완전히 납작하다는 것은 아니다. 팽창 이론은 실제의 밀도가 임계 밀도와 10^{40} 정도의 2분의 1만큼 차이가 날 수 있도록 허용한다. 이러한 차이는 궁극적으로 우주의 미래가 어떤 것이 될 것인지에 영향을 끼치게 될 수도 있지만, 지금 당장은 우주 공간의 곡률에 관한 한 팽창 이론의 중요한 결과가 바로 물질의 밀도가 거의 정확하게 임계 밀도와 같은 물질의 밀도로 우주는 납작한 것, 혹은 거의 납작한 것에 가까운 것이 틀림없다고 예측하고 있는 이론이다.

이처럼 팽창하는 우주의 모형은 지평 및 평탄함의 문제에 대한 한 가지 설명을 (많은 우주학자들에게) 조리 있고, 모순이 없는 방식으로 제공한다. 팽창 이론은 또한 왜 우주는 자기 단극——현재의 소립자 물리학 이론에 따르면, 초기 우주에서 풍부하게 생성되었어야 하지만 이제까지 검출된 적이 한번도 없는 소립자의 일종——을 전혀 가지고 있지 않은 것인지에 대해서도 설명한다. 이 이론은 문제를 '팽창시켜' 제거해 버리는 셈이 되는데, 그것은 매 3제곱광년마다 들어 있는 단극수가 거의 0으로 떨어지는 정도까지 우주 공간을 팽창시키기 때문이다. 그리고 우리가 13장에서 보게 될 것처럼, 팽창하고 있는 우주는 우주 속에서 구조물이 형성되게 하는 훌륭한 '씨앗들'로 여겨지는 것을 예측해 주고 있다. 따라서 이 모형은 하나의 모형이 당연히 해내야 하는 것, 즉 이제까지 설명되지 않고 있었던 것을 설명해 주는 일을 하고 있는 것이다. 그리고 그것은 그 이상의 일을 해낸다. 즉 그것은 물질의 평균 밀도가 임계값과 정확하게 일치해야 한다는 것을 분명하게 예측하고 있다. 이쯤 되면 그리 나쁘지 않은 결과인 것이다! 이 모형은 제대로 들어맞으며, 설명 · 예측을 해내고 있으니 말이다.

하지만 그것은 얼마나 잘 들어맞으며, 얼마나 잘 설명해 내고, 예측해 내는 것일까? 이 모형에 대해서 팽창 이론에 의해 예측되었던 물질의 높은 밀도가 모자란다는 것에 대한 증명을 하고 있는 한 가지 결정적인 견해 외에도 몇 가지 중요한 반대 의견이 존재한다. 8장에서 논의되었던 우주의 나이에 관한 최근의 새로운 연구 결과는, 이 팽창 이론이 전처럼 꽤 호소력을 지니는 것이 못 되게 만들고 있다. 허블 상수 Ho의 현재 값에 의하면, 우주학 상수를 지니고 있지 못한 우주는 대폭발 이후 경과한 시간이 1/Ho과 이것의 3분의 2 사이인 값을 가지게 된다는 것을 우리는 보아왔다. 만약 우주가 임계값보다 훨씬 더 작은 평균 밀도를 지니고 있다면 1/Ho이라는 값이 나타내는 시간 간격이 정확한 것이 되는 반면, 단지 67퍼센트만큼 큰 이 값의 3분의 2에 해당하는 값은 물질의 밀도가 임계 밀도와 동일할 때 적용된다. 이처럼 팽창 이론에 따른 모형에서는 우주가 겨우 80억 년의 나이를 먹은 것으로 나타나는데, 이것은 가장 오래된 구상성단 중 일부에 대한 것으로 추산되어 온 나이의 대략 절반에 해당하는 것이다.

관측 결과가 현재 암시해 주고 있는 것처럼 만약 물질의 총밀도가 임계값의 10에서 20퍼센트와 같다면, 대폭발 이후에 흐른 시간은 낮은 밀도의 우주에 대한 특성을 나타내 주는 1/Ho값——만약 밀도가 임계값의 10퍼센트와 같다면 그것의 90퍼센트에, 그리고 임계값의 20퍼센트에서는 80퍼센트의 밀도에——에 비교적 근접한 것이 된다. 이처럼 만약에 1/Ho이 1백20억 년과 같다면, 대폭발 이후 흐른 시간은 90퍼센트의 값에서는 1백8억 년이 되고, 80퍼센트에서는

96억 년이 된다. 이 시간들이 추산된 별들의 나이와 조화를 이루기 어려운 것일 수도 있다 할지라도, 그럼에도 불구하고 그것들은 우주의 나이를 겨우 80억 년으로 잡게 되는 팽창 이론에 따른 모형보다 문제점이 더 적게 나타난다.

바꾸어 말하면, 팽창 이론에 따른 모형은 별들의 나이와 대폭발 이후 흐른 시간 사이에 분명하게 존재하는 모순에 관한 한 세상에서 최악의 것을 이끌어 내고 있다. 이 사실은 그것만으로 이 모형을 진지한 숙고의 대상이 되는 것에서 배제시키지는 않지만, 팽창 이론에 따른 모형의 열렬한 옹호자들이 그들 모형의 장점을 떠들썩하게 추켜세울 때 우리는 그 점을 염두에 두고 있어야만 한다. 일부 팽창 이론 옹호자들은 물질의 평균 밀도가 임계 밀도와 같아야 한다는 것을 필요 조건으로 하지 않는 변형된 모형에 대한 연구를 시작했다. 이러한 필요 조건이 사라져 버리게 되면서, 팽창 이론에 따른 모형은 물질의 평균 밀도와 우주의 나이 모두에 대하여 현재 추산하고 있는 것에 훨씬 더 나은 적합성을 성취할 수 있었다. 그러나 이들 낮은 밀도의 팽창 이론에 따른 모형은 우주가 팽창하던 시기 동안에, 그 크기에 있어서 제곱이 된 거의 정확한 수치까지 명시하고 있는데, 이것은 대부분 우주학자들의 취향으로는 약간 지나칠 정도로 '미세 조정된' 것으로 여겨진다. 폴 슈타인하르트는 팽창 이론에 따른 모형을 관측 결과에 들어맞는 것으로 만들기 위한 시도를 '필사적인 사람들을 위한 필사적인 방법' 이라고 언급해 왔는데, 이것은 물론 이러한 방법들이 정확한 것으로 증명될 가능성을 고려에 넣지 않은 것은 아니다.

팽창 이론에 따른 모형의 타당성에 대한 최선의 증거는, 우주 속에 있는 물질의 평균 밀도가 임계 밀도와 같아지는 것이 최소한 가망성이 있는 것으로, 또는 그보다 한층 더 그럴 가능성이 높은 것으로 만들기 위한 충분한 물질의 가설적 형태에 대한 발견이 될 것이다. 이러한 까닭에서 이론가들과 실험을 전문으로 하는 학자들 모두는 물질의 가설적 형태를 찾아내기 위해, 즉 이론가들은 그것이 무엇일 것인지를 날조해 내는 데, 그리고 실험을 하는 학자들은 그 '무엇일 것인지'를 찾아내기 위해 열심히 연구하고 있다.

팽창 이론——만약 그것이 정확한 것으로 증명된다면——은 우주학 상수에 대한 우리의 견해를 어디에 남겨 놓게 되는가? 팽창은 대폭발이 있은 후 초기의 순간들 동안에 0인 우주학 상수를 필요 조건으로 하게 된다. 이 우주학 상수는 가진공 안에 존재하던 에너지가 팽창을 일으키도록 추진하는 힘이 된다는 것을 의미한다. 하지만 팽창이 끝나면서 가진공이 참진공으로 변하게 될 때, 우주학 상수는 사라진다.

팽창하고 난 후, 이 팽창 이론에 따른 우주의 모형은 우리가 평탄함의 문제와 지평 문제를 해결한 경우와, 우리가 물질의 평균 밀도가 임계 밀도와 정확하게 같다는 것을 아는 경우를 제외하면 팽창하지 않았던 모형과 정확하게 일치한다. 이것은 우주학 상수가 반드시 0이어야 함을 의미하는 것이 아니라, 단지 그 상수가 이제는 만약에 팽창이 일어나지 않았더라면 그것이 갖게 되었을 것과 동일한 상태에 있게 되었음을 의미하는 것이다. 따라서 우리는 대폭발 이후에 경과된 상대적으로 적은 양의 시간으로부터 생겨나는 문제들을 같은 방식으로 해결하기 위해 이 팽창 이론을 사용할 수 없는 것이다. 이들 문제들은 우주학 상수를 도입함으로써 해결될 수 있을지도 모르지만, 오컴의 면도날 이론은 우리가 그러한 적당히 꾸며낸 요소들을 채택하는 것은 오로지 최후의 수단이 되어야 한다고 주장하는데, 그렇지 않다면 우리는 하나의 불가사의를 또 다른 불가사의로 대체하는 것일 뿐이기 때문이다.

마크 트웨인처럼 사소한 사실들을 투자하여 그것으로부터 대대적인 추측이라는 수입을 얻어내기 위해 과학에 의지하는 사람들에게 이 팽창 이론은, 추측이라는 미지의 영역을 제시해 주는 것에 있어서 훌륭하게 성공을 거둔다. 안드레이 린데는 이 팽창 이론이 '우리의' 우주――우리 눈에 보이는 모든 것, 또는 우리가 볼 수 있게 되길 바라는 모든 것――라는 것은 '메타우주'에 포함되어 있는 엄청나게 많은 수(아마도 무한히 많은 수)의 우주들 가운데 단지 하나에 해당하는 것임을 암시하는 것이라고 강조해 왔다. 이러한 각각의 우주들은 원자핵보다도 더 작은 우주 공간의 부분이 팽창하여 10^{-30}초도 되지 않는 시간에 우리의 시계가 미치는 우주보다 훨씬 더 커지게 된 것이다. 이 우주들은 되는 대로, 아무 때나, 그리고 아무 장소에서나 그런 식으로 생성되었으며, 따라서 이 팽창 이론에 따른 모형에 한 가지 분명하게 함축되어 있는 것은 언제, 그리고 어디서 이 메타우주가 시작된 것이라고 말할 수가 없다는 것이다. 앨런 거스는 우주를 우리의 지하실에서 창조해 낼 수 있을 것인지 그 여부에 대해서 사색을 해왔지만, (현재로서는) 이것은 조금 공상적인 것이다.

팽창하여 각기 우주가 되는 기포들에 대해 생각하면서 자연스럽게 생겨나는 물음들 가운데서 아마도 가장 흔한 것은, 새로운 우주가 앞을 가로막는 것에 대해 앞뒤를 가리지 않고 돌진한다는 위험성을 보이면서, 그것이 생겨나는 곳에 있는 낡은 우주를 잠식하는 것이나 아닐까 하는 것이다. 그에 대한 답은 그러한 충돌의 위험성은 존재하지 않는다는 것으로 밝혀지는데, 그 까닭은 새롭게 팽창하는 기포가 나타날 때, 그것은 또한 그것 자체의 우주 공간을 만들어 내기 때문이다. (이 문제를 그 정도에서 내버려둔다면 독자나 이 글을 쓰고 있는 저자 모두에게 편안한 일이 될 것이다.) 이 이론은 존재하고 있어온, 또는 현재 생겨나고 있는, 또는 우리 우주의 미래가 되는 시기에 생겨나게 될 다른 우주들과 우리가 접촉하게 되기를 결코 바랄 수 없는데, 그 까닭은 그것들 모두가 우리의 우주를 시작되게 한 대폭발이 있은 이후 빛이 진행해 온 것보다 훨씬 더 멀리 떨어진 곳에 자리잡고 있기 때문이다. 팽창 이론에 따르면, 우리는 현재 그 직경이 수조 광년에 수조 광년을 거듭한 거리인 우리의 작은 기포 안에 갇혀 있는 것이며, 비록 우리의 상상력은 아닐지라도 우리의 행동을 그 영역 안으로 한정해야만 한다는 것이다. 이 '메타우주'는 비록 우리가 그것을 볼 수는 없을지라도 각기 그 자체의 문제점을 지닌 헤아릴 수 없이 많은 다른 우주들이 존재한다는 기운나게 하는 생각을 제공하며, 그것은 이 메타우주가 무한한 나이와 무한한 미래의 크기를 가지고 있음을 분명하게 암시해 주는 것이다.

이 장에서 행해진 팽창 이론에 따른 모형에 대한 논의에서는 때로는 팽창 이론 전문가들조차도 혼동을 일으키게 만든, 특히 엄청나게 많은 수의 우여곡절들은 생략했다. 팽창 이론의 갖가지 이형(異形)들은 그다지 있을 법한 것이 못 되는 것으로 치부되어 이제까지 받아들여지지 않고 있었으며, 그 이론을 내세운 이론가들이 적용하고 있는 산만한 용어 해석조차도 받아들여지지 않고 있지만, 다른 이형들은 그때에도 보다 생명력이 있는 것임이 증명되었다. 많은 이형들이 받아들여지지 않고 있는 오늘날에도, 갖가지의 변형된 팽창 이론 모형들이 여전히 자생력을 갖추고 있는 것으로 보인다. 이 변형된 모형들은 다음과 같은 공통적 특징들을 가지고 있다.

1) 참진공과는 거리가 먼, 텅 빈 공간처럼 보이는 곳에서 에너지가 들끓고 있다.

2) 이 에너지는 작은 기포로 된 우주 공간을, 우리가 우주 발생의 최초 순간이라고 부르는 시간 동안 정말 환상적인 속도로 팽창시킨다.

3) 우주의 역사 속에서 1초에도 훨씬 미치지 못하는 시간 동안 팽창이 끝나면서, 참진공을 생성시키는 단계 변이는 엄청난 수의 소립자들을 만들어 내며, 우주를 엄청나게 가열시켜 놓게 된다.

4) 팽창이 끝난 후, 우주(한때는 원자핵보다 더 작은 공간으로 이루어진 기포와 같은 것이었던)는 팽창 이론 모형이 생겨나기 이전부터 존재했던 대폭발 이론에 의해 예측된 것과 같은 방식으로 팽창한다.

머릿속에서 생각이 뒤꼬이게 될 정도의 노력을 요하는 이 팽창 이론에서 벗어나 잠시 휴식을 취하면서, 메타우주 속에 들어 있다는 다수의 기포들에 대한 생각도 잠시 접어두고, 어떤 형태로 되어 있는 물질이 우리 우주에 가장 많이 존재하는 것일까 하는 보다 단순한 문제에 주의를 집중시켜 보기로 하자.

11
사라진 질량의 수수께끼

팽창하는 우주의 모형에 대한 앨런 거스의 주장은 1979년 말엽 갑자기 우주학자들의 의식 속으로 파고들게 되었다. 경쟁적인 관계에 있는 이론가들의 조심스럽고 꼼꼼한 검토를 거치게 되면서, 이 팽창 이론 모형은 곧 몇 가지 유별나게 눈에 띄는 약점들을 드러냈다. 하지만 그러한 약점이 나타나는 것과 거의 비슷한 빠르기로, 다른 이론가들은 이 팽창 이론 모형이 모든 것과 서로 잘 들어맞는 것으로 만들기 위해서는 어떻게 이 팽창 시나리오를 수정해야 할 것인지를 보여 줬다. 어떤 이론가의 완벽한 가설 속의 소립자가 다른 이론가에 의해서는 적당히 꾸며낸 요소가 되어 버리기도 했지만, 이 팽창 이론 모형은 놀라울 정도로 '튼튼하게 만들어져 있어서' 거의 모든 이론적 공격들을 견뎌낼 수 있으리라는 것이 전반적으로 일치된 의견이었다. 1980년대 중반까지 이 팽창 이론은, 현재 이론적인 부분을 연구하는 우주학자들이 우주의 구조에 대해 설명하는 것에 주의를 돌리게 될 때면 언제나 하나의 기정 사실처럼 팽창을 일으키던 시기부터 시작하게 될 정도로, 비록 전세계적인 것은 아니었을지라도 놀라울 정도로 성공을 거두면서 경쟁 상대인 다른 이론들을 밀어내어 버렸다.

그러나 이론이 아닌, 관측 결과로 얻은 자료가 실제 우주에 대한 설명을 해주리라는 것을 예리하게 인식하고 있는, 관측을 통해 연구하는 다수의 천문학자들은 천사가 바늘 끝에서 춤추고 있었던 중세의 우주학에나 비유(어느 정도 타당성도 있는 비유)될 수 있는 이 팽창 이론 모형을 무시해 왔다. 팽창 이론에 열중해 있는 이론가들은 재빨리 자신들의 모형이 알려져 있는 우주의 몇 가지 중요한 측면들인 평탄함과 지평 문제와 같은 것들을 설명해 낼 수 있을 뿐만 아니라, 진정 승자의 자리에 선 이론이라면 반드시 해야 할 일도 해냈다고 지적해 왔다. 즉 놀라운 예측을 했는데, 이 경우에는 우주에 있는 물질의 평균 밀도에 대한 것이 그것이다. 그 이론가들은 이 이론이 다른 수가 있을 수 없을 정도로 너무도 멋진 것으로 여겨지는 까닭에, 가서 그 밀도를 측정해 보면 그것은 예측한 것과 일치한다는 것을 알게 될 것이라고 말한다. 하지만 만약 그것에 다른 수가 있게 된다면(궁지에 몰리면 그들은 그렇게 중얼거린다), 본분을 지키는 과학자들처럼 우리도 우리의 이론을 포기하거나 또는 수정하거나 해야 할 것이라고 말한다.

우주를 놓고 벌이는 이 결투를 시작함에 있어서, 이론가들은 관측상의 강력한 시류가 자신들에게 호의적인 방향으로 흐르고 있다는 것을 알고 있다. 1980년대초까지 모든 천문학자들은 별들 속에서 빛을 내고 있는 물질보다 훨씬 더 많은 보이지 않는 물질이 우주에 담겨져 있다는 점에 대해 의견의 일치를 보였다. 우주의 깊이에 대한 탐사를 하는 것에 관심을 가지고 있는 모든 사람들의 생각 속에 자리잡고 있는 물음들은, 이 물질의 가설적 형태가 가시적 물질보다 50배나 더 되는 양이며, 그 때문에 평균 밀도는 임계 밀도와 같다는 팽창 이론의 예측을 만족시켜 주는 것인가 하는 것이었으며, 현재에도 그러하다. 또는 현재 관측자들이 그러리라고 추산하고 있는 것처럼, 그 물질의 가설적 형태는 가시적 물질보다 '겨우' 5에서 10배 더 큰 질량을 가지고 있는 것인가? 그럴 경우 물질의 가설적 형태는 여전히 우주에서 지배적인 존재가 되겠지만, 팽창 이론 모형은 그저 전적으로 잘못된 것으로 여겨지게 된다.

이러한 물음들에 대한 답은 팽창 이론이 우주의 시작에 대한 정확한 모형이 되고 있는지에 대한 물음에 답을 해줄 수 있을 뿐만 아니라, 미래에 기다리고 있는 것이 영원한 팽창인가, 아니면 궁극적인 수축인가의 여부에 대한 물음에 대해서도 답을 해줄 수 있게 된다. 이러한 이유로 우리는 가벼운 기분으로 1960년대와 1970년대에 축적된 증거들을 두루 살펴보는 소풍을 해야만 하는데, 그 증거들은 가장 경험적인 측면을 중시하는 관측을 통해 연구하는 천문학자들에게조차도 그 물질의 가설적 형태가 우주에 지배적인 존재라는 결론을 내리도록 강요하는 그러한 것이다.

보이지 않는 물질을 찾아서

우리가 밤하늘에서 반짝이고 있는 빛의 점들을 살펴볼 때, 우리는 특정한 방식으로 배열된 특정한 유형의 물질을 보고 있는 것이다. 이러한 빛의 점들——지구 주위를 돌고 있는 달과 태양 주위에서 궤도를 그리면서 돌고 있는 다른 행성들——가운데서 우리와 가장 가까이 있는, 그리고 가장 작은 것들을 제외한다면 빛을 내는 거의 모든 물체들이 별이거나, 성단이 될 가스 덩어리이거나, 여러 개의 별들로 이루어져 있는 실제 성단이거나, 은하이거나, 혹은 별들로부터 떨어져 나온 물질 중의 하나인 것이다. 이러한 규칙에 대한 2개의 분명한 예외에는 두 범주에 속하는 물체들, 즉 형성되는 과정에 있는 은하일 가능성이 있는 퀘이사들과, 이제까지 측정되지 아니한 과정을 통해 높은 에너지를 지니고 있는 광자들을 연속해서 발출시키고 있는 감마선 발사체들(최근 지구의 대기권 위쪽에 떠 있는 새로운 위성들에 의해 수천 개씩 발견되었다)이 그것이다. 우리은하에서는 또한 별들 사이에 떠다니면서 때때로 새로운 별무리들을 탄생시키는 성간 물질도 포함시켜야만 한다. 성간 물질은 전파를 내기 때문에 물질의 가설적 형태로서의 자격을 가질 수 없으며, 우리은하와 같은 거대한 나선은하 안에서는 성간 물질 전체가 그 별들에 들어 있는 질량의 겨우 몇 퍼센트 정도를 차지하고 있다는 것을 알고 있다.

정의에 따르면, 물질의 가설적 형태는 우리가 검출해 낼 수 있는 가시광선이나 그밖의 다른 어떤 형태의 전자기 복사, 그 어느쪽도 발출하지 않는다. 만약 천문학자들이 그것을 '볼' 수 없다면, 그들은 어떻게 그것을 연구하는가? 과연 그들은 어떻게 그것이 거기에 존재한다는 것을 알고 있기까지 한 것일까? 그에 대한 답은, 물리학에 있어서 그토록 많은 것들의 경우에 있어서와 마찬가지로 바로 중력이다. 이 물질의 가설적 형태는, 가장 큰 거리의 척도로 우주를 지배하는 힘인 중력의 작용을 통해 스스로의 존재를 드러내 왔다. 천문학자들이 어떻게 엄청난 양의 이 보이지 않는 물질을 찾아낸 것인지를 이해하려면, 우리는 중력이 가지고 있는 특성들에 대해 이해하고, 그렇게 해서 보이지 않는 물질을 인정해야만 하는 것이다.

오늘날의 물리학자들은 중력을 네 가지 기본적인 유형의 힘들 중 하나로 분류한다. 나머지 세 가지 힘들은, 우리가 앞서 살펴본 것처럼 강하게 작용하는 힘과 약하게 작용하는 힘〔strong force와 weak force, 즉 강한 상호 작용과 약한 상호 작용〕(두 가지 모두 소립자들이 극도로 짧은 거리 내에서 서로 접근할 때 그것들의 작용을 지배하게 되는 힘이다), 그리고 전자기(강하게 작용하는 힘이나 약하게 작용하는 힘이 적용되기에는 너무 멀리 떨어진 거리에서, 전하를 띠고 있는 소립자들이 서로에게 영향을 끼치는 방식을 지배하는 것)이다. 이 힘들 중

두 가지——중력과 전자기——는 멀리 떨어져 있는 거리에 걸쳐 작용하는 반면, 다른 두 가지, 즉 강하게 작용하는 힘과 약하게 작용하는 힘은 소립자의 크기(대략 10^{-13}센티미터)보다 더 먼 거리가 떨어져 있는 소립자들 사이에서는 본질적으로 그 효과가 0이 된다.

그러한 이유들로 해서, 과학자들이 상황을 넓은 의미에서 볼 때 중력과 전자기는 당연히 주의를 끌게 된다. 이 두 가지 유형의 힘 모두 거리가 늘어남에 따라 동일한 방식으로 작용한다. 즉 두 물체 사이에서 힘의 강도는 그것들 사이에 있는 거리의 제곱에 비례하여 감소하는 것이다. 중력에 대해서는, 두 물체 사이에서 힘의 양은 그 두 물체의 **질량**의 적(積)에 따라 변화한다. 대조적으로 전자기 힘은 물체들의 질량에 전혀 구애를 받지 않으며, 대신에 두 물체 사이에서 전자기 힘의 양은 그 물체들이 가지고 있는 **전하**의 적(積)에 비례하여 증가한다.

이러한 차이는 먼 거리의 규모에서 중력이 우주에서의 지배적인 존재가 될 수 있게 해준다. 전하는 양전기와 음전기라는 두 가지 종류로 나타나며, 두 물체 사이의 전자기 힘은 마찬가지로 끌어당기거나(양전기를 띤 물체와 음전기를 띤 물체 사이), 또는 반발하거나(양전기를 띤 2개의 물체들 사이에서, 또는 음전기를 띤 2개의 물체들 사이에서) 하게 된다. 하지만 중력은 언제나 끌어당기게 되고, 결코 반발하지 않는 것이 되도록 질량은 단 한 가지의 '전하' 만을 띠고 있다. (음전기를 띤 질량, 또는 최소한 '음전기를 띤 중력' 은 1개 이상의 가공의 세계에서 배역을 맡게 되지만, 물리학자들은 이 개념이 실제 세계에서 진지한 가능성을 지닌 것으로 여기지 않는다. 물론 음전기를 띤 중력을 가진공과 혼동하지 말아야 한다.)

그 결과 우리가 점차 보다 큰 질량을 지닌 물체들과 마주치게 되면서, 우리는 동일한 거리에서 질량이 더 작은 물체보다 더 큰 양에 달하는 중력의 물체들과 만나게 된다. 그러나 이 물체들은 보다 작은 물체들보다 더 큰 전자기 힘을 발휘할 것 같지가 않은데, 아주 훌륭한 이유로서 그것들은 거의 동일한 수의 양과 음전하를 띠고 있는 경향이 있으며, 따라서 본질적으로 그 양이 0인 전자기 힘을 내기 때문인 것이다.

무엇이 이처럼 동일한 전하를 만들어 내는가? 만약 어떤 물체가 우연히 한 종류의 전하——예컨대 양전하라고 하자——를 보다 우세하게 많이 가지게 되었다면, 그것은 전자기 힘을 통해서 음전하를 끌어당기고, 양전하에 대해서는 반발하게 될 것이다. 결국 그 물체는 전기적으로 중성이 될 수 있도록 충분한 양의 음전하를 추가로 축적하게 될 것인데, 그것은 단지 전하, 그리고 전자기 힘이 두 종류로 되어 있기 때문이다.

그렇게 해서 중력은 우주 속에 있는 물체들의 상호 작용을 좌우하게 되는데, 중력은 물체들의 움직임을 지배하며, 개별적인 존재들로서의 그것들의 진화에 강력한 영향을 행사하게 된다. 우리 지구가 속해 있는 태양계의 태양과 같은 별에서는, 네 가지 종류의 힘들이 모두 심각하게 맞물려 있다. 중력은 별의 내부에서 매초 1조 개의 수소 폭탄과 같은 양에 해당하는 폭발이 일어나고 있다는 사실에도 불구하고, 별이 계속 모양을 유지하며 뭉쳐 있을 수 있게 해준다. 보다 차가운 부분에서 전자들이 원자핵 주변에 궤도를 그리면서 계속 돌게 하는 전자기 힘에도 불구하고, 별 내부의 높은 온도에 원자들은 껍질이 벗겨져 음전기를 띤 전자들과 양전기를 띤 원자핵으로 나뉘게 된다. 이 빠르게 움직이는 원자핵들은 전자기 힘을 통해서 서로 반발하게 되는 경향이 있으며, 오로지 별의 가장 뜨거운 부분인 중심핵에서 그것들은 간신히 강하게 작용하는 힘과 약하게 작용하는 힘이 원자핵들을 서로 융합하도록 만들기에 충분할 정도로 가까이 접근하게 된다. 이 핵융합은 원자핵에 들어 있는 질량의 일부를 에너지로 변환시키게 된다. 좀더 정확하게 말하자면, 핵융합은 질량 에너지——질량을 가진 모든 소립자 안에 갇혀 있는 에너지로서, 질량에 빛의 속도 제곱을 곱한 것과 동일한 양——를 물체의 움직임에 의해 생겨나는 에너지(운동 에너지)로 전환시키는 것이다. 물체의 움직임에 의해 생겨나는 에너지는 헤아릴 수 없이 많은 충돌을 통해서 외부로 확산되고, 별 전체를 가열하여 그것의 표면을 우리가 보게 되는 별빛으로 타오르게 만든다.

하지만 별이 그것의 주위를 둘러싸고 있는 것들과 어떤 방식으로 상호 작용을 할 것인지를 좌지우지할 수 있는 힘에 대해 생각을 해보게 될 때, 중력만이 철저한 주의를 기울일 만한 가치가 있다. 중력은 태양에 딸린 행성들이 계속 궤도를 벗어나지 않게 하는 한편, 태양에서 나오는 전자기 힘, 강하게 작용하는 힘, 그리고 약하게 작용하는 힘은 그 무엇이 되었건 0이 되게 한다. 비슷하게 어떻게 태양이 우리은하에 있는 다른 별들의 움직임에 영향을 주게 되는 것인지, 또는 다른 별들이 태양의 움직임에 영향을 주게 되는지를 묻게 될 때, 그에 대한 답은 바로 중력에 있는 것이다.

별들의 운행이 갖고 있는 비밀

일단 천문학자들이 우리의 태양계가 나선은하에 속해 있다는 점을 자각하고 나자, 그들은 이 거대한 나선 구조의 자세한 부분까지 천체도를 만들고, 우리은하 내부에서 별들이 운행하는 방식에 대해 조사하는 데 많은 노력을 기울이게 되었다. 이것은 쉬운 작업이 아니었다. 즉 하나의 개별적인 별 주위의 궤도를 돌며 움직이는 행성에 살고 있는 우리로서는, 다른 별들의 운행을 천체도에 표시하는 시도를 해야만 하는 한편, 동시에 태양과 그 주위를 돌고 있는 지구가 갖고 있는 이원적인 움직임을 측정——그리고 그것들에 대해 참작——해야만 하는 것이다. 이러한 측정을 한다는 일이 가지고 있는 난관에도 불구하고, 놀라운 결과가 서서히 분명하게 나타나게 되었다. 우리은하 내부에서의 별들의 움직임은, 우리은하가 그 안에 포함되어 있는 3천억 개 정도의 별들에 의해 설명될 수 있는 것보다 훨씬 더 많은 질량을 가지고 있다는 것을 암시해 주고 있는 것이다.

어디에서 이러한 결론이 도출되었는가? 중력에 대한 지식에 더하여 별들의 운행 속도에 대한 조심스러운 측정으로부터 나온 것이다. 앞서 우리가 논의했던 것처럼 천문학자들은 우리를 향해 다가오거나, 우리에게서 멀어져 가는 물체의 상대적인 움직임을 측정하기 위해서 도플러 효과를 이용한다. 어떤 물체의 움직임의 양이 보다 더 크면, 우리가 지구에서 측정하게 되는, 그 물체에 의해 발출되는 빛의 스펙트럼 속에 존재하는 파장과 진동수에 있어서 더 큰 도플러 편이를 만들어 내게 된다. 아무런 움직임이 생겨나지 않았는데도 만약 우리가 그 물체의 스펙트럼은 어떤 것일지 그것에 대해 알고자 한다면, 이러한 도플러 편이가 우리의 조준선을 따라 그 물체가 가지고 있는 상대 속도를 밝혀 주게 된다. 천문학자들은 그 각각이 특정한 종류의 별과 관련되어 있는 흡수선과 발출선의 스펙트럼에 존재하는 다수의 특정한 양식들을 인지해 낼 수 있게 되었다. 그들은 모든 조준선들이 도플러 효과에 의해 변화되어 왔을 때조차도 이러한 양식들을 인식해 낼 수 있다. 따라서 그들은 각 별들에서 관측된 스펙트럼을, 동일하며 변화하지 않는 스펙트럼의 양식을 가지고 비교할 수 있으며, 그 다음 도플러 편이를 계산해 낼 수 있게 된다.

20세기초에 시작된 것으로, 천문학자들은 우리은하 안에 있는 별들의 도플러 편이에 대한 자료를 수집하기 시작했다. 이 자료들에 대한 통계학적 분석은 우리 지구가 주위를 돌고 있는 태양을 포함, 대부분의 별들이 은하의 중심 주위를 거의 원에 가까운 궤도를 그리면서 운행하고 있다는 사실을 서서히 밝혀내게 되었다. 천문학자들은 중력이 은하 안의 힘들을 지배하고 있는 것이기 때문에, 각각의 별들이 보여 주는 움직임은 우리은하 안의 **모든** 다른 별들로부터 생겨나는 중력에 대한 그것의 반응으로부터 생겨난다는 것을 알고 있었다. 처음 생각하기에 이것은, 비록 불가능한 것은 아닐지라도 3천억 개의 다른 별들로부터 나오는 힘을 계산해야 한다는 아주 힘든 작업으로 여겨질 수도 있다. 그러나 아이작 뉴턴에 의해 처음으로 증명된, 손쉽게 조작할 수 있는 비결이 이 계산을 쉬운 것으로 만들어 준다. (뉴턴은 우리은하에 대해 다루고 있었다기보다는 구형으로 분포되어 있는 물질의 내부에서 작용하는 중력에 대한 연구를 하고 있었다. 그러나 그의 비결은 두 가지 상황 모두에 있어서 훌륭한 효과를 내고 있다.)

그의 비결은 바로 이것이다. 그 어느 별에 대해서건 생각해 보라——예를 들면 우리은하의 중심에서 3만 광년 떨어진 곳에 위치하고 있으며, 지구가 속해 있는 태양계의 태양에 대해서 말이다. 우리은하에 있는 모든 별들을 마음속에서 두 집단으로, 즉 태양보다 은하의 중심에 더 가까이 자리잡고 있는 것들과 중심에서 보다 더 멀리 떨어져 있는 것들로 나눠 보라. 우리은하에서 별들의 분포는 중심에서 바깥쪽으로 어느 한 방향에만 편중되어 있지 않기 때문에 그 각각의 방향에 존재하는 별들의 수가 대략 같은 것이라는, 합리적으로 생각되는 방향으로 가정해 보라. 그런 다음 뉴턴은 그 두 집단이 각기 태양에 단일한 영향을 주게 된다는 점을 입증해 보였다.

태양보다 은하의 중심 가까운 쪽에 자리잡고 있는 모든 별들로부터 나오는 중력이 결합되어 태양을 직접 중심을 향하여 잡아당기게 된다. 이 인력은 그 질량이 모든 별들의 질량을 합한 것과 같은, 은하의 중심에 자리잡고 있는 단일한 물체에서 나오는 힘과 정확하게 일치한다. 따라서 우리는 (마음속으로) 이 수십억 개의 별들을, 정확히 은하의 중심에 자리잡고 있으면서 모든 질량을 은하 중심에 보다 가까이 끌어안고 있게 되는, 상상 속의 물체와 대체해 볼 수 있게 된다.

다음으로 중심에서 보다 멀리 떨어진 곳에 있는 별들로부터 나오는 무수히 많은 중력은 어떠한가? 뉴턴은 별들이 은하 중심을 둘러싸고 구형의 대칭으로 분포하는 한, 여기서는 한층 더한 단일함이 지배한다는 것을 입증해 보였다. 중심에서 더 멀리 떨어져 있는 별들로부터 나오는 중력은 서로가 서로의 힘을 상쇄시키게 되어, 태양에 대해 미치게 되는 순수한 힘이 0이 되게 만든다.

뉴턴의 분석은 중력을 발휘하는 종류의 물체에 의존하는 것이 아니며, 아인슈타인이 뉴턴의 중력 이론을 손질했음에도 불구하고 여전히 유효한 것으로 남아 있다. 이 물체들이 그 분포에 있어서 어느 특정 방향을 선호하는 것이 아닌 한, 어떤 종류가 되었건 태양보다 은하의 중심 가까이 자리잡고 있는 모든 물체들은, 그것들이 가지고 있는 중력을 앞서 설명한 것처럼 결합시켜 실제로 태양에 미치는 힘은 전혀 없게 만드는 것이다. 우리가 태양을 표본이 되는 별로 이용해 왔기 때문에 마찬가지의 설명은, 우리가 그밖의 모든 것들을 그 별보다 중심에 보다 가까이 자리잡고 있는 것과, 보다 먼 쪽에 자리잡고 있는 것으로 분류하는 한 은하에 있는 그 어떤 별에 대해서도 맞는 말이 될 것이다. 뉴턴의 단일화는 물질이 구형으로 분포되어 있는 경우에 한해서 완벽하게 들어맞는 것이 되지만, 우리은하는 구형인 것과는 거리가 멀다. 그럼에도 불구하고 우리은하는 별들이 원형의 궤도를 그리면서 돌고 있는 축을 중심으로 대칭을 이루고 있기 때문에 이러한 단일화는 상당히 훌륭하게 그 효력을 발휘하는 것이며, 천문학자들은 자세한 사항들을 조정하는 방법과 우리은하가 가지고 있는 질량의 총계가 태양에 미치게 되는 중력을 측정하는 방법에 대해 알고 있다.

뉴턴의 통찰력은 지난 50년 동안 우리은하 안에 존재하는 물질의 양과 분포 상태를 측정하려는 천문학자들에 의해 이로운 방향으로 사용되어 왔다. 기본적인 관측 계획은, 은하 중심으로부터 각기 다른 거리에 위치하는 별들과 빛나는 가스구름들의 움직임을 측정하기 위해 도플러 효과를 이용하는 것이었다. 뉴턴 덕분에 우리는 그 중심 주위에서 궤도를 그리면서 돌고 있는 어떤 물체이건 그 속도는 그것이 중심으로부터 떨어져 있는 거리와, 중심에 보다 가까운 쪽에 자리잡고 있는 질량이라는 두 가지의 양에 달려 있다는 것을 알게 되었다. 뉴턴의 중력 법칙은 물체에 가해지는 힘의 양을 규정해 주고 있으며, 뉴턴의 운동의 제2법칙은 물체가 그 힘에 어떻게 반응할 것인지를 우리가 알 수 있게 해준다. 우리는 물체의 움직임――궤도상에서의 그것의 속도――을 관측하고 있기 때문에, 그리고 우리는 물체와 은하 중심의 거리를 알고 있기 때문에 은하 중심에 보다 가까운 쪽에 자리잡고 있는 질량이라는 사라져 버린 매개변수를 측정할 수 있는 것이다.

천문학자들이 우리 태양계의 태양보다 은하의 중심에 보다 가까이 자리잡고 있는 물체들의 움직임을 관측하면서 얻어낸 결과에 대해서는 아무도 놀라지 않았다. 그 별들이나 가스구름보다 은하의 중심에 더 가까이 자리잡고 있는 질량은, 중심에 보다 더 가까이 자리잡고 있는 별들의 수를 추산하여, 그것을 각 별의 평균 질량(태양이 가지고 있는 질량의 약 70퍼센트)으로 곱하여 얻게 되는 것과 동일한 것으로 밝혀졌던 것이다. 이처럼 누구나 예상했던 것과 마찬가지로 은하의 중심으로부터 우리 지구에 이르는 거리까지에서 우리은하 안의 질량은 주로 별들에 존재하는 것이며, 그 질량에 대하여 성간의 가스구름들로부터 보태지는 양은 보다 적은 것이다.

하지만 천문학자들이 태양계의 태양이 우리은하의 중심으로부터 떨어져 있는 거리인 3만 광년보다 상당히 더 멀리 떨어져 있는 우리은하의 몇몇 부분들에 대하여 주목하게 되면서, 그리고 이 원반 모양의 별무리에 들어 있는 별들의 속도를 측정하게 되면서 알아낸 결과는 놀라운 것이었다. 이 천문학자들은 이 별들보다 멀리 떨어져 있는 별들의 속도가 감소하지 않는다는 것을 알아냈는데, 그것은 그 별들과 태양계의 태양 사이에 해당하는 우리은하의 몇몇 부분들에는, 우리 눈에 보이는 별들에서 찾아볼 수 있는 것보다 훨씬 더 많은 질량이 들어 있다는 것을 의미하는 것이다. 비록 상대적으로 별들의 수가 적지만, 우리은하의 바깥쪽 '헤일로'——구형으로 분포하며 우리은하의 기초를 이루는 평면을 둘러싸고 있지만, 우리은하보다 몇 배 더 큰——는 그 질량의 총계가 우리은하에서 우리 눈에 보이는 모든 별들을 합한 것보다 훨씬 더 큰 것이다!(도해 12)

이러한 결론은 별들이 은하 중심을 둘러싸고 수십 차례 돌면서 수십억 년에 걸쳐 별들로 이루어진, 회전하는 납작한 원반 모양으로 만들어지게 된 이것에 대한 수학적 분석에 의해 보강된다. 은하가 그 원반 자체에 담겨져 있는 것보다 원반 **너머**에 훨씬 더 많은 질량을 포함하고 있지 않다면, 겨우 몇 차례의 회전만 해도 그 원반은 찌그러지고 뒤틀리게 되어 더 이상 규칙적이고 납작한 외양을 보여 줄 수 없게 될 것이다. 하지만 그 원반보다 훨씬 더 크며, 엄청난 질량을 가지고 있는 헤일로가 그 상황을 안정된 것으로 만들어, 그 원반이 수십억 년 동안 유지될 수 있게 해주고 있는 것이다.

위에 설명된 관측과 계산이 천문학 전문가들간에 꾸준하게 확증을 받게 되면서, 그것이 무엇을 나타내 주고 있는 것인지는 점점 더 아주 확실한 것이 되어갔다. 우리은하 안에 있는 별들의 운행에 작용하는, 중력이라는 보이지 않는 손은 우리은하의 지배적인 질량을 구성하고 있는 엄청난 양의 보이지 않는 물질의 존재를 드러내 왔다. 이 물질의 가설적 형태(되풀이해서 이야기할 만한 가치가 있다)는 천문학자들이 연구하는 그 어떤 전자기 스펙트럼의 진동수에 속하는 빛을 전혀 내지 않을 뿐만 아니라 복사도 전혀 하지 않는데, 이제는 대기권 위의 상공에서 궤도를 그리면서 돌고 있는 망원경의 도움으로 천문학자들은 그것들을 거의 전부 연구할 수 있게 되었다.

우주에 있는 물질의 가설적 형태

물질의 가설적 형태라는 이 개념이 처음 등장했을 때, 그것은 우리은하 안에 존재하는 별들의 운행뿐만 아니라 은하 무리들 안에 포함되어 있는 개별적인 은하의 운행과 같은, 훨씬 더 큰 규모의 움직임에 대한 설명을 하는 데 이용되었다. 60년 전, 스위스 출신의 불가리아 천문학자로 캘리포니아 공과대학의 교수로 재직해 온(그리고 나치를 위해 원자폭탄 설계를 연구했던 독일 물리학자들을 심문하도록 파견된 미국 대표단의 일원이기도 했던) 프리츠 츠비키는 은하 무리 안에 들어 있는 질량의 대부분은 빛을 내지 않는 물질로 구성되어 있다는 생각을 진전시켰다.

츠비키는 자신의 생각을, 7장에서 설명된 적이 있는 코마성단을 구성하고 있는 은하들의 운행에 대한 도플러 편이의 측정으로부터 도출해 냈다. 그는 은하들간의 평균 거리를 추산하고, 그것들의 우리를 향한, 또는 우리로부터 멀어지는 움직임에 대한 도플러 효과를 측정하는 데 이용했다. 이 평균 거리와 조준선 속도는 그로 하여금 코마성단의 전체 질량을 추론해 낼 수 있게 했다. 그 속도는 은하들의 질량만을 측정했을 경우 추산할 수 있었던 것보다 상당히 큰 것으로 밝혀졌다. 즉 그 전체 질량은 별들의 밝기로부터, 그리고 그 별들에 담겨져 있는 질량에 대한 우리의 지식으로부터 추론된, 각 은하의 추산된 질량을 하나하나 합한 그 성단의 질량보다 **몇백 배** 더 큰 것이었다.

1950년대와 1960년대초 동안 츠비키의 주장은 거의 전적으로 무시되었으며, 결과는 그의 논증 방식에 대한 것도 그의 생각에서 사람들이 알고 있게 된 약점과 마찬가지로 무시되었던 것이다. 공교롭게도 츠비키가 이 세상 사람으로서 이 생물권과의 균형을 더 이상 이루지 못하게 된 바로 그 무렵쯤인 지난 25년 동안, 보이지 않는 물질에 대한 그의 생각을 천문학자들이 상당히 진지하게 받아들이고 있었기 때문에, 만약 츠비키가 오늘날까지 생존해 있었더라면, 그는 자신의 선견이 분명하게 밝혀지게 되는 것에 무척이나 기뻐했을 것이다.

추가로 제시된 새로운 증거들은 우리은하보다 더 큰 규모의 거리에서 물질의 가설적 형태가 존재하는 것에 대하여 무엇을 시사해 주고 있는가? 무엇보다도, 우리는 우리은하의 '평균성'으로부터 추론할 수도 있다——엄격히 말하자면, 이것은 진정한 증거로 여겨질 수 없는 것이긴 하지만 말이다. 천문학자들의 시각에서 우리은하는 거대한 나선은하의 원형에 가까운 것으로 자리잡고 있는 것이다. 그것의 크기, 그것에 들어 있는 별들의 숫자, 그것의 전체적인 구조, 그리고 그 안에 들어 있는 별들의 전반적인 운행 방식 등에 있어서, 우리은하는 우리가 다른 거대한 나선은하들에 대해 측정해 낼 수 있는 것과 밀접하게 닮아 있는 것이다. 우리은하에 들어맞는 것은, 따라서 그것의 사촌격인 다른 은하들에 대해서도 마찬가지로 유효한 것이어야만 하는 것이다.

더욱이 가까운 거리에 있는 은하들에 대한 조사는 이처럼 이미 알려진 사실에 근거하여 마음속으로 추정해 본 것을 확인해 주는 것이 되어왔다. 지난 25년 동안, 여러 천문학자들은 가까운 거리에 있는 거대한 나선은하의 가장 외곽에 해당하는 부분들에 대해 분석해 왔다. 이 바깥쪽 부분들에는 별들이 드문드문 존재한다는 것이 분광기로 측정하기 위한 충분한 빛을 얻는 것을 어렵게 만들기 때문에, 이것은 쉬운 일이 아니다. 가스구름들에 대한 복사 측정은, 별들의 속도에 대한 시각적 측정에서 부족한 것으로 나타나는 부분을 보완해 왔다. 거기서 얻은 결과는 우리은하에 대하여 발견해 낸 것과 유사한 것으로 증명되고 있다. 이들 은하들은 또한 물질의 가설적 형태로 이루어진 엄청난 질량의 헤일로를 가지고 있는 것으로 여겨진다. 비록 그다지 확실하게 증명된 것은 아니지만, 타원은하인 다른 유형의 거대한 은하들에 속한 물체들의 움직임, 그리고 전파와 엑스선 발출에 대한 연구로부터도 유사한 결론이 이끌어 내어졌다.

그리고 만약 추가 확인이 필요하게 되었다면, 그것 또한 두 은하가 서로 근접한 채, 그 두 은하가 공유하고 있는 질량의 중심을 선회한다는 비교적 희귀한 상황에 대한 연구로부터도 나오게 되었던 것이다. 궤도를 돌고 있는 그 은하들의 속도와 (도플러 효과를 이용해서) 그것들 사이의 거리를 측정함으로써, 천문학자들은 그 움직이는 은하들의 질량을 측정할 수 있다. 그 질량은 또한 은하에 속한 별들이 내는 빛에서 우리가 보게 되는 질량보다 여러 배 더 큰 것으로 밝혀진다. 이러한 사실의 한 가지 예는 우리와 가까운 곳에서 나타난다. 즉 국부 은하 무리〔마젤란운과 안드로메다성단을 포함하는 小우주단〕에서 단연 가장 큰 2개의 은하들인 우리은하와 안드로메다은하는, 매초 2백70킬로미터의 상대 속도로 서로에게 접근하고 있는 것이다. 이러한 높은 속도는 이 두 은하들이 그 안에 들어 있는 별들에 의해 설명될 수 있는 것보다 훨씬 더 많은 질량을 가지고 있을 것이라는 추가의 증거를 제공하게 된다.

물론 우리의 우주 관측에 대한 거의 모든 일반론에는 예외들이 존재한다. 1993년 천문학자들은 비교적 가까이 위치해 있으며, M105라고 불리는 거대한 타원은하에서 물체의 움직임은 우리 눈에 보이는 별들에 의해 설명될 수 있는 질량을 반영하는 것이라고 보고했던 것이다! 역설적인 것은, 물질의 가설적 형태라는 것이 앞서 말한 문장들이 (천문학과 관련된) 뉴스거리가 될 정도로 아주 확증된 것이 되어 버렸다는 점이다. 한때 천문학자들은 중심으로부터 멀리 떨어져 있는 물체의 속도가, 만약 그 별들에 그 은하의 질량 대부분이 담겨져 있을 경우에 예상할 수 있는 것과 마찬가지의 방식으로 감소하는 은하를 발견한 적이 있었기 때문이다.

프리츠 츠비키가 최초로 증명한 것처럼, 어떤 물체의 전체 질량을 그것의 구성 요소들의 움직임으로부터 측정하는 기술은 개별적인 은하들뿐만 아니라 은하 무리들에 대해서도 적용된다. 중력은 여기서도 또한 은하 무리들의 전체 질량이 증가하면서 증가하는 속도로 움직이게 되는, 그 은하 무리들의 개별적인 구성원인 은하들을 서로 묶어두는 보이지 않는 접착제를 제공하게 된다. 거대한 나선은하들의 경우에 있어서와 마찬가지로 지난 몇십 년 동안에 걸쳐 서서히 축적되어 온 증거는, 대부분의 '질량이 풍부한' 은하 무리들은 개별적인 은하들에 속해 있는 별들의 질량으로 설명해 낼 수 있는 것보다 훨씬 더 많은 질량을 포함하고 있다는 것을 보여 주고 있다.

지난 30년 동안 일단의 천문학자들은 은하 무리들을 하나하나 관측하면서, 츠비키가 최초로 실시한 연구를 개선하고 그 범위를 넓히는 데 세계 최대의 천체망원경들을 이용해 왔다. 왜냐하면 이러한 은하 무리들 대부분의 전체 질량은, 그것들의 구성원이 되는 수천 개의 은하들 속에서 우리가 볼 수 있는 별빛에 의해 설명될 수 있는 것보다 약 5에서 10배 정도 더 큰 것으로 여겨지기 때문이다. 이처럼 거대한 개별 은하들에 있어서와 마찬가지로, 거대한 은하 무리들에서의 물체의 움직임에 대한 측정은 물질의 가설적 형태가 가시적 물질을 5에서 10, 또는 그 이상이나 그 이하의 인수로 지배적임을 암시하는 것이다. 이것은 츠비키가 훨씬 더 제한된 데이터들을 근거로 하여 최초로 추산해 냈던 것을 확증해 주는 것이다.

이제 은하 무리들에 있어서 중력의 영향을 도플러 효과라는 수단에 의해 물체의 움직임을 연구하는 것보다 더 많은 여러 가지 방식으로 구분해 볼 수 있게 되었다. 1992년 ROSAT(독일 · 미국, 그리고 영국이 공동으로 계획한 것으로서, 엑스선의 발견자인 빌헬름 뢴트겐의 이름을 따서 뢴트겐 위성이라고 명명되었다)라고 불리는 엑스선 관측 위성은 그것의 검출 장치를 케페우스자리로 향하게 했는데, 그것은 그 구성원이 되는 가장 두드러진 은하의 이름을 따서 NGC2300이라고 명명된 3개로 이루어진 한 무리의 은하들을 연구하기 위해서였다. ROSAT는 이 은하 무리가, 직경이 1백만 광년 이상 되는 엑스선을 발출하는 부분 안에 잠겨 있다는 사실을 밝혀냈다. 이 부분은 태양이 매초 가시광선이란 에너지를 생산해 내는 것보다 약 1백억 배나 더 많은 에너지를 엑스선이란 형태로 발출한다.

물질의 가설적 형태가 **아닌 것**은, 분명한 이 엑스선을 발출하는 물질은 천문학자들로 하여금 이 은하 무리에 충만해 있는 물질의 가설적 형태의 양을 추론해 낼 수 있게 한다. 엑스선의 관측을, 물질의 가설적 형태가 은하들의 작은 집단조차도 지배하고 있다는 사실과 연결시키고 있는 일련의 추론에는 최소한 다섯 단계가 존재한다. 첫째, 엑스선들은 뜨거운 가스가 존재한다는 징후이다. 둘째, 발출되는 엑스선의 양은 뜨거운 가스가 얼마나 많이 존재하는지, 그리고 그 온도가 얼마나 높은지를 드러내 주는 것이다. 셋째, 뜨거운 가스는 새어 나가려는 경향이 있는 것이기 때문에, 그 뜨거운 가스가 사라져 버리는 것을 막기 위해 은하 무리는 얼마나 많은 양의 질량을 포함하고 있는 것인지를 우리는 계산할 수 있게 된다. 넷째, 우리는 은하들이 빛을 내게 만드는 별들에 포함되어 있는 전체 질량을 추산할 수 있다. 다섯째, 우리는 눈에 보이는 질량을 셋째 단계에 존재하는 것으로 추론된 질량과 비교하고, 그렇게 해서 후자의 양이 훨씬 더 크다는 것을, 그렇게 해서 은하 무리 안에 존재하는 물질의 대부분이 물질의 가설적 형태임이 분명하다는 것을 알아낼 수 있게 된다.

이러한 일련의 단계들을 NGC2300 무리에 대해 적용시켜 보면, 엑스선을 발출하는 가스는 6천억 태양 질량이라는 전체 질량을 가지고 있으며, 화씨 1천5백만 도라는 것을 알 수 있다. 이 정도의 온도에서 그처럼 많은 양의 가스를 계속 유지하기 위해서, 이 은하 무리들은 태양이 가지고 있는 질량의 30조 배와 맞먹는 전체 질량을 가지고 있는 것이 분명하다. 만약 우리가 이 NGC2300 무리에 속해 있는 3개의 은하 안에서 각각의 별들이 가지고 있는 평균 질량이 우리은하 안에 들어 있는 별들의 평균 질량(태양 질량의 70퍼센트)과 같다고 가정해 본다면, 이 세 은하들 모두에 속해 있는 별들의 전체 질량은 태양이 가지고 있는 질량의 약 6천억 배와 맞먹는 것이 된다. 이처럼 NGC2300 무리는 별들에 들어 있는 질량보다 약 50배 더 많은 질량을 물질의 가설적 형태 안에 가지고 있다는 것이 분명한 것으로 보인다.

이와 같은 결과를 해석해 내는 데 있어서, 천문학자들은 오류의 가능성에 대한 참작도 포함시켜야만 한다는 것을 아주 잘 알고 있다. 예를 들면 그들은 NGC2300 무리에 속해 있는 은하들까지의 거리를 정확하게 알고 있지 못하다. 거리에 있어서의 오류는 추산된 뜨거운 가스의 양에 있어서의 오류로 이어지게 될 것이고, 그러므로 그 가스가 사라져 버리는 것을 막는 데 필요로 하게 되는 질량의 전체 양에 있어서의 오류로 이어지게 되는 것이다. 이외에 또 천문학자들은 엑스선의 발출량을 측정하는 데 있어서도 오류를 범해 오고 있었을 수도 있는 것이다. 이러한 오류들은 가시적 물질의 양에 대한 물질의 가설적 형태의 양의 추론된 비율을 5, 혹은 그 이상의 인수로 낮출 수도 있는 것이다. 하지만 물질의 가설적 형태 대 가시적 물질에서 10 대 1이라는 질량의 비율조차도 이 은하 무리들이 물질의 가설적 형태에 의해 지배당하고 있다는 것을, 그것도 거대한 나선은하들과 질량이 풍부한 은하 무리들에서 발견되는 것과 대략 동일한 비율로 그러하다는 것을 입증해 주게 될 것이다.

우리가 9장에서 논의했던 것처럼, 우리는 은하 무리들이 차지하고 있는 것보다 훨씬 더 먼 거리에 걸쳐 존재하는 물질의 밀도를, 우주의 팽창인 허블의 지향적 흐름에서 일탈해 있는 대규모의 지향적 흐름들을 찾아냄으로써 측정할 수 있다. 마르크 데이비스——하버드대학교에서 최초로 적색 편이에 대한 조사를 시작했으며, 현재는 버클리 소재 캘리포니아대학교의 교수인 천문학자——가 행한 최근의 한 분석에서는 이러한 지향적 흐름들은 존재하지 않는다는 결론을 내리고 있다. 지향적 흐름에 대한 데이비스의 모형은 물질의 평균 밀도가, 가시적 물질보다 물질의 가설적 형태가 최소한 10배 더 많다는 것을 의미하게 되는 값을 가지고 있을 것을 필요로 하는 것이다. 이러한 정도의 밀도가 없다면, 부분에서 부분으로의 물질의 양의 일탈은 통계적으로 측정된 지향적 흐름의 양으로 이어질 수 없게 될 것이다. 유감스럽게도 데이비스는, 물질의 평균 밀도가 평균 밀도의 '겨우' 10에서 30퍼센트 값보다 임계 밀도에 더 근접하여 있는 것인지에 대해서는 아직 측정을 하지 못했다.

이러한 차이는 중대한 우주학적 의미를 지니고 있다. 우선 첫째로 만약 개선된 모형과 관측이 그 밀도는 임계 밀도의 '겨우' 10에서 30퍼센트와 같은 것이라면, 팽창 이론 모형은 운수 사나운 때를 만나게 되는 것이며, 다른 한편으로 임계 밀도에 근접한 밀도는 팽창 이론 모형을 유효한 것으로 만들게 되는 것이다. 두번째로, 이 결과는 오늘날 물질의 가설적 형태는 관측으로 접근이 가능한 가장 큰 척도의 거리에 걸쳐, 익히 알려져 있는 종류의 물질보다 최소한 10배 더 많은 전체 질량을 공급하면서 우주를 지배하고 있다는 가장 강력한 증거를 제공한다. 은하 무리들로부터 나온 그러한 결과들이 이목을 끄는 것이긴 하지만, 그것은 물질의 가설적 형태가 우주 공간에서 단지 상대적으로 작은 부분에만 그 세력을 가지고 있다는 것을 드러내 주는 것이었을 수도 있다. 데이비스의 연구는, 물질의 가설적 형태가 어디에서나 10 정도의 인수로 익히 알려져 있는 물질을 지배하면서, 우주 전체에 걸쳐 퍼져 있다는 개념을 보강해 주는 것이다.

천문학자들이 물질의 가설적 형태의 존재에 대한 것으로 축적해 온 관측을 통해 얻은 모든 증거들에 더하여, 소립자물리학에서의 계속되는 발견은, 우주의 대부분을 구성하고 있는 소립자들에는 아직 우리가 발견해 내지 못한 것이 많다는 생각을 이론가들이 보다 쉽게 받아들이도록 만들어 왔다. 상이한 종류의 소립자에 대한 이론을 전문적으로 연구하는 물리학자들에게, 물질의 가설적 형태가 존재한다는 사실은 어둠 속에서 들려오는 나팔 소리이자 창의력을 발휘하도록 재촉하는 것이 되었다.

비록 이들 이론가들은 어떤 종류의 물질이 우주의 대부분에 공급되는지 우리에게 말해 주려는 시도를 해야만 하지만, 이것이 그들이 임계 밀도와 같은 정도의 평균 밀도를 가진 충분한 물질의 가설적 형태를 제시해야 하는 것은 아니라는 사실을 잊지 말아야 한다. 이 점은 이론가들의 열정 때문에 강조되어 마땅한 것인데, 대부분의 이론가들은 그들이 가정하고 있는 물질의 가설적 형태를 임계 밀도의 '겨우' 10 또는 20 또는 30퍼센트의 밀도를 가진 것으로 잘라내어 버릴 계획을 전혀 가지고 있지 않을 정도로 팽창 이론이 호소력을 지니고 있다는 것을 깨닫고 있다. 우주를 구성하고 있다고 가정되는 어떤 특정 구성 요소에 의하여 물질의 가설적 형태가 얼마나 많이 공급될 수 있는지, 거기에 대한 판단을 하기 위해서는 보다 더 냉철한 이성을 필요로 한다. 그러한 냉철한 이성의 소유자들은, 앞으로 언젠가 특정한 종류의 소립자에 대한 증거를 발견해 내거나, 물질의 가설적 형태에 공급되도록 충분한 수로 존재한다고 여겨지는 소립자 유형이 잘못된 것이라는 점을 증명하게 될 실험물리학자들이다. 그러한 실험적 시험들이 겨우 시작 단계에 있는 지금 당장은, 물질의 가설적 형태라고 가정된 소립자가 우주의 대부분을 구성하는 것이 될 수 있는 대부분의 기회는, 그 소립자가 보통의 물질이 아닌 한 넓게 열려 있다.

따라서 2000년대에는 천문학자들이 근래 들어 그것이 무엇으로 되어 있는지도 모르는 채 우주의 대부분을 발견해 낸다는 특이한 상황에 처해 있게 되는 것이다. 물질의 가설적 형태는 앞으로 몇 년 동안에 분명하게 밝혀질 수도 있거나, 혹은 우리 모두가 죽을 때까지 밝혀지지 않을 수도 있는 우주의 수수께끼이다. 하지만 물질의 가설적 형태가 존재한다——그 점에 대해서는 거의 아무도 반박하지 않는다——는 바로 그 이유 때문에, 그리고 그것이 질량을 가지고 있는 보통의 물질을 이처럼 중력의 영향으로 지배한다는 이유 때문에 천문학자들은 그것을 발견해 내고자 하게 될 것이다. 즉 이론을 연구하는 천문학자들은 그것을 계속해서 그들의 모형에 이용하게 될 것이고, 소립자물리학자들은 계속해서 그것이 취하게 되는 형태에 대해, 그리고 그것을 검출해 낼 수 있을 방법에 대해 심사숙고하게 될 것이다. 이러한 숙고가 얼마나 너른 범위에 걸쳐 있는지를 알아보기 위해 한 장을 할애할 것이며, 그것이 얼마나 유용한 것으로 증명되었는지를 알아보기 위해 또 다른 한 장을 할애할 것이다.

12

우주의 대부분을 찾아서

오늘날 천문학자들은 새로운 별들을 생성시키거나, 쌓여서 유성체의 먼지가 되거나, 또는 부착되어 우리 지구와 같은 행성을 생성시키게 되는, 별들 속에서 빛나는 것을 우리 눈으로 확인할 수 있는 우리에게 친숙한 물질보다 최소한 5에서 10배, 그리고 어쩌면 50배까지도 더 많은 물질을 공급하고 있는 우주의 지배적인 부분으로서의 물체의 가설적 형태라는 것의 존재를 받아들인다. 하지만 물질의 가설적 형태가 이처럼 압도적으로 지배하고 있다는 사실을 받아들이는 것은 어느 날 갑자기 일어났던 것이 아니다. 천문학자들과 우주학자들은 당연히 강력한 증거도 없이 우주에 대해 우리가 가지고 있는 개념에 그토록 큰 변경이 가해지는 것에 저항했던 것이다. 하지만 그 증거가 점점 더 강력한 것이 되어가면서, 천문학자들은 물질의 가설적 형태라는 것을 찬성하는 견해 쪽으로 점차 입장을 바꾸게 된다. 아주 당연하게도 그들은 그 물질은 무엇이며, 어디에 존재하는가?라는 질문을 하기 시작했다.

물질의 가설적 형태가 어디에 존재하는 것이냐는 문제에 관해서는 그 대답이 명백한 것으로 여겨진다. 즉 어디에나 존재한다는 것이다. 우리가 눈으로 확인할 수 있는 빛나는 물질은 기본적으로는 빛을 내지 않는 우주라는 케이크에 입혀진 빛이라는 설탕으로 여겨진다. 천문학자들은 초기 우주에서는 모든 종류의 물질들이 우주 공간 전체에 걸쳐 거의 고르게 분포되어 있었을 것이라는 우주학 이론이 확실한 것이라고 믿는다. 그 이래로 물질이 덩어리를 이루도록 만드는 원인이 되었던 영향은 물질의 가설적 형태에 대해서보다 가시적 물질에 더 강하게 작용했을 수도 있는데, 그 이유는 예컨대 우리은하에 있어서처럼 빛을 내는 물질보다 물질의 가설적 형태가 보다 균등하게 퍼져 있다는 것을 알기 때문이다. 물질의 가설적 형태와 가시적 물질은 모두 덩어리를 이루지만, 우리가 눈으로 확인할 수 있는 물질이 눈으로 확인할 수 없는 물질보다 덩어리를 더 많이 이루고 있는 것이다.

따라서 만약 물질의 가설적 형태가 어디에나 존재하는 것이라면, 그것은 무엇인가? 그 물음에 대한 대답이라는 강에는 엄청난 당혹스러움이 떠다니고 있게 되는 것이다. 이론물리학자들의 마음속으로부터 나온 것으로, (그 전체를 다 열거하지 못한 불완전한 것이긴 하지만) 액시온, 우주 열(列)〔string은 두께가 0, 길이는 약 10^{-35}미터인 1차원의 곡선으로 이루어져 있는 질량의 기본 단위〕, 영역의 벽, 글뤼노, 그래비티노, 히그시노, 자기 단극, 마조론, 크고 무거운 중성미자, 맥시몬, 뉴트릴리노, 패라포톤, 포티노, 프레온, 쿼크 너겟, 실질이 없는 물질, 스뉴트리노, 윔프, 그리고 와이노 등으로 불리는 가설적 소립자들을 포함, 물질의 가설적 형태에 관하여 있음직한 다수의 설명이 제시되어 왔다. 이들 각각의 소립자 유형들은 소립자의 질량이나 그것이 다른 유형의 소립자들과 상호 작용을 하는 능력과 같은 특성들에 있어서 다른 소립자들과 서로 다르다. 이러한 유형들은 존재하는 것일 수도 있지만, 그 어떤 이론가(특히 특정한 유형의 소립자들을 지지하는)도 오컴의 면도날 이론을 우주의 쓰레기 더미에 뒤틀린 고철덩이로 남아 있게 만들면서까지, 그 모든 유형의 소립자들이 존재할 수 있다는 가능성을 감히 인정하려 들지 않는다.

분명한 사실은, 천문학자들과 우주학자들이 이 가설적 물질이 어떤 것인가라는 점에 대한 그럴 듯한 설명을 전혀 가지고 있지 못하다는 것이다. 실제로 그들은 수십 개의 '그럴 듯한' 설명을 가지고 있으나, 그 설명에서 부족한 것은 단지 어느것이, 만약 그런 것이 있다면 정확한 것이냐에 대한 일치된 견해이다. 우주의 대부분이 무엇으로 이루어져 있는지를 결정하기 위해서는 무엇을 해야 하는가? 과학은 굉장히 유용한 것임이 증명된 하나의 절차를 가지고 있다. 즉 분류하고, 그 다음 그것에 의해서 단순화시키려는 시도를 해보라는 것이 그것이다. 자연으로부터 아낌없이 주어진 것(또는 우주에 대한 이론가들에 의해서 만들어진 것까지도)을 각기 다른 무더기로 구분해 보려는 시도에 의해서, 과학자들은 어떻게 왕겨로부터 온전한 밀을 분리해 낼 수 있는지, 그리고 어떤 것이 어떤 것인지를 확실하게 분간할 수 있는지를 알 수 있게 되기를 바랄 수 있다.

물질의 가설적 형태에 대하여 엄청나게 많은 후보가 되는 소립자들을 분류하기 위해서, 우리는 우리가 조사할 수 있는 것으로서 우주에 가장 큰 영향을 주는 여러 가지 다른 유형의 소립자들의 특성을 밝혀내야만 한다. 다른 소립자 특성들은 보다 덜 중요한 것이 되는데, 그 이유는 그것들이 '우리의' 우주, 즉 우리가 관측을 통해 접근할 수 있는 우주에 영향을 미칠 수 있기 때문이다. 그 다음 무엇이 가장 중요한 특성들인가? 오늘날의 우주학자들이 내놓고 있는 최선의 견해에 따르면, 그것들은 중입자(重粒子)적인 것 대 비중입자적인 것, 그리고 뜨거운 물질의 가설적 형태 대 차가운 물질의 가설적 형태라는 두 부분으로 이루어진 것이다.

중입자적인가, 아니면 비중입자적인가?

중입자적 물질 대 비중입자적 물질이라는 관계가 가지고 있는 결정적인 중요성을 인정하기에 앞서, 우리가 사용하는 이 용어들에 대한 정의를 내려 보기 위해 잠시 멈춰야만 한다. ('scary-onic' 이란 말에 운을 맞춰 발음하게 되는) 'baryonic' 이란 말은 대부분의 언어에서 쉽사리 통용될 수 있는 것은 아니지만, 그럼에도 불구하고 우주에 대해 우리에게 알려 줄 수 있는 많은 것을 가지고 있는 용어이다. 실로 여남은 명의 물리학자들 중에서 이 말의 어원을 설명할 수 있는 사람은 어쩌면 한 사람도 없을 것이며, 또한 이 말이 우주학자들 사이에서 사용되고 있는 현재의 의미에 대해서 그 어원이 우리에게 어떤 혼동을 주게 될 것인지에 대해 설명해 줄 수 있는 사람도 없을 것이다.

중입자적이란 말은 중입자라는 말의 형용사형으로 '무거운 소립자' 라는 의미이며, 그 어근은 그리스어로 무겁다는 뜻인 **바루스**이다. 마찬가지의 어근이 바리톤이란 단어에도 나타난다. (그리고 알아차리기가 보다 어려운 형태로서, 旅團이나 무덤이라는 낱말에서도 나타난다.) 물리학자들은 원래 어떤 소립자들을 보다 가벼운 소립자들로부터 구분하기 위해 그것들을 중입자들이라고 불렀는데, 그보다 가벼운 입자들을 그들은 섬세하다, 또는 작다는 의미인 그리스어 **렙토스**를 따서 **경(輕)입자라고** 명명했다. (렙톤은 또한 그리스의 주화로서 1드라크마의 겨우 1백분의 1인데, 오늘날에는 거의 주조할 만한 가치가 없는 것이기도 하다.)

전자와 중성미자는 경입자의 훌륭한 예이며, 전형적인 중입자는 모든 원자의 핵을 구성하는 양자와 중성자이다. 소립자 질량(경입자에는 낮은, 중입자에는 높은)과는 별도로 중입자와 경입자 사이에서 가장 중요한 차이는, 우리가 소립자들의 상호 작용에 대해 생각해 볼 때 나타나게 된다. 중입자들은 강한 상호 작용에 관여하게 되는데, 다시 말하면 그것들은 강하게 작용하는 힘을 '느끼게' 되는 것이다. 이와 대조적으로 경입자들은 강하게 작용하는 힘에 영향을 받지 않는데, 말하자면 그것으로부터 그 어떠한 영향이건 전혀 경험하지 않는 것이다. 그러므로 강하게 작용하는 힘은 양자와 중성자를 함께 묶어 놓아 원자핵을 구성할 수 있지만, 결코 전자나 다른 경입자들을 그러한 핵에 결합하도록 만들 수는 없는 것이다.

이 정도의 내력에 대한 설명을 듣고 나면, 우리는 물리학자들이 '중입자적 물질'이라는 어구를 전자나 중성미자 · 뮤온, 그리고 다른 경입자 무리를 나타내게 되는 '경입자적 물질'에 대조되는 것으로서, 양자와 중성자를 집합적으로 지칭하기 위해 사용했으리라는 것을 예상하게 될지도 모른다. 그러한 결론은 실제의 사용 방식에 대해 심각하게 잘못 진술하는 것이 된다. 지난 몇십 년 동안 우주학과의 교류를 통하여, 중입자적 물질은 단순히 보다 가벼운 소립자들에 대립하는 것으로서의 무거운 소립자들을 의미하는 것이 아니라 오히려 모든 가설적인, 그리고 아직 발견되지 않은 형태의 물질에 대립하는 것으로서의 우리에게 익히 알려진 모든 소립자들——중입자들과 경입자들——을 의미하게 되었다. 중입자적 물질은 강하게 작용하는 힘의 지배를 받는 상호 작용에 관여하지만, 가설적인 비중입자적 물질은 관여하지 않는다.

여기서 무언가가 잘못된 것처럼 보인다. 우리는 경입자들은 강하게 작용하는 힘을 느끼지 않는다고 방금 전에 말하지 않았던가? 왜 그것들은 비중입자적 물질이 아닌가? 험프티 덤프티가 그 대답을 제공한다. 즉 그 말은 물리학자들이 의미하고자 하는 바를 의미하는 것이며, 그 이상도 그 이하도 아닌 것이다. 중입자들——보다 색다른 종류의 무거운 소립자들과 함께 양자와 중성자들을 가리키는——은 소립자물리학의 세계를 지배하는데, 그것은 바로 그것들이 강하게 작용하는 힘을 통해 상호 작용을 하기 때문이다. 이러한 상호 작용은 실험적인 고에너지 물리학자들의 활동과 꿈을 지배하는 방앗간(일부는 수십억 달러의 비용이 들게 되는)에 제분용 곡식을 제공하게 된다. 따라서 이 물리학자들이 그들의 가설 속에 등장하는 물질의 새로운 형태에 대한 명칭을 구하려 했을 때, 그렇지 않았더라면 보다 익숙한 유형의 물질로부터 '낯선' 또는 '정말 기묘한' 것으로 명명되었을 어떤 것들을 구분하기 위해 '비중입자적' 이라는 어구를 사용하게 된 것은 당연한 것으로 보인다.

물리학자들은 이미 '기괴한' '저주받은' 그리고 '신랄한' 과 같은 용어들을 소립자들의 상이한 부분 집합들을 가리키는 말로 사용해 왔는데, 어쩌면 그들은 겸손함이 가져오게 될 이득을 감지한 것인지도 모른다. 어느 경우에 있어서건 그들은 (이제까지는) 가장 기괴하고, 가장 낯설며, 가장 순수하게 가설 속에 등장하는 유형의 물질을 '비중입자적인 것' 이라고 간결하게 명명해 온 것이다. 만약 그것이 중입자적 물질이라면, 그것은 '중입자적인 것' 이란 말이 이제까지 물리학자들이 발견해 낸 모든 소립자들을 설명하는 것이 될 수 있도록, 그것들과 관련된 중입자와 경입자 두 가지 모두를 포함하게 된다. (아래에서 논의된 중성미자와 반중성미자는 예외로 한다.) 그러나 비중입자적 물질은 여전히 발견되지 않고 있지만, 그것이 무엇이건 간에(영원히 이론상의 개념으로만 남아 있게 될 가능성도 포함하여), 비중입자적 물질은 강하게 작용하는 힘을 통해서는 결코 그 어떤 것과도 상호 작용을 하지 않는다.

우주 속에 있는 비중입자적 물질의 밀도

비중입자적 물질이 강하게 작용하는 힘을 느낄 수 없다는 것은 중대한 논점이 되는데, 그 까닭은 그것이 우리로 하여금 물질의 가설적 형태에서는 모든 양자 · 전자 · 원자 · 분자 · 먼지 · 암석 · 유성 · 행성, 그리고 단지 빛을 내지 않는다는 이유로 인해 우리에게 (당연히) 미지의 것으로 생각되고 있는 그밖의 모든 것들이 중시된다는 논쟁으로부터 제외될 수 있도록 해주기 때문이다. 그것에 대한 정의에서 우리는 중입자적 물질이, 대폭발 이후 맹렬한 핵융합이 진행되었던 처음 몇 분간으로 우주의 온도가 10억 도, 혹은 그 이상이 되었던 때인 엄청난 **핵합성**(nucleogenesis, 또는 nucleosynthesis)의 시기에 관여해 왔으리라는 것을 알고 있다. 까마득히 오래 전에 사라져 버린 그 시기가 진행되던 동안, 일반적(중입자적)인 물질을 구성하고 있었던 소립자들은 강하게 작용하는 힘을 통해 서로 융합되는 경우가 흔히 있을 정도로 맹렬하게 충돌을 일으켰던 것이다.

이 핵합성의 시기는 중요한 한 가지 정보를 밝혀 줄 수 있는 우주 화석, 즉 우주 속에 상대적으로 풍부한 가장 단순한 원자핵들을 남겨 놓았다. 우주가 시작된 최초의 몇 분 동안은 개체로서 존재하는 양자들이라는 형태로 되어 있는 중입자적 질량의 대부분이 남게 되었다는 것이 계산을 통해 입증된다. 하지만 질량으로 계산된 중입자적 물질의 약 10퍼센트가 2개의 양자와 2개의 중성자를 가진 헬륨 4 원자핵의 형태로 융합되었다. 굉장히 적은 양의 중입자적 물질이 수소와 중수소(양자 1개와 중성자 1개) 동위원소라는 두 가지 원자핵과, 3중수소(양자 1개와 중성자 2개)와 헬륨 동위원소 ^{3}He(양자 2개와 중성자 1개)이라는 형태로 남겨졌다. 리튬의 두 가지 동위원소 ^{6}Li과

^{7}Li이 다량으로 측정되는 것과 함께, 중수소와 ^{3}He 원자핵이 풍부하게 존재한다는 것은 천문학자들이 우주 속에 존재하는 중입자적 물질의 밀도를 측정하는 열쇠를 제공할 수 있다. 근거가 없는 것처럼 여겨질 수도 있지만, 핵합성을 연구하는 학문 분야는, 우리가 한 가지 중요한 매개변수를 알고 있는 것을 조건으로 우주가 시작된 최초의 몇 분 동안, 이러한 동위원소들이 얼마나 많이 만들어졌는지에 대해 거의 정확에 가깝게 이해하게 될 정도로 발전해 왔다.

그 매개변수는 핵합성 시기 동안에 중입자적 물질이 가지고 있었던 평균 밀도인데, 그것은 최초의 몇 분 동안 각각의 동위원소들이 얼마나 많이 생성되었는지를 결정해 주는 것이다. 초기 우주는 원자핵을 생성시킬 수 있었을 뿐만 아니라, 또한 그것들을 다른 종류의 원자핵으로 융합시킬 수도 있었다. 그러므로 최초 몇 분간 이후 남겨진 적은 양의 중수소 · ^{3}He · ^{6}Li, 그리고 ^{7}Li은 우주 전체에 걸쳐서 이러한 원자핵들을 생성시키고, 또 파괴시킨 우주적 융합의 순수한 결과인 것이다. 계산에 의하면, 최초 몇 분간 물질의 밀도가 높으면 높을수록 남겨진 중수소와 ^{3}He · ^{6}Li, 그리고 ^{7}Li의 양은 더 적어지게 된다는 것을 보여 준다.(도해 10) 보다 높은 밀도는 우주가 이들 원자핵들을 보다 무거운 것들로 융합하는 효율성을 증가시켰을 것이다. 이처럼 계산을 통해 나타난 중수소와 ^{3}He · ^{6}Li, 그리고 ^{7}Li의 풍부함은 최초 몇 분 동안 물질의 밀도에 고도로 민감한 것으로 드러난다. 이와 대조적으로 1H(양자들)와 4He 원자핵의 풍부함은 초기 우주 속에서의 물질의 밀도에 상대적으로 둔감하다. 우주 속에서 물질의 평균 밀도가 그 처음 몇 분 동안 그 어느 순간의 밀도에 대해서건 이제 직접적인 관련성을 지니는 것이 된 까닭에, 천문학자들은 풍부하게 존재하는 이러한 가벼운 원자핵들에 대한 측정은 중입자적 물질의 밀도——우주의 미래가 어떻게 발달할 것인지를 결정할 수 있는 수치——를 알아보는 훌륭한 방법을 제공하게 된다는 것을 진작부터 알아차리고 있었다.

하지만 이러한 방법이 효과적인 것이 되도록 하기 위해서, 천문학자들은 어떤 별들로부터도 멀리 떨어진 채 존재하는 우주의 표본을 필요로 한다. 별들은 초기 우주가 그랬던 것과 아주 똑같은 방식으로 중수소 · ^3He, 그리고 리튬을 다른 종류의 원자핵들로 변하도록 '조작하고,' 그로 인해 초기의 우주가 이러한 원자핵들을 얼마나 많이 만들어 냈는지를 알아보려는 우리의 시도를 망쳐 놓게 된다. 우리는 이러한 활동을 하는 별들을 혐오하지 말아야 하는데, 그 까닭은 별들의 내부에서 일어나는 핵융합은 헬륨보다 무거운 엄청나게 많은 일련의 원자핵들을 생성시키게 되기 때문이다. 이러한 융합이 일어나지 않았다면, 우리는 보다 무거운 이러한 원자들로 만들어진 행성에 살고 있지 못했을 것이다. 그러나 별들 내부에서의 핵융합은, 우리가 지구나 태양 속에 풍부하게 존재하는 원자핵들의 양을 측정하고는, 그 다음 핵합성 시기 동안에 만들어진 양을 알아냈다고 가정하는 것은 어리석은 짓이 될 것이다. 천문학자들은 이 방법을 사용해 왔지만, '별들이 일으키는 오염'이 존재하지 않는다고 가정했을 경우에 한해서만, 그들은 우주 속의 중입자적 물질의 밀도에 대한 잠정적인 결론을 이끌어 낼 수가 있는 것이다.

이상적인 것은 천문학자들이 은하 우주간에서 결코 별들로 고체화한 적이 없거나, 또는 별들에 가까이 접근한 적조차도 없는 물질들 가운데 풍부하게 존재하는 중수소(^2H)와 ^3He의 원자핵을 측정해 보는 것이다. 하와이의 마우나케아 산정에 있는 10미터짜리 케크 천체망원경과 같은, 가장 뛰어난 성능을 지닌 오늘날의 천체망원경들이 그러한 관측에 사용되어 왔지만, 아직까지 결정적인 결과는 나타나지 않고 있다. 그러나 앞으로 몇 년 안에 은하 우주간에서의 ^2H와

^{3}He의 측정은 이용할 수 있는 것이 되어야 하며, 중입자적 물질의 밀도를 확실하게 측정할 수 있게 해주는 것이 되어야 한다.

만약 우리가 풍부하게 존재하는 상이한 유형의 원자핵들에 대한, 현재 이용할 수 있는 측정치에 의존한다면, 그리고 천문학자들이 이러한 풍부함이 대폭발 이후 최초의 시간 동안에 나타난 것들을 정확하게 반영하는 장소를 발견했다고 가정한다면, 우리는 중입자적 물질의 밀도에 대한 확실한 결론을 이끌어 낼 수 있을지도 모른다. 우리가 우주의 전형적인 표본들을 만들어 온 정도로는 중입자적 물질이 우주를 채우는 데 필요로 하는 임계 밀도의 겨우 4에서 8퍼센트(아마도 낮은 수치에 더 근접한 것일 수 있는) 정도를 공급해 줄 수 있다.(도해 10) 위에서 열거된 '가정들'을 염두에 둬야만 할지라도, 이러한 결과는 우주학자들 사이에서 절대 다수가 내리고 있는 결론을 정확하게 기술하고 있는 것이다. 따라서 우리가 임계 밀도의 2퍼센트보다 더 큰 물질의 밀도를 대하게 될 때, 마땅히 우리는 비중입자적 물질에 대하여 이야기하고 있는 것이지, 별들이나 행성들 또는 사람들을 구성하고 있는 재료에 대해서 이야기하고 있는 것이 아니라고 확신할 수도 있게 된다.

천문학자들이 우주의 대부분은 우리가 알고 있는 그 어떤 것과도 전혀 같지 않은 것으로 만들어져 있다는 사실을 받아들이는 것에 내켜하지 않음에도 불구하고, 우주가 주로 비중입자적 물질로 이루어져 있다는 것을 나타내 줄 수 있는 필요 조건은, 1994년 물질의 가설적 형태에 대한 직접적인 중입자적 가능성의 대부분을 거의 완전하게 배제한 허블 우주망원경으로 희미한 적색왜성들을 관측한 결과와 일치한다. 다음으로 가장 인기 있는 중입자적 후보들은 바위·혜성, 또는 행성과 같은 보다 크기가 작으며 빛을 내지 않는 물체들이다. '마초스'(14장에 설명되어 있는 massive compact halo objects,

즉 엄청난 질량의, 압축되어 있는 헤일로 물체들)에 대한 최근의 관측에서는 그것들 또한 물질의 가설적 형태의 주된 구성 요소라는 것으로부터 배제되는 경향을 보이는데, 어느 경우가 되었건 천문학자들은 마초스를 그것들이 가지고 있는 중력이 주는 효과에 의해서만 검출할 수 있는 까닭에, 그것들은 중입자적이라기보다는 비중입자적 물질일 수가 있는 것이다.

만약 앞으로 계속될 관측이 풍부한 중수소에 대한 현재의 이론을 입증해 주게 된다면, 결론은 이러한 것이 될 것이다. 즉 우주의 팽창이 반전되는 것에 대한 그 어떤 희망이건, 그것은 물질의 가설적 형태와 함께 존재하는 것이며, 물질의 가설적 형태라는 것은 비중입자적인 것, 즉 우리가 이제까지 우주에 대해 연구해 온 그 어떤 것과도 전혀 같지 않은 물질로 이루어져 있다는 것이다. 도해 11은 현재 우리의 관측 결과가 Ho와 임계 밀도에 대한 평균 밀도의 비율로서 가능한 것으로 여겨질 수 있는 값에 가하는 제한을 보여 주고 있다.

그렇다면 물질의 형태라는 것은 무엇인가?

물질의 가설적 형태가 아닌 것——중입자적 물질——은 무엇인지에 대해 확인을 하고 나면 우리가 마주치게 되는 물음은, 그렇다면 그것은 무엇인가에 대한 것이다. 여기서 234쪽의 목록에 들어 있던 소립자들이 활동을 시작하게 된다. 만약 우리가 다시 한 번 우리의 분류 방식을 이용한다면, 물질의 가설적 형태에 대한 모든 후보들에 대한 한 가지 사실이 갑작스럽게 두드러진 것이 된다. 즉 그것들 중 하나는 존재하는 것으로 알려져 있는 반면, 다른 것들은 이론가들이 아끼는 개념 이상의 그 어떤 것이나 마찬가지로 확증을 기다리고 있는 것이다.

존재하는 소립자로는 **중성미자**, 아울러 그것과 비슷하지만 약간의 차이를 가지고 있는 그것의 반입자인 반중성미자가 있다. 사실상 물리학자들은 세 가지 유형의 중성미자와 그것들과 관련된 세 가지의 반중성미자를 알아보고 있지만, 우리의 목적을 위해서는 그것들 모두를 단일한 유형의 소립자들로 간주할 수도 있다. 중성미자와 반중성미자는 경입자들이다. 그것들은 강하게 작용하는 힘, 또는 (그것들은 전하를 띠고 있지 않기 때문에) 전자기 힘 그 어느쪽도 경험하지 않는다. 그것들은 약하게 작용하는 힘을 느끼게 되지만, 중성미자는 단지 이 힘이 얼마나 약한 것인지에 대한 증거가 될 뿐이다. 매초 수조 개에 수조 개를 더한 것만큼 많은 수로 태양의 중심에서 발생되는 중성미자는, 그 중심을 뒤덮고 있는 거의 1백만 킬로미터의 물질을 곧장 통과하여 빠져 나오게 되는데, 그것의 지극히 작은 부분만이 태양 안에 있는 소립자들 중 하나와 어느 방식으로든 상호 작용을 하게 된다. 태양에서 생성된 이러한 중성미자의 10억분의 1이 지구에 도달하며, 빛의 속도로 지구를 통과하게 된다. (만약 우리가 그것을 가로막고 있다면, 우리까지도 통과하여) 열심히 연구하는 물리학자들이 엄청난 노력을 기울여야 그것들의 아주 작은 일부라도 포착할 수가 있게 된다.

중성미자는 그것들이 검출되기 오래 전부터도 존재하는 것으로 예측되었던 것들이다. 1932년에 볼프강 파울리는, 다른 방법으로라면 불가사의한 것으로 남아 있게 될 실험 결과를 설명하기 위해 이제까지 발견되지 않았던 소립자의 존재를 주장하게 되었다. 이탈리아의 물리학자인 엔리코 페르미에 의해 중성미자(중성을 띤 작은 존재)라고 명명된, 이 파울리의 가설 속에 등장하는 소립자는 1956년의 입자 가속기를 통한 실험에서 최종적으로 관찰에 의해 정식으로 확인

받게 된다. 그것의 존재가 거듭해서 입증되어 왔다는 사실은, 물질의 가설적 형태에 대한 후보가 되는 모든 소립자들 가운데서 중성미자에게 유례 없는 지위를 부여하게 된다. (물론 새롭고 색다른 소립자들에 대한 주장을 하고 있는 이론가들은, 자신의 예측이 직접적인 증거에 의해 확인되는 것을 보기 위해 24년을 기다려야 했던 파울리에게서 영감을 얻는다.) 만약 중성미자가 가지고 있는 질량이 0이라면, 그것은 물질의 가설적 형태와 그리 큰 관계를 가질 수 없다. 하지만 만약 각각의 중성미자가 지극히 적은 양이라 하더라도 0이 아닌 질량을 가지고 있는 것이라면, 상황은 극적으로 변화할 수 있게 된다.

1995년초 뉴멕시코 주의 로스앨러모스 국립천문대에서 연구하는 물리학자들은, 중성미자가 전자 1개가 가지고 있는 질량의 1백만분의 1에서 10만분의 1 사이 어딘가에 해당하는 질량을 가지고 있다는 증거를 발견했다고 발표했다. 보고서가 최초로 발표된 곳은 물리학 학술지가 아닌 《뉴욕 타임스》였기 때문에 다른 물리학자들은 당연히 회의적이었으며, 의례적인 부분에 대한 위반이 많은 과학자들의 귀에 그 소식이 들어가는 것을 지체되도록 만들었던 것이다. 보고서에서 제시하고 있는 결과가 만약 사실이라면, 특히 만약 중성미자의 질량이 로스앨러모스 천문대측의 발표에서 높은 쪽 끝에 위치하는 것으로 확인된다면, 그것은 아주 중요한 의미를 지니는 것이 되리라는 점에는 모두 동의했다.

우주에는 전자나 양자보다 약 10억 배나 더 많은 중성미자가 포함되어 있기 때문에, 그리고 전자 1개의 질량은 양자 질량의 1,836분의 1과 같기 때문에, 만약 각각의 중성미자가 전자 질량의 10만분의 1과 같은 질량을 가지고 있다면, 중성미자의 전체 질량은 대략 (이제까지) 중입자적 물질을 구성하는 질량 중에서 가장 두드러진 양자가 가진 전체 질량의 5배와 같게 된다. 헬륨 원자핵의 질량이 양자에 들어 있는 질량의 약 3분의 1과 같은 것이기 때문에, 그리고 양자와 헬륨이 함께 일반적인 물질의 거의 모든 질량을 형성하는 것이기 때문에 발표된 범위의 높은 쪽 끝에 있는 중성미자의 질량은, 중성미자가 별들이나 은하들에 존재하는 것으로 우리에게 익숙한 모든 형태의 물질보다 약 4배 더 많은 질량을 가지고 있게 됨을 암시하는 것이다.

이 경우 중성미자는 물질의 가설적 형태의 대부분을 나타내 주는 것이 될 수도 있는데, 그것은 다만 물질의 전체 밀도가 임계 밀도의 약 10퍼센트와 같을 경우에 한해서만 그러하다. 다른 방식으로 설명해 본다면, 중성미자는 비록 그것이 전자 1개가 가지고 있는 질량의 10만분의 1과 꼭 같은 것으로 드러난다 할지라도 팽창 이론 모형을 만족시킬 수 있을 만큼, 또는 우주가 궁극적으로는 수축을 하게 만들 수 있을 만큼 충분한 밀도를 우주에 줄 수 없다는 것이다. 하지만 만약 물질의 가설적 형태가 지닌 밀도가 가시적 물질의 밀도보다 단지 약 4배 더 큰 것으로 드러난다면, 중성미자도 물질의 가설적 형태가 될 수 있는 것이다. 그러나 227쪽에서 논의했던 것처럼, 현재 물질의 가설적 형태가 지니고 있는 밀도는 가시적 물질의 밀도보다 최소한 약 10배는 더 큰 것으로 여겨진다. 그럴 경우 중성미자는 물질의 가설적 형태의 약 절반 정도만큼만 채워 줄 수 있을 뿐 그 이상은 아닌 것이다. 이것은 은하들의 생성에 유리한 것이 될 수 있는데, 그 까닭은 우리가 14장에서 논의하는 것처럼, 천문학자들은 그 형성 과정에 대한 성공적인 모형을 만들기 위해서 중성미자가 아닌, 물질의 가설적 형태의 다른 유형을 필요로 하게 되기 때문이다.

정말 기묘한 상황이다! 엄청나게 많은 수로 존재한다는 것을 우리가 알고 있는 한 가지 소립자가 물질의 가설적 형태의 절반에 해당하는 것으로 밝혀질 수도 있다는 게 말이다——하지만 단지 절반이라니! 눈치 빠른 독자는 이미 오래 전에 우주학의 추이를 지켜보는 전문가들의 기본적인 원칙을 파악했을 것이다. 즉 실험을 통해 얻은 결과가 확증을 받게 될 때까지 기다릴 것이며, 우주학자가 사실이라고 말하는 것 전부를 성급하게 믿지 말라는 것이다. 만약 중성미자의 질량이 물질의 가설적 형태에 대한 설명이 되기에는 불충분한 것으로 증명된다면, 우주학자들은 계속해서 물질의 가설적 형태의 소립자의 주역이 될 가설 속의 후보 소립자들에 대해 숙고하게 될 것이다. 이러한 후보들은 한결같이 '아직 발견되지 않았고, 어쩌면 결코 발견되지 않을 수도 있는 것' 이라는 꼬리표를 붙이고 있게 된다. 각 유형은 이론가들에게는 매우 소중한 것일 수도 있지만, 이러한 물질의 가설적 형태의 후보들은 그럼에도 불구하고 실제와 일치하지 않는 것으로 밝혀지게 될 일부 우주 모형 속에서, 단지 이론적으로만 존재하게 되는 불운을 겪게 될 수도 있다.

가설 속에서는 존재하지만 아직 검출되지 않은 이러한 모든 소립자들은 비중입자적 물질이라는 공통의 특성, 즉 강하게 작용하는 힘을 통해서는 그 어떤 상호 작용도 하지 않는다는 성질을 공유한다. 우리에게 그것들을 검출해 내도록 허용할 수도 있는 상호 작용의 어떠한 가능성을 그것들은 남겨 놓고 있는가? 전자기 힘과 중력일 뿐인데, 적어도 우리가 알고 있는 유형의 힘들 가운데서는 그러하다. 전자기 힘은 또한 거기서 제외될 수도 있는데, 그 까닭은 현대물리학이 약하게 작용하는 힘과 전자기 힘은 너무도 밀접한 상호 관계를 갖고 있는 것이어서 만약 소립자들이 약하게 작용하는 힘을 통해 상호 작용을 할 수 없다면, 마찬가지로 그것들은 전자기 힘을 통해서도 상호 작용을 할 수 없다는 것을 입증해 왔기 때문이다.

그렇게 되면 중력이 남게 되는데, 그것은 또한 다행한 일이기도 하다. 만약 비중입자적 물질이 중력을 겪는 것이 아니었다면, 우리가 그것에 대한 정의를 조심스럽게 내려 보느라고 시간을 허비하지 않아도 되었을 것이다. 비중입자적 물질의 (가설 속에서의) 특성들에 대해 논의하기 위해 쌓아 놓았다면 작은 숲을 이뤘을 만큼의 재생지가 바쳐진 이유이기도 한 그것에 거는 큰 희망은, 비중입자적 물질이 중력에 관여할 능력을 가지고 있으면서 동시에 우주 속에서 작용하는 다른 세 가지 힘으로부터 영향을 받지 않고 확고하게 남아 있을 수 있는 것이라는 정의 속에 존재한다. 이처럼 비중입자적 물질은, (정의상으로는) 바로 이론가들이 원하는 것으로 작용하고 있다. 즉 그것은 11장에서 설명되었던 것처럼 비중입자적 물질에 관한 이론이, 그리고 그것에 대한 관찰이 암시하고 있는 것처럼 중력을 공급하고 있는 한편, 동시에 다른 유형의 힘을 통해 우리가 잘 알고 있는 물질들과 상호 작용을 한다는 문제를 피해 가고 있는 것이다. 그러한 상호 작용은 지금쯤은 벌써 우리가 비중입자적 물질을 발견하게 해주는 것이 되었어야 했다. 이러한 발견이 이루어지지 않았다는 사실은 비중입자적 물질이 그러한(어원적으로 왜곡된) 명칭을 가져 마땅하다는 것을 입증해 주고 있다.

우리는 중성미자가 만약 0이 아닌 질량을 가지고 있다면, 비중입자적인 물질의 가설적 형태일 수도 있다는 것을 살펴본 바 있다. 중성미자의 열렬한 옹호자들에게는 유감스러운 일이지만, 실험을 통해 얻은 중성미자 질량의 상한선은 꾸준히 감소해 왔으며, 현재 그것은 중성미자를 물질의 가설적 형태에서 거의 제외시킬 수도 있을 정도까지 이르러 있는 것이다. 만약 이것이 그러한 것으로 밝혀진다면, 일부에서는 모순으로 여길 수도 있는 것을 떠안고 있게 될 것이지만, 다른 사람들은 1천 년의 물리학 역사상 최대의 도전이 될 것으로 보고 있다. 즉 가설 속에 등장하는 소립자들 중 어느것이 우주를 지배하는 물질의 가설적 형태가 될 것인가?

실제적인 견지에서, 이러한 질문은 또 다른 질문으로 간단하게 정리된다. 즉 우리는 어떤 방법으로 그 어느 형태이건 가설 속에 존재하는 비중입자적인 물질의 가설적 형태를 발견할 수 있을 것인가? 이 질문에 대한 답이 쉬운 것이라면 그것은 잘못된 것이리라. 물질의 가설적 형태이건 아니건 비중입자적 물질은, 정의에 따르면 중력과 약하게 작용하는 힘 이외의 그 어떤 것을 통해서도 우리가 잘 알고 있는 중입자적 형태의 물질과는 상호 작용을 하지 않는다. 중성미자를 검출해 내기 어렵다는 것은, 그 후자가 거의 상호 작용을 하지 않는 것이 어느 정도인지를 나타내고 있음을 증명해 주는 것이다. 하지만 그것이 자연이 우리에게 주고 있는 전부이며, 따라서 비중입자적 물질의 가설적 형태를 발견하려는 사람은 누구든 오랜 세월에 걸쳐 열심히 그것을 찾아볼 각오가 되어 있어야만 하는 것이다.

오늘날에는 호의를 가지고 있는 미국과 유럽의 정부들로부터 자금 지원을 받아, 물질의 가설적 형태를 발견하려는 여러 가지 탐색이 진행되고 있다. (냉전이 종식되면서 우리는 군의 자금 지원을 받는 것에 대하여 '중성미자선' 이니, 또는 '물질의 가설적 형태의 폭탄' 이니 하는 농담을 더 이상 주고받을 수 없게 되었다——그 농담의 신랄함은 중성미자와 비중입자적 물질의 가설적 형태가 이루고 있는 끊이지 않는 흐름이라는 것은, 우리 모두가 일상적으로 앞뒤를 가리지 않고 뭔가를 포기한다는 것에 직면할 수 있게 하는, 또 직면하고 있게 하는 어떤 것이라는 사실 속에 존재한다.) 중성미자를 발견하려는 탐구와 마찬가지로, 이러한 모든 탐색은 우리가 찾고 있는 물질의 가설적 형태보다 훨씬 더 크게 상호 작용을 하기 때문에 관통하여 지나가는 힘이 보다 덜한 다른 중입자적인(비록 상대적으로 불명료하지만) 소립자 유형들을 제거하기 위한 엄청난 양의 차폐물을 필요로 한다. 많은 양의 차폐물이 없다면 이처럼 흥미가 덜하고, 이미 알려져 있는 유형의 소립자들은 과학자들이 자신들이 찾고 있는 소립자를 기록할 수 있도록(그렇게 되기를 바라고 있다) 설치해 놓은 예민한 검출 장치를 압도해 버리게 될 것이다.

오늘날 물리학자들이 물질의 가설적 형태를 찾고 있는 곳으로 손꼽히는 장소들은 캘리포니아 오로빌 댐의 하부, 프랑스와 이탈리아 경계에 있는 몽블랑의 자동차용 터널 속, 러시아 코카서스 산맥의 여러 산정들의 아래쪽, 그리고 이탈리아에서 가장 높은 아펜니노 산맥의 그란사소 아래 등에서의 실험들이 포함된다. 이 실험들은 각기 특정한 물질의 가설적 형태의 후보 소립자들에 전념하는 경향을 보인다. 예를 들면 오로빌 댐에서의 연구 계획은 윔프(약한 상호 작용을 하는 질량이 큰 소립자들)의 검출을 목표로 하고 있는 반면, 몽블랑에 설치된 검출 장치는 자기 단극을 찾기 위한 것이다. 만약 어떤 한 가지 물질의 가설적 형태의 후보 소립자가 나머지의 것들보다 월등한 위치를 차지하고 있다면, 우리는 그러한 유형의 소립자를 발견하려는 목적에서 행하고 있는 특정 실험에 집중하는 것을 그만두는 것이 당연하다. 그 대신 다량의 후보 소립자들이 주어졌다고 가정한다면, 이론물리학과 실험물리학 두 가지 모두에 있어서 물리학자들의 정력에 찬탄이나 보내는 것이 보다 타당한 것일 수 있으며, 우주의 대부분을 구성하고 있는 것이 무엇인지를 찾는 것과 같은 적절한 문제 해결에 효과를 주도록 집중할 수 있다. 그들이 물질의 가설적 형태를 발견하기 위해 연구하고 있는 동안, 우리는 물질의 가설적 형태의 발견이 어떤 방식으로 우리가 우주의 구조를 설명해 내는 데 도움을 줄 수 있을 것인지 알아보기로 하자.

13
현세에서의 충분한 시간

팽창하는 우주의 알려지지 않은 미래와 비교하여, 우주 배경의 발견과 그것의 완벽한 평탄함으로부터의 일탈이나, 작은 기포와 같은 우주 공간이 우리 눈으로 확인할 수 있는 우주보다 훨씬 더 큰 것이 되는 데 겨우 10^{-30}초가 걸렸다고 단정하고 있는 팽창 이론, 그리고 그 성격은 여전히 수수께끼로 남아 있는 반면, 그것의 존재는 확인된 것으로 여겨지는 물질의 가설적 형태 등에서 어떤 우주학적 문제가 보다 더 이해하기 어려울까? 바로 은하들은 어떻게 해서 생성되기 시작했을까 하는 것이 그것이다.

우주에 대한 것 중 그 어떤 것도 우주가 덩어리 모양을 하고 있다는 사실보다 더 분명한 것은 없는 것처럼 보인다. 우리 인간은 지구라는 거대한 덩어리 위를 마음대로 지나다니게 되는데, 그 지구라는 것 자체는 궤도를 그리면서 돌고 있는 중심에 자리잡고 있는 별과 비교한다면 왜소하게 여겨지는 것이다. 가족을 이루고 있는 행성들, 그 행성들의 위성들, 소행성들, 혜성들, 그리고 유성체들과 행동을 함께 하는, 어느 정도 중간급에 속하는 이 별은 우리은하라고 불리는 거대한 나선은하의 중심 주위에 있는 수천억 개의 별들 중 하나로서 운행한다. 그리고 우리는 우주 공간 전체에 걸쳐 산재하는 수십억 개의 유사한 은하들을 찾아볼 수 있는데, 그것들은 각기 물질의 덩어리로서 보다 작은 덩어리들과 그것들에 딸린 부속물들로 나뉘어 있다. 이 은하들 자체는 대체로 함께 뭉쳐져 있으며, 한층 더 큰 규모의 거리에서 우리는 이러한 은하 무리들과 그러한 은하 무리들로 이루어진 더 큰 은하 무리들이 거품 모양의 대형으로 배열되어, 그것들로 이루어진 벽이 엄청나게 거대한 공간을 둘러싸고 있는 것을 발견하게 된다. 잇따라 천문학자들이 보다 더 먼 거리에 존재하는 우주의 구조를 연구하는 데 성공을 거두게 되면서, 그들은 이러한 무리를 이루는 것에 계급이 존재한다는 사실을 알아냈는데, 그것은 수십억 년의 세월 동안 장거리에 걸쳐 작용하는 힘의 존재를 증명해 주는 형태인 것이다.

우주의 나이에 대해서는 그 누구도 확신하고 있지 못하며, 최근 발견된 증거는 대폭발이 대략 1백50억 년 전에 일어난 것이라는 이전의 견해를 뒤흔들어 왔다. 정말 이상하게도 이제까지 나온 것들 중 가장 뛰어난 이론들에 따르면, 1백50억 년이란 기간조차도 오늘날의 우주 전체에 걸쳐 관측되는 끝간 데 없는 구조물이 형성되도록 하는 데 '현세에서의 충분한 시간'(앤드루 마블의 표현대로라면)〔Had we but world enough, and time/This coyness, Lady, were no crime〕을 겨우 제공할 수 있게 된다는 것이다. 대폭발 이후 겨우 80억에서 1백30억 년이 흘렀다는 최근의 추산은 우주의 구조를 설명해 낸다는 문제를 한층 더 심각한 것으로 만들고 있다.

이제 천문학자들은 우주에서 구조의 계급이 아래에서부터 위로 자리잡게 된 것인지, 또는 위에서부터 아래로 자리잡게 된 것인지 여부를 알 수 없게 되었다. 달리 말하면 우리는 작은 덩어리들이 먼저 형성되고, 나중이 되어서야 겨우 그것들이 보다 더 큰 덩어리들로 모여 합쳐지게 된 것인지, 아니면 은하들의 분포에 있어서의 거품 모양과 같은, 물질의 가장 큰 등급이 먼저 형성되고, 나중에 보다 작은 은하들의 단위로 다시 나뉘게 된 것인지 그 여부를 알 수 없다는 것이다. 그러나 은하들은 보다 더 큰 우주의 기본적인 가시 단위이기 때문에, 우리는 은하의 형성이 보다 더 큰 구조물의 형성에 선행하는 것인지, 아니면 그것을 대체하고 있는 것인지 거기에 대한 결정을 내리려 시도하기에 앞서, 우선 은하들 그 자체의 형성을 가능케 했던 기제에 대하여 검토해야 할 것이다.

중력이라는 보이는 손

비록 어떤 명확한 형태가 분명하게 나타나고 있지만, 은하들은 엄청난 다양성을 보여 주고 있다. 가장 큰 은하들은 나선 또는 타원 두 가지 중 한 가지이며, 그 각각은 수천억 개의 별들을 포함하고 있고, 끝에서 끝이 최소한 10만 광년의 거리를 가지고 있다. 그러한 엄청난 은하들은 몇십억 광년 떨어진 거리에서는 희미한 빛의 윤곽으로 보일 수 있다. 나선 혹은 타원은하들과 마찬가지로 보다 작은 은하들도 겨우 몇십억 개, 또는 어떤 경우에는 단지 몇억 개의 별들을 포함하고 있으며, 이러한 정도의 크기를 가지고 있는 소수의 은하들은 '불규칙 은하들' 이다. 거대한 불규칙 은하들은 이제까지 발견되지 않고 있으며, 알려진 것들 중에서 가장 큰 것도 우리은하에 딸린 2개의 불규칙 위성은하인 마젤란운들의 크기나 질량을 초과하지는 않는다.

우리은하 근처에서 천문학자들은 수십 개의 한층 더 작은 '소형 은하들' 을 발견했는데, 그 각각은 수억 개의 별들을 가지고 있을 뿐이다. 우리은하 근처는 우주의 전형적인 예를 보여 주고 있는 것으로 여겨지고 있기 때문에, 천문학자들은 우주 전체에 걸쳐 이러한 소형 은하들이 존재한다는 결론을 쉽사리 내린다. 그것들의 수는 아마도 보다 친숙하며, 보다 뚜렷하게 '정상적인' 은하들의 수를 넘어서는 것일 수가 있겠지만, 그것들의 내용물을 이루고 있는 별들의 총계는 보다 큰 은하들이 가지고 있는 질량에 한참 미치지 못한다.

거대 · 보통 혹은 소형 은하들이건, 나선 · 타원 혹은 불규칙 은하이건, 이러한 모든 유형의 은하들은 중력으로 인해 형성된 것이다. 우리는 하나의 은하와 같은 크기와 거리에 걸쳐 퍼져 있는 물질이, 합체되어 있도록 하는 원인을 제공하는 다른 어떤 유형의 힘에 대해서도 알고 있지 못하다. 실로 은하를 형성하고 있는 물질은 맨 처음에는 은하보다 더 큰 용적에 걸쳐 펼쳐져 있었던 것이 분명한데, 그 까닭은 모든 은하들이 어떻게든지 해서 그 자체가 한 덩어리로 뭉쳐져 있게 된 것이 분명한 평균보다 더 밀도가 높은 물질——원시 은하——로 이루어진 덩어리의 예가 되기 때문이다. 드물게 천문학자들은 그리 심각하게는 아니었지만 자기장이나 전자기 힘을 사용하여 은하 형성 이론을 세워 보려고 해왔지만, 이러한 이론들은 전혀 들어맞지 않는 것이다. 거의 모든 조건에 있어서, 자기장은 가스구름들의 수축을 조장하기보다는 그것을 억제하는 경향을 보이기 때문이다.

중력은 네 가지 기본적인 유형의 힘들 중에서 단연 가장 약한 힘——전자기보다 약하고, 소립자들의 상호 작용을 지배하는 소위 강하게 작용하는 힘과 약하게 작용하는 힘보다 한층 더 약한——이라는 사실에 비추어 보면, 중력이 지배적인 역할을 하고 있다는 것은 놀랍게 여겨질 수도 있는 일이다. 중력의 중요성은 그것이 갖고 있는 두 가지의 중요한 속성 때문이다. 첫째, 중력은 전자기와 같이, 그리고 강하게 작용하는 힘이나 약하게 작용하는 힘과는 달리, 장거리에 걸쳐 작용하는 힘이라는 점이다. 둘째, 중력은 항상 물체를 끌어당긴다는 점이다. 우리에게 익히 알려져 있는 0이 아닌, 그리고 양

(陽)의 질량을 가지고 있는 모든 소립자들에 의해 발휘되고 있는 인력의 효과를 상쇄시킬 수 있는 반(反)중력이나 음(陰)의 질량은 존재하지 않는다. 더 많은 소립자들의 모임은 언제나 더 많은 양에 달하는 중력을 발휘하게 된다. 이러한 사실은 왜 초기에는 보잘것없었던 물질의 덩어리가 보다 많은 소립자들을 끌어모으게 되는 것인지에 대하여, 그리고 왜 그 덩어리가 보다 작은 크기로 수축을 일으키게 되는 것인지에 대하여 설명해 주게 된다. 중력으로 인해 그 어떤 원시 은하도 비교적 윤곽이 불분명한, 평균보다 더 밀도가 높은 물질의 덩어리가 너른 공간에 걸쳐 펼쳐져 있었던 것에서 보다 작고, 보다 더 밀도가 높은 물질로 된, 거의 형성이 끝난 은하로 아주 자연스럽게 변화하게 된다. 은하의 구조물들은 어떻게 해서 형성되었을까 하는 질문을 해보게 될 때, 우리는 물질의 가설적 형태를 반드시 포함시켜야 하는, 보다 더 큰 국면에 대한 시각을 잃지 말아야 한다. 물질의 가설적 형태는 우주 속에 있는 물질의 대부분을 공급하고, 따라서 은하들이 형성되게 하는 원인이 되는 중력의 대부분을 만들어 내면서 우주를 지배한다. 물질의 가설적 형태 또한 덩어리를 이루지 않는다면, 우리는 일반적인(즉 물질의 가설적 형태가 아닌) 물질이 함께 모여 덩어리를 이루리라고 기대할 수가 없는 것이다. 우리는 물질의 가설적 형태가 아닌 물질이 물질의 가설적 형태인 물질보다 덩어리를 **많이** 이루는 것으로 예상할 수도 있지만, 이처럼 덩어리를 이루는 경향은 그 둘 모두에 있어서 나타나게 될 것이다. 그렇지 않다면 빛을 내는 물질이라는 꼬리가 빛을 내지 않는 물질의 가설적 형태라는 개를 흔드는 격이 될 것인데, 그것은 중력의 원칙상 허락되지 않는 것이다. 은하들은 모든 형태의 물질이 평균적인 것보다 훨씬 더 응축되어 있는 곳으로서, 이러한 물질은 최소한 90퍼센트, 그리고 어쩌면 98퍼센트 정도가 물질의 가설적 형태로 이루어져

있다. 우주학자들이 어떻게 해서 물질이 서로 뭉쳐 덩어리를 이루는지에 대해 숙고하게 될 때 제기되는 근본적인 물음은 다음과 같은 것이다. 즉 물질의 가설적 형태는 어떻게 해서 덩어리를 형성하게 되는가?

따라서 은하들의 형성을 설명해 줄 수 있는 이론을 만들어 내기 위해서라면, 우주학자들은 오래 전에 사라져 버린 그 형태를 알 수 없는 보이지 않는 물질이 어떻게 활동해 왔는지에 대한 역사를 추측해 봐야만 한다. 우리의 상상력을 이러한 방향으로 향하도록 하는 데는 특별한 정신적 재능을 필요로 하게 되지만, 복잡한 계산의 뒷받침을 받는 추측들은 이제까지 무성하게 생겨났다. 계산의 결과들을 비교함으로써, 즉 중력이 형성시킨 물질 덩어리들의 유형에 대한 예측을 함으로써 전체 빙산(주로 물질의 가설적 형태)의 일각에 해당하는 일반적인 물질인 우리 눈에 보이는 은하들을 가지고 천문학자들이 어떤 모형은 버리고, 어떤 모형은 자세한 조사를 하기 위한 그 다음 단계로 넘기게 되길 바랄 수가 있게 되는 것이다.

시간이라는 요인

모든 천문학자들(소수의 천문학자들이 이견을 보이긴 하지만)은 중력이 은하들을 만든 것이 분명하다는 점에 동의한다. 문제는 시간, 또는 시간의 부족이라는 점이다. 중력은 놀라울 정도로 큰 규모의 거리에 걸쳐 작용하지만, 그것은 지루하고 답답할 정도의 느린 속도로 움직인다. 하지만 우리은하나 근처에 있는 은하들에 들어 있는 별들의 나이에 대한 추산은, 그것들 중 다수가 1백억 년, 그리고 어쩌면 그보다 더 나이를 먹은 것임을 나타내 주는 것이다. 1995년초 버클리 소재 캘리포니아대학교의 천문학자들은, 우리로부터 너무도 엄청나게 떨어져 있어서 그 빛이 대폭발 이후 흐른 시간의 5분의 4 동안을 진행한 은하를 발견했다고 발표했다. 이것은 그 은하가 우리 눈에 보이게 되는 시점에서, 약 20억 년의 나이 이상은 먹은 것일 수가 없음을 의미한다. 하지만 이 은하에는 붉은빛을 띤 별들이 상당한 비율로 포함되어 있는데, 그것은 우리 눈에 보이게 되는 시점에서의 이 은하가 생겨난 지 얼마 되지 않은 것이 아님을 함축하고 있는 것이다.

요컨대 대폭발이 있었던 때를 결정하는 데 있어서의 불확실성을 감안하고, 은하들의 나이와 우주의 나이 사이에서 나타날 가능성이 있는 모든 모순되는 점들을 접어둔다 할지라도, 그 윤곽이 분명해진 상태에서 대폭발 이후 겨우 10억에서 20억 년 정도 존재하고 있었다는 것이 분명해 보인다. 대부분의 일반 사람들에게 10억 또는 20억 년이란 세월은 그 무엇을 하기에도 충분한 시간으로 여겨질 것이다. 하지만 우주학자들이 20억 년 안에 은하가 생겨나는 것을 가능하게 해줄 모형을 창안해 내기 위해 그들의 자료와 이론을 컴퓨터에 입력하게 되면, 그들은 거듭해서 실패를 겪게 된다.

비록 최근의 학문적 진보로 인해 우리는 아주 어린 은하는 어떤 것이었을지 희미하게나마 알게 되었지만, 실제적인 형성 과정 동안의 은하들이 어떤 모습이었을 것인지에 대해서는 알고 있지 못하다. 형성되는 과정에 있는 은하에 가장 가까운 것은 퀘이사들일 수도 있지만, 초기에 본 이것들은 아주 별난 은하들이었을 것임이 거의 확실하다. 원시 은하들의 모습은 가시광선을 통해서는 결코 얻어낼 수 없는 것일 수도 있는데, 그 까닭은 원시 은하에는 별이 아직 형성되지 않은 상태이며, 천문학자들에게 익숙한 파장과 진동수를 가진 빛을 내지 않기 때문이다. 만약 우리가 우주 속에 있는 구조물의 형성을 이해하고자 한다면, 우리가 눈으로 확인할 수 있는 가장 멀리 떨어진 은하들보다 나이가 더 어린 어떤 것을 필요로 하게 된다.

은하의 씨앗들

은하들이 형성되기 시작했던 시기를 연구하기 위해, 우리는 어떻게 은하들이 어렸던 시기를 지나 과거의 시간 속으로 거슬러 올라가 볼 수 있을까? 우주에 남아 있는 것으로 알려진 가장 오래 된 자취는 우주배경복사이며, 그 안에 숨겨진 것은 천문학자들이 아주 높이 평가하는 귀중한 것이다. 대폭발이 있은 후 몇 분 동안에 생성되어 처음 1백만 년 남짓한 기간 이래로 아무런 방해도 받지 않고 자유롭게 우주 공간을 계속 진행해 온 이 복사는, 80억에서 1백30억 광년이 떨어져 있는 거리로부터 우리에게 이르게 된다. 만약 우리가 이 복사에 중력이 남겨 놓은 흔적을 해독해 낼 수 있다면, 우리는 거기에서 은하 역사에 담겨진 이야기를 읽어낼 수 있게 되는 것이다.

알베르트 아인슈타인이 맨 처음 입증했던 것처럼 비록 광자의 질량이 0이지만, 중력은 광자에 영향을 미친다. 중력은 우주 공간을 구부려 놓는 것을 통해 광자가 직선의 탄도를 그리며 진행하지 못하게 할 뿐만 아니라, 또한 각각의 광자가 가지고 있는 에너지에도 영향을 준다. 예를 들면 태양으로부터 빠져 나오는 각각의 광자는 각기 밖을 향해 싸워 헤치고 나오는 과정에서 아주 적은 양의 에너지를 잃게 된다. 빛의 속도로 진행하는 광자들은 결코 멈추지 않지만, 그것들이 태양을 떠나면서 1백에 대하여 약 2천분의 1 정도로 파장은 증가하고 진동수(그리고 에너지)는 감소하게 된다.

중력이 점차 강해지게 되면서, 이러한 효과는 보다 두드러진 것이 된다. 만약 70만 킬로미터인 태양의 반경이 단지 3킬로미터가 될 때까지 수축하게 된다면, 그 표면에서 빠져 나가려 하는 그 어떤 광자도 그것이 가지고 있는 모든 에너지를 잃거나, 전혀 빠져 나갈 수 없게 될 정도로 그 표면에 작용하는 중력이 증가하게 된다.

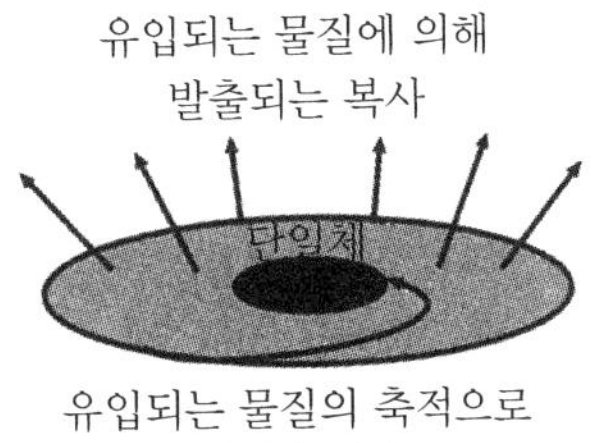

그렇게 되면 태양은 그 중력이 모든 광자(그리고 다른 모든 유형의 소립자들)가 빠져 나가는 것을 막게 되는 물체인 블랙홀이 된다. 한때 블랙홀은 단순히 이론 속에서만 구성된 개념으로서, 그것들 자체의 수리적인 영역에서만 흥미를 주는 것으로 여겨졌을 뿐 실제 우주의 일부로 여겨졌던 것은 아니었다. 하지만 오늘날 천문학자들은 블랙홀이란 것의 존재에 대한 단지 간접적인 추정상의 증거들(우리는 직접적인 관측을 거의 기대할 수 없다)만을 가지고 있음에도 불구하고, 그것들을 상당히 진지하게 받아들이고 있다. 강력한 전파를 발출하는 미지의 여러 근원들은 블랙홀로 나선을 그리면서 빨려 들어가고 있는 물질로부터 나오는 것으로 여겨지고 있다.

우주배경복사에서 광자에 대한 중력의 영향을 면밀히 검토할 때 그 상황은, 비록 세부 사항으로 들어가면 놀라울 정도로 복잡해지지만, 개념상으로는 아주 단순한 것이 된다. 우주배경복사가 생성되었을 당시에 평균치보다 더 높게 응축된 그 어떤 물질이건 배경에 존재하는 광자들에 영향을 미쳐, 주어진 용적 안에 들어 있는 주어진 에너지가 가지고 있는 광자들의 수가 평균치와는 달라지게 만든다. 평균보다 낮은 밀도도 유사한 효과를 만들어 내지만, 반대 방향을 향해서이다. 밖으로 향해 우주로 들어가는 특정 조준선을 따라 평균 밀도에서의 일탈 정도가 크면 클수록, 특정한 파장과 진동수를 가진 우주배경복사에서 우리가 관측하게 되는 광자수라는 평균치에서의 일탈도 보다 눈에 띄는 것이 된다.

따라서 원칙적으로는 우주배경복사가 생성되었을 당시 물질의 응축 정도를 측정하기 위해 우리가 해야만 하는 것의 전부는, 우주배경복사 속에서 광자가 지니고 있는 세기를 보여 주는 고도의 정확성을 지닌 천체도를 만들어 내는 것이다. 이 천체도는 초기 우주에서 물질의 응축에 의해 복사가 어떤 방식으로 영향을 받게 되는지를 드러내 주게 될 것이며, 대폭발이 있은 후 처음 10억 년 동안 완벽한 평탄함——만약 그런 것이 존재한다면——으로부터의 일탈 정도를 드러내 주는 것이 되어야만 할 것이다.

하지만 이러한 노력을 열성적으로 기울이기 시작하기에 앞서, 우리는 불규칙한 부분들이 우리에게 무엇을 알려 줄 수 있을 것인지를 판단하는 데 있어서의 한 가지 어려움에 주목해야만 한다. 우주배경복사에서 나타나는 대부분의 불규칙한 부분들은 은하 형성을 순조롭게 해주는 물질의 밀도 속에서의 섭동(攝動)〔보다 큰 힘의 작용에 의한 운동이 부차적인 힘의 영향으로 약간 교란되는 현상〕에 의한 것이 아니라, 은하의 형성에 지장을 주는 중력파 자체로부터 나오는 것으로 밝혀질 수도 있다.

중력 복사라고도 불리는 중력파는 빛의 속도로 진행하지만, 그것은 우주 속에서의 모든 다른 유형의 복사와는 다르다. 중력파는 물질이 빠른 속도로 움직일 때면 언제나 발생하는 것이며, 그것은 지나치면서 물체들에 이상한 영향을 끼친다. 물체를 이동시키는 대신, 그것은 파동과 직각을 이루는 한 방향으로는 물체를 길게 늘어나게 만드는 한편, 전달되는 방향을 가로지르는 다른 방향은 움츠러들게 만드는 식으로 물체의 모양을 일그러뜨리게 된다. 그런 다음 파동이 지나가게 되면서 늘어나고 줄어드는 방향은 반전을 계속하게 된다.

엄청난 속도로 움직이는 물질로 가득 채워져 있었던 초기 우주는 상당한 양의 중력 복사를 생성해 냈던 것임이 분명하다. 이러한 중력파들은 우주의 극초단파 배경에 있어서 나타나는 불규칙한 부분들에 최소한 부분적으로는 원인이 되고 있었던 것일 수가 있는데, 단지 얼마나 많은 양이냐 하는 문제가 해결 과제로 남아 있을 뿐이다. 이러한 불규칙한 부분들은 밀도에 있어서의 섭동을 나타내는 것이 아니기 때문에, 어떻게 해서 은하들이 형성되기 시작했는가를 설명하는 데 있어서는 아무런 소용에 닿지 않는다. 우주배경복사에 있어서 완벽한 평탄함으로부터의 최소한 부분적——어쩌면 대부분일 수도 있는——일탈은 중력파로부터 생겨날 수 있었던 것이다. 이것은 이미 그 수가 별로 많지 않은, 은하들의 씨앗으로서의 밀도상의 불규칙한 부분들을 한층 그 수가 줄어든 것으로 만들어 놓게 된다. 하지만 지금 당장은 이 문제를 잠시 마음속에서 치워두고 우주배경복사에서의 불규칙한 부분들이 우리에게 무엇을 말해 줄 수 있는지에 대해 면밀하게 검토해 보기로 하자——만약 그것들이 은하를 생성시킬 수 있는 것인, 밀도에 있어서의 섭동으로부터 발생하는 것이라고 한다면 말이다.

우주배경탐사선, COBE

1992년 4월 24일, 우주학자들은 별안간 텔레비전 뉴스 프로그램과 전세계 신문들의 1면을 주도하는 위치에 있게 되었다. (뉴스를 보기에는 지루한 하루가 되었을 것이 분명하지만) 그날, 독자들과 시청자들은 COBE라고 불리는 위성이 우주배경복사 속에서 '잔물결들'의 증거를 발견했다는 것을 알게 되었다——그 잔물결들은 우주 속에서 장소에 따라 밀도의 변화에 대한 가장 오래된 증거를 제공하는데, 그러한 밀도의 변화는 성장하여 나중에 은하가 될 수도 있는 그러한 것이다.(도판 10) 의심할 여지도 없이, 일반 대중은 이것을 거의 이해하지 못했으며, 그들이 이해한 것이라고는 과학자들이 '신과 직접 대면한 것과도 같은' 종류의 경험을 했다는 것 정도였던 것이다.

일반인들과 이야기를 나눠 보고는, 일반인들이 과학으로부터 받은 자극에 대해 아주 쉽사리 침묵해 버릴 수가 있다는 것을 깨닫게 된 과학자들은, 우리들 대부분이 '자연'이라고 부를 어떤 것에 대한 은유로서 '신'이란 말을 사용하여 그들이 받은 감동을 전달하려는 시도를 하는 경우가 흔하다. 이것은 대체적으로 과학자들이 신앙심이 없다는 뜻이 아니다. 일반 대중과 마찬가지로 과학자들도 극단적인 무신론을 포함하여 온건한 불가지론에서부터 모든 형식의 관습을 좇는, 그리고 관습을 좇지 않는 신앙에 이르기까지의 철학적 사상들을 기꺼이 받아들인다. 대부분의 과학자들은, 자신의 양자 이론에 대한 불신을 "신은 주사위놀이를 하지 않으신다"라는 주장으로 표현했고, 과학이 자연의 비밀을 풀어낼 수 있으리라는 자신의 믿음은 "신은 불가사의한 존재일 뿐 심술궂지는 않다"라는 말로써 표현했던 아인슈타인에 의해 유명해진(적어도 과학자들 사이에서만은) 어법들을 함께 사용한다. 자신의 종교적 믿음에 대한 언급을 강요받게 된 아인슈타인은 "나는 존재하는 것들의 질서정연한 조화 속에 자신을 드러내어 보이는 스피노자의 신을 믿는 것이지, 인간의 운명이나 행위에 관여하는 신을 믿는 것이 아니오"라고 답했다. 이것은 오늘날의, 결코 모든 우주학자들의 태도라고는 볼 수 없지만, 대부분 우주학자들이 견지하고 있는 태도를 제대로 요약하고 있는 것이다.

하지만 대중화하고 있는 과학의 문제라면, 신에 대한 언급이 즉각적이고 광범위한 흥미를 불러일으키게 된다는 것을 우주학자들은 익히 알고 있었다. COBE 위성이 발견한 것에 대한 발표는 이러한 현상에 대한 훌륭한 예를 제공한다. 그 결과가 '상당히 중요하다' 라고 언급한 천문학자들의 말은 언론에서 언급도 되지 않고 넘어가지만, 우주배경복사에서의 불규칙한 부분들은 우주학에서의 '성배' 라고 언급한 천문학자들, 또는 이러한 불규칙한 부분들을 관측하는 것은 "신의 필적을 찾아내는 것과 같다"라고 말한 천문학자들은 전세계적인 주목을 받았던 것이다.

선거전에서 사용하는 웅변의 경우와 마찬가지로 언론은 경고 따위는 과감하게 무시하며, 자세한 내용은 불필요한 것으로 만들어 버린다. COBE 위성이 얻어낸 결과를 설명하는 중요한 회견 장소에서, 우주배경복사에서의 불규칙한 부분들을 발견해 낸 팀의 지휘자 조지 스무트는, "**만약** 당신이 신앙심이 깊은 사람이라면, 그것은 신을 바라보는 것과 **같았**을 것"이라고 조심스럽게 말했다. (굵은 글씨체는 덧붙여진 것이다.) 이 인용문은 곧 '신을 바라보는 것과 같았다' 로 줄어들었고, 그 다음 캐나다에서 손꼽히는 시사 주간지 《매클린스》의 표지에서는 '신을 바라보기' 로 줄어들었다. 스무트와 공동으로 연구를 진행한 로렌스 버클리 연구소의 과학자들은, COBE를 통해 제작한 천체도 아래에 불경스럽게도 '신의 얼굴을 보라' 는 사진 설명을 달아 복도에 붙여 놓음으로써 이 인용문에 동조하는 언론의 열의에 대해 반대 의견을 나타냈다. 전세계에 발표된 천체도는 COBE 위성을 통해 발견한 불규칙한 부분들――이것은 어려운 통계학적 분석을 통해 자료 더미에서 찾아냈어야만 하는 것이 틀림없다――을 실제로 보여 주고 있지 않기 때문에, 이 인용문은 인간성의 운명에 대해 깊이 생각하는 사람들에게 뭔가를 생각하게 하는 적절한 것이 되었다.

하지만 인간에게 도움을 주고자 하는 학문에서 신학 이야기는 이제 그만큼 해두기로 하자. 전세계에 걸쳐 알려지게 된 COBE의 발견이 내포하고 있는 바는, 만약 간단히 말한다면 주목과 찬탄 중 무엇이었을까? 이 우주배경복사 탐사용 위성은 장기간에 걸친 우주배경복사 연구를 위해 설계, 발사된 (1989년 11월) 것이었다.(6장) 1964년 이 복사가 최초로 검출된 이래, 우주학자들은 이 복사에서 관측된 세부 사항들은 이 복사가 물질과 마지막으로 상호 작용을 했던 때인 대폭발 이후로 약 30만 년 정도 되었을 무렵의 우주의 상태는 어떠한 것이었는지에 대한 정보를 담고 있으리라는 것을 알고 있었다.

COBE에 탑재된 중요한 관측기구들 중 하나가 미분 극초단파 라디오미터, 즉 DMR이었는데, 이것은 하늘의 각기 다른 부분들로부터 도착하는 복사의 양을 비교하기 위한 것이었다. 우주배경복사에서 가장 긴 파장과 가장 낮은 진동수를 가진 것은 우리 지구의 대기권을 통과할 수 있지만, 이 복사의 대부분은 대기권을 통과하지 못한다. 따라서 우리는 이 우주의 유물을 장기간에 걸쳐 연구하기 위해 계측기구를 궤도상에 올려 놓아야만 하는 것이다.

1990년 1월, COBE는 이전의 관측에서 얻어낼 수 있었던 것보다 훨씬 더 큰 정확성을 지닌 우주배경복사 스펙트럼의 측정을 완료했다. COBE가 측정한 스펙트럼은 우주 대폭발 이론에 의해 예측된 것과 완벽하게 일치했다.(96쪽) 현재에는 단지 극소수의 우주학자들만이 대폭발 같은 것은 일어난 적도 없는 우주의 대체 모형을 계속해서 주장하고 있을 뿐이다. 이러한 모형들에서 우주배경복사는 이들 모형들만을 위한 상당히 특별한 방식으로, 즉 하늘의 한 지점에만 고르게 분포되어 있는 것으로 보이는 훨씬 더 국소적인 현상으로 설명되어야만 한다. 대부분의 천문학자들은 이것이 불가능하다고 생각하는데, 그 까닭은 우주배경복사는 하늘 전체에 걸쳐 거의 완벽에 가까운 평탄함을 가지고 있기 때문이다.

COBE가 다만 우주배경복사의 스펙트럼에 대한 놀라울 정도로 정확한 측정만을 해냈다 하더라도, 미 항공우주국(NASA)의 존 매더가 이끄는 팀의 구성원들인 과학자들과 기술자들은 당연히 만족한다는 견해를 내놓았을 것이었다. 하지만 COBE는 그보다는 한층 더 극적인 어떤 것을 해낼 수 있도록 고안된 것으로서, 단순히 우주배경복사의 스펙트럼만을 측정하기 위한 것이 아니라, 우주의 각기 다른 방향으로부터 도착하는 이러한 복사의 양에 있어서 아주 적은 일탈도 찾아낼 수 있는 일련의 상세한 관측을 해낼 수 있게 만들어진 것이었다.

복사의 거의 평탄한 스펙트럼은 대폭발이 있었다는 것을 증명하는데 필수적인 것이었지만, **완전히** 평탄한 초기의 우주라는 개념은 이론가들에게 참기 어려운 것이 되었는데, 그 까닭은 말하자면 그것이 은하들이나 그보다 더 큰 구조물들의 형성이 진척될 수 있도록 해줄 수 있는, 물질의 최초 응축 같은 것이 전혀 존재하지 않았다는 것을 의미하게 되기 때문이다. 이들 이론가들은 **어느 정도의** 불규칙한 부분들이 존재하는 것을 바라고——요구하고——있는 것이다. 우주배경복사에 대한 이전의 모든 관측들은 그 복사에 있어서의 완전한 평탄함으로부터 전혀 아무런 일탈도 드러내 보여 주지 못하는 것들이었다. 이러한 결과는 우주학자들에게 엄청나게 귀찮은 것이었는데, 그 까닭은 그들이 자신들의 컴퓨터 안에서 은하들의 생성 과정을 재현하면서 엄청난 어려움을 겪게 되기 때문이다.

우주배경복사에서의 변동이라는 중대한 관측을 하기 위해서, COBE에 탑재된 DMR이라는 계측기구는 한 가지 중요한 작업을 수행하도록 고안된 것이었다. 즉 우주배경복사가 그 발출의 정점에 있는 부분과 그 진동수가 근접해 있는 복사를 하고 있는 하늘의 천체도를 제작하기 위한 것이다. 배경복사에 대한 이전의 천체도들은 평균치로부터의 그 어떤 일탈——국소적인 평균치와 연관 관계에 있는 우리은하의 움직임으로부터 생겨나는 도플러 효과에 의해 발생하는 변화는 제외하고——이건 그것을 드러내 주기에는 불충분한 감도를 가지고 있었던 것이다.

COBE에 탑재되어 있는 계측기구 DMR은 3개의 상이한 진동수를 가진 우주 배경을 관측했지만, 60도의 각도로 벌어진 하늘의 두 지점으로부터 수신한 복사의 양들 사이에 존재하는 차이만을 측정했던 것이다. 이것은 훌륭하게 이치에 들어맞는데, 그것은 DMR과 같은 계측기구는 그것이 복사의 실제 양들을 측정하고는 나중에 다른 것에서부터 한 가지 양을 빼는 것에 의해 추론해 낼 수 있는 것보다 이러한 차이를 훨씬 더 정확하게 측정할 수 있다. COBE는 꼬빡 3년 동안에 걸쳐 측정을 해냈고, 매 6개월마다 DMR은 지상의 감독자들이 그 둘 모두 COBE가 고장을 일으키기에 충분할 만큼 밝은 지구나 태양 쪽으로 절대 향하지 않도록 엄청난 주의를 기울이는 가운데, 모든 방향의 하늘에 대한 천체도를 완성했다.

DMR의 개별적인 관측들은 각기 각도의 크기에 있어서 3×3도보다 약간 작은 면적에 걸치는 '화상을 구성하는 요소,' 즉 줄여서 '화소(畵素)' 라고 하는 것을 만들어 낸다. 9제곱도(度)는 하늘에서 만월이 차지하고 있는 정도에 해당하는 부분의 40배에 달하게 되는데, 그 까닭은 전체 하늘은 그러한 화소 5천 개 이상이 전체 하늘을 덮고 있게 되는 것인, 4만 제곱도 이상의 어떤 것을 포함하고 있기 때문이다. 그러나 복사의 강도에 있어서의 차이에 대한 측정치로부터 정확한 천체도를 만들기 위해서는 각각의 화소는 수천 번씩 관측되어야만 한다.

가동 첫해 동안 DMR의 실험에서는 전혀 별개인 두 주파수대를 통하여 (계측기구의 잡음을 확인하기 위해서) 각 부분을 반복적으로 관측하면서 거의 2억 개에 달하는 화소들을 수집했는데, 그 이유는 세 가지의 각기 다른 진동수를 지닌 배경복사 때문이었다. 마침내 DMR이 복사에서, 단순한 계측기구의 잡음이 아닌 진정한 불규칙한 부분들을 발견해 냈다는 확신에 차서 DMR 연구팀은 자신들의 연구 계획에서 가장 중요한 작업인 그 불규칙한 부분들에서 어떤 일정한 형태를 찾아낼 수 있는지 알아보기 위해 화소들을 분석하기 시작했다.

모든 것이 배경복사인 것은 아니다

이것은 기념비적인 작업이었다. 중요한 두 가지의 일정한 형태가 존재하는 것으로 알려졌는데(중력파의 알려지지 않은 효과에 덧붙여), 그것은 초기 우주가 가지고 있었던 불규칙한 부분들을 밝혀 주지는 못하는 것이어서, 우주적 불규칙한 부분들을 탐색하는 작업을 계속하기 이전의 관측 결과로부터 제외해야만 하게 되었다. 그 중 한 가지 형태는 훨씬 더 멀리 떨어진 곳으로부터의 복사에 첨가되거나 그것을 간섭하는, 우리은하로부터 발출되는 복사이다. 두번째 형태는 우주 공간 속에서의 태양계와 우리은하의 우주학적으로 그리 크지 않은 운행으로부터 생겨나는 것이다. 이러한 운행은 우리가 검출해 내는 우주배경복사에서 특징적인 형태를 만들어 낸다. 즉 이 복사는 우리은하가 움직여 가고 있는 방향을 향해서는 약간 높은 온도를 가지고 있으며, 그 반대 방향으로는 약간 낮은 온도를 가지고 있게 된다는 것이다.

이전에는 이용할 수 없었던 정도의 감도를 얻을 수 있게 되면서 DMR은 배경복사의 완벽한 평탄함으로부터 약 10만분의 1이란 비율의 일탈을 검출해 낼 수 있게 되었다. 거의 모든 우주학적 이론가들은, 만약 DMR이 배경복사의 온도에서 그 어떤 불규칙한 부분들을 발견해 낸다면, 그들은 그들이 가장 아끼는 모형들(대체로 한 이론가당 1개꼴)을 포기해야만 할 것이라는 점에 미리 동의했다. (하지만 그들이 그 약속을 지키겠는가?) 대폭발 이후 몇십만 년이 지난 후부터 시간을 계산했을 때, 10만분의 1이란 비율이나마 변동을 발견하는 것에서 실패한다는 것은, 이제까지 가정된 그 어떤 모형도 어떻게 우주가 **몇십억** 년 후 밀도 대비가 높은 복잡한 구조물을 만들어 내게 되는지에 대한 설명을 해낼 수가 없다는 것을 의미하게 된다.

여러 해에 걸친 경험으로 무장한 DMR팀은 우리은하의 영향과 우리은하의 독자적 움직임을 참작하면서 자신들이 목표했던 것을 얻었다. 워싱턴에서 스무트는 "우리는 4중극을 얻었습니다"라고 평탄함에서의 일탈을 설명하는 용어를 사용하여 보고했다. 이 말 속에 함축되어 있는 불규칙한 부분들이라는 것은, 이제까지 우주에서 목격된 것들 중 가장 오래되고 가장 거대한 구조물이다. 우주의 팽창 덕분에 이러한 불규칙한 부분들 중에서 **가장 작은 것**도 현재에는 은하들로 이루어진 장벽들보다 더 큰 부분에 걸쳐 있게 되었다. 하지만 COBE 위성이 발견해 낸 것은 전통적인 의미에서의 구조물은 아니다. 대신 그것들은 충격 흡수 시기의 온도가 평균으로부터 약 10만분의 3 정도의 비율로 차이를 보이는 부분들인 것이다.

그럼에도 불구하고 DMR을 통한 실험으로 발견해 낸 불규칙한 부분들은 이루 헤아릴 수 없을 만큼 중요한 것이다. 초기 우주로부터 나오는 백열광에서 보였던 평탄함으로부터의 최초의 일탈로서, 그것들은 중력에 의해 은하 무리들의 형성을 설명하려 드는 모든 이론에 중요한 근거를 제공한다. 그것이 가지고 있는 감도의 수준을 감안할 때, COBE가 해낼 수 있었던 평탄함에서의 일탈을 발견해 내지 못했더라면, 이 장은 '대담하고 새로운 생각을 추구하는 우주학자들' 정도의 제목이 붙여졌을 수도 있었을 것이다.

COBE 위성에 탑재된 DMR에 의해 제작된 하늘 전체의 천체도는 수많은 신문에 실렸는데, 설명이 빈약하여 독자들이 왜 우주는 수박 모양으로 되어 있을까 궁금하게 여기도록 만들어 놓는 경우가 많았다. (사실 수박 모양은 DMR이 하늘 둘레 전체를 관측하여 얻어낸 자료를 천문학자들이 점으로 이어 표시하는 방식에 의해 생겨난 것일 뿐이다.) 반문(斑紋)이 져 있는 형태는 복사 강도의 각기 다른 수준을 보여 주는 것으로, 그것이 오래도록 찾고 있었던 우주배경복사에 있어서 평균으로부터의 일탈인 것이다. 언제든지 그순간에 대비하고 있었던, DMR로부터 자료를 수신한 과학자들은 이 천체도에 표시된 자료를 놓고 다수의 통계학적 분석을 시행했다. 현재까지 몇몇 결론은 확실한 것으로 여겨지긴 하지만, 이 반문이 진 것이 정확히 무엇을 나타내 주고 있는 것인가에 대한 논쟁이 계속되고 있다.

시간 속의 잔주름은 우리에게 무엇을 말해 주고 있는가?

DMR을 통해 얻어낸 한 가지 중요한 결과는 크기가 서로 다른 불규칙한 부분들의 수의 비율에 존재한다. 이 비율은 어떤 유형의 우주 모형이 은하 형성에 대한 자생력을 지닌 설명이 될 수 있을 것인지를 드러내 주고 있다.

다시금 우리는 과학의 본질과 마주치게 된다. 즉 가능하다면 우리 눈에 보이는 것에 대한 설명을 시도하는 모형을 만들고, 추가로 이루어진 관찰 내용과 들어맞지 않는 것은 버린다는 것이다. 예를 들면 DMR을 통해 얻어낸 결과는, '우주 결함'에 근거하고 있는 모형들과 같은 한 종류 전체의 모형들을 배제한다. 우주 결함이라는 것은, 중력을 통해 은하 형성의 씨앗들 중 한 가지를 제공해 온 것일 수도 있는 무한히 높은 밀도를 지닌 부분이다. 우주 결함들 가운데서 가장 잘 알려진 것은, 거의 무한소(無限小)에 가깝게 가늘지만 매 밀리미터가 에베레스트 산보다 더 무거울 정도로 질량이 큰 것으로 가정되고 있는 소립자들인 우주 열(列)이다. 우주 결함 모형들은 대규모의 불규칙한 부분들보다 훨씬 작은 규모의 불규칙한 부분들을 예언한다. 하지만 COBE는 그것이 측정한 범위 안에서 온갖 크기의 불규칙한 부분들을 대략 같은 수로 찾아냈다. 당분간 우주 결함 모형은 이론상으로는 훌륭하지만, 실제 우주를 설명해 내지 못하는 우주 결함 모형은 생각들을 버리는 쓰레기통으로 향할 것처럼 보인다.

하지만 어쩌면 우리는 이러한 모형을 창안해 낸 이론가들로부터 이야기를 끝까지 다 들은 것이 아니며, 실로 (다시 한 번 말하지만) 이러한 모형들을 계속 변화시킴으로써, 그리고 그 새로운 모형들을 반복해서 시험함으로써 우리는 궁극적으로 우리가 (집단적으로) 찾는 것을 받아들이거나 버리거나 하는 행위를 성취하게 되길 바랄 수 있는 것이다. 만약 우리가 우주 결함이라는 가설을 DMR의 관측 결과가 서로 경쟁적인 관계에 있는 모형들의 계급 속에서 낮은 위치로 밀어냈다는 점에 동의한다면, 우리는 어떤 것들이 COBE의 관측 결과에 의해 더 높은 위치로 올라갔는가 물어볼 수도 있을 것이다. 가장 주목할 만한 것은, 각기 다른 각도 비례에서 완벽한 평탄함으로부터의 일탈이 DMR이 관측한 것과 유사한 불규칙한 부분들의 스펙트럼을 예측하고 있는 팽창 이론 모형이다.

팽창 이론이 전개되었을 때인 1980년대초 무렵, 그 이론의 주창자들 중에서 이 모형이 가장 단순한 형태로도 원시 우주에서 생겨난 그 어떤 불규칙한 부분들이건 그것에 대한 예측을 하고 있다는 것을 알아차리고 있었던 사람은 거의 없었다. 팽창 이론에 따르면, 우리는 크기가 서로 다른 불규칙한 부분들을 거의 같은 수로 발견해야만 한다는 것인데, 그것은 우주의 엄청나게 빠른 팽창은 원래 존재하던 불규칙한 부분들을 동일한 방식으로 '부풀려' 왔을 것이기 때문이라는 것이다. 동일한 수의, 각기 다른 크기인 불규칙한 부분들에 대한 예측은 기본적인 팽창 이론 모형의 부산물로서, 그 누구도 불규칙한 부분들이 곧 측정되리라고 예상하고 있지 못했던 때에 생겨난 것이었다. 이러한 이유로 해서 DMR을 통한 실험이 여러 해 전에 팽창 이론 모형에 의해 예측되었던 것을 발견했다는 사실은, 그 모형이 관측된 불규칙한 부분들의 비율을 설명하기 위해 고안되었을 경우, 그랬을 것보다 훨씬 더 강한 인상을 주는 것이 되었다. 팽창 이론 주창자들 중 하나인 펜실베이니아대학교의 폴 슈타인하르트는 DMR의 관측 결과에 대해 "이것이 〔팽창 이론 모형을〕 실재하는 것으로 만든다"라고 실감하는 반응을 보였다.

'실재한다'는 것은 사람에 따라 그 의미하는 바가 달라진다. 대부분의 우주학자들은 마침내 그들이 주장할 수 있는 초기 우주에서의 변동에 대한 실제 자료를 갖게 된 것에 기뻐하면서, 모형들 사이에서 구별을 해보기 위해 어떤 관측 결과를 추가로 얻을 수 있을 것인지에 대해 서둘러 문의하기 시작했다. 팽창 이론 모형을, 또는 초기 우주를 설명하려는 목적을 가진 그밖의 다른 모형들을 시험해 보려는 시도에 있어서, 현재 우주학자들에게는 두 가지 필요한 것이 있다. 첫째, 그들은 이미 DMR을 통한 실험에 의해 관측된 불규칙한 부분들을 확증하거나, 또는 논박할 수 있게 해줄 자료를 필요로 한다. 둘째, 그들은 DMR을 통해 연구할 수 있는 것보다 더 작은 각도 비례——은하들이나 은하 무리들의 형성에 해당하는 각도 비례——에서 우주배경복사의 불규칙한 부분들을 발견하여 측정하고 싶어한다. 다행히도 우주학자들은 오래 기다리지 않아도 될 것 같다. 앞으로 몇 년 이내에 멋지게 맞물려 합치되는 실험을 통해 얻은 증거가 나타나게 되어 있으니 말이다.

우주배경복사에 대한 후속 관측

과학자들은 1992년에 발표된 결론을 개선시키려고 애쓰면서 COBE 위성으로부터 보내진 자료를 계속 분석하고, COBE를 통해 2년 동안을 더 관측하여 그것을 상세한 부분까지 다듬었다. 개념상으로는 COBE 위성을 통한 관측과 비슷하지만, 중요한 세부 사항들은 다른 성격을 지닌 세 가지의 실험들이 이러한 노력에 도움을 주기 위해 지구의 각기 다른 장소들에서 현재 진행되고 있다.

이러한 실험들 중 첫번째 것은, 지구의 대기권이 차단해 버리기에 앞서 대부분의 우주배경복사가 도달할 수 있는 고도인 지구 상공 10만에서 12만 피트까지 검출 장치들을 싣고 올라가도록 일련의 기구들을 띄우는 것이다. 두번째 유형의 관측은, 차갑고 희박한 공기가 우주배경복사 대부분을 흡수해 버리는 수증기로부터의 방해를 현저히 줄여 주게 되는 남극의 9천2백 피트 상공에서 이루어지는 것들이다. 캘리포니아의 오웬스 밸리 전파관측소와 같은 재래의 전파관측소에서 이루어지는 세번째 연구 방식에서는, 몇 개의 접시형 안테나 반사판을 함께 연결함으로써 '간섭계(干涉計)'를 만들어 우주배경복사를 아주 세밀한 부분까지 연구한다. 우주배경복사의 단지 아주 작은 부분만이 오웬스 밸리 전파관측소와 전세계의 그와 비슷한 관측소들이 자리잡고 있는 해발고도 4천 피트까지 뚫고 들어올 수 있지만, 기구를 이용해 띄워올린 또는 남극 상공의 검출 장치에 의해 그 복사가 측정될 수 있는 것보다 그 작은 부분이 훨씬 더 효율적으로 분석될 수 있다.

이 세 가지 실험은 모두 이미 자료를 축적해 오고 있으며, 모두 COBE 위성으로부터 얻어낸 결과로부터 대단한 심리적 자극을 받아 왔다. 기구를 이용한 것과 남극 상공에서의 실험은 현재 보다 더 큰 주목을 받고 있는데, 그 까닭은 그것들이 우주배경복사에서 가장 중요한 진동수를 검출해 낼 수 있기 때문이다. 새롭게 개량된 장비들을 이용하기 때문에, 이들 실험들은 비록 전체 하늘을 다 조사할 수는 없다 할지라도, DMR을 이용한 실험과 거의 같은 정도의 예민함으로 불규칙한 부분들을 탐색할 수 있다. 하지만 이들 실험들은 COBE에 탑재된 DMR 계측기구를 통해 얻을 수 있는 것보다 훨씬 더 정교한 각분해능(角分解能)으로써 하늘을 작은 조각들로 나누어 조사한다. DMR은 7도의 각분해능을 가지고 있는데, 그것은 최소한 7도 이상 떨어져 있지 않은 물체, 또는 나뉜 하늘의 조각들을 그것이 구별하지 못한다는 것을 의미한다. 이와 대조적으로 남극 상공의 계측기구는 거의 10배나 더 나아진 0.75도의 분해능으로 하늘을 조사할 수 있으며, 기구를 이용한 검출 장치들은 훨씬 더 정교한 비례인 단 0.5도의 각분해능——태양이나 달의 각(角) 크기——으로 우주배경복사를 조사할 수 있다. 이러한 정도의 분해능은 각분해능이 1도의 약 10분의 1에 이르는, 지상에 설치된 전파망원경을 통해 얻어낼 수 있는 것에 한참 미치지 못하는 것이다. 그러나 기구나 남극 상공의 검출 장치들과는 달리 지표면에 설치된 전파망원경들은 우주배경복사가 정점에 있을 때의 진동수에서는 아주 멀어진 진동수만을 관측할 수 있다.

그럼에도 불구하고 이들 망원경들은 높은 각분해능에 이를 수 있기 때문에, 그것들은 우주배경복사의 자세한 부분들을 해석해 내는 데 있어서 마찬가지로 결정적인 것으로 작용할 수도 있는 것이다.

이들 자세한 부분들이라는 것은 상이한 각(角) 크기를 지닌 불규칙한 부분들의 크기에 대한 비율과, 하늘의 한부분과 그에 근접하는 부분들에 존재하는 불규칙한 부분들 사이의 상호 관련성을 포함한다. 그것들은 우주학자들에게 초기 우주에 있어서 중력의 중요성이 어느 정도인지를 측정하는 것뿐만 아니라, 또한 이러한 자세한 부분들에 대해서 특정한 예측을 하고 있는 팽창 이론 모형이 올바른 것인지에 대한 측정을 해볼 수 있는 기회를 제공한다. 다시 한 번 독자들은 논의가 앞으로 어떻게 전개되어 나갈 것인지 관심을 가지고 계속 지켜보는 것이 좋을 것인데, 그 까닭은 그것에 대한 답을 아직 갖고 있지 못하기 때문이다. 하지만 2000년이 되기 전에 우주의 배경에 관해 연구하는 천문학자들은, 그 불규칙한 부분들이 은하 무리가 된 것들만큼이나 '작은' 것임을 알아내고, 그들이 해낸 상세한 관측 결과를 초기 우주에 대해 서로 경쟁 관계에 있는 여러 모형들을 버리거나, 또는 수용하거나 하는 것에 이용할 수 있게 되기를 바랐었다.

14
뜨거운 물질의 가설적 형태, 차가운 물질의 가설적 형태, 이 물질은 무엇인가?

질량과 중력에서 우위를 차지하는 물질의 가설적 형태는 우주학자들에게 우주의 밀도 · 나이 그리고 미래를 결정해 보려는 것에, 대폭발에 대한 해석으로서의 팽창 이론을 유효한 것으로 만들기 위한(또는 인정하지 않기 위한) 것에, 그리고 천문학자들이 자신들의 관측에서 거리 비례를 늘려 가면서 점점 더 커져 가기만 하는 것을 눈으로 확인하게 되는 구조물들에 대한 설명을 해볼 수 있게 하는 것에 현재로서는 최선의 희망을 제공한다. 하지만 우리가 이제까지 살펴보았던 것처럼, 우주의 진화와 구조에 대한 설명을 해내는 데는 중력 한 가지만으로는 충분치가 않다. 우주학자들에게 은하들이 합체를 하기 시작하는 것이 되기 위해서는, 그들은 어쩌면 팽창의 시대에 남겨진 것일 수 있는 완전한 평탄함으로부터의 변동에 의지해야만 한다. 그때 만약 적절한 종류의 변동이 존재했다면, 중력은 시간이 지나면서 물질로 이루어진 구름이 그 안에서 별들의 생성이 시작되는 것을 허락하게 될 때까지 밀도의 대비를 높였을 것이다.

여기까지는 문제될 것이 없다. 하지만 무엇이 우주 속에 존재하는 물질의 가설적 형태를 이루고 있는가 하는 문제에 관해서는, 우주학자들은 일치된 의견의 근처에도 이르지 못하고 있다. 상이한 모형들은, 어떤 유형의 물질의 가설적 형태가 그 모형에 결합되었는가에 따라, 그리고 어떤 방식으로 그 유형이 물질이 형성시키게 될 유형의 덩어리에 영향을 주게 될 것인지에 따라 상이한 종류의 '은하들'을 만들어 내게 된다.

이러한 문제를 조사하기 위한 우주학자들의 기본적인 전략은, 물질의 가설적 형태에 대한 한 가지 모형과 섭동, 즉 '씨앗들'의 초기 유형을 선택하고, 그 다음 그것을 컴퓨터가 알아서 처리하도록 하고는 어떤 결과가 나타나는지 지켜보는 것이 되었다. 잠시 후(구세대의 컴퓨터들에서 그러했던 것보다는 훨씬 더 짧은 시간 후), 그들은 컴퓨터가 작업을 해놓은 것을 검토한다.(도판 9) 만약 그것이 정말 우주처럼 보이는 것이라면, 그건 좋다. 만약 그것이 정말 우주처럼 보이지 않는다 하더라도, 그것이 우주학자의 마음에 미학적, 또는 다른 종류의 호소력을 지니는 것이라면, 그건 한층 더 좋다.

지난 10년 동안, 바로 이러한 종류의 우주 연구에 대한 숱한 주장들(앞단락에서 설명된 것보다는 좀더 진지한 표현으로 제기된)이 제시되어 왔고, 재정적인 지원을 받아왔으며, 실행되어 왔고, 그리고 출판되어 왔던 것이다. 이러한 연구를 통해 인간이 무엇을 성취했는가에 대한 총괄적인 윤곽을 파악하기 위해서, 우리는 가능한 물질의 가설적 형태의 종류에 대한 최종적이며(우리에게), 가장 위대한 분류인 뜨거운 물질의 가설적 형태와 차가운 물질의 가설적 형태에 대해 검토해 봐야만 한다.

뜨거운 것 대 차가운 것

우주학자들의 언어에서 '뜨겁다'와 '차갑다'라는 낱말들은 우리에게 친숙한 그것들의 의미와 아주 조금밖에 일치하지 않는다. 우리는 모두 가스 속에 들어 있는 각각의 개별적인 입자들——예컨대 풍선 속에 들어 있는 헬륨 원자들——은 액체나 고체 속에 들어 있는 입자들 사이에 존재하는 것과 같은, 인접해 있는 입자들과의 결합으로부터 자유롭게 마구잡이로 움직이고, 서로 충돌한다는 것을 알고 있다. 한 가지 종류의 가스 안에서 온도는 각각의 입자가 가지고 있는 운동 에너지의 평균치로 측정된다. 각 입자의 이러한 운동 에너지는 그것이 가지고 있는 질량에 그것의 속도의 제곱을 곱한 것에 비례하여 달라진다. 따라서 물리학자들이 한 가지 종류의 가스 안에 들어 있는 입자들의 속도에 대해 논의할 때, 그들은 자연스럽게 그 가스 안의 온도부터 조건으로 드는 습관을 가지고 있게 된다. 즉 높은 온도는 빠른 속도에 딸려 있는 것이고, 낮은 온도는 느린 속도에 딸려 있는 것이다.

우주학자들은 이러한 관행을 은하가 형성되기 시작했을 당시 우주 속의 소립자들에 대한 자신들의 설명에까지 연장시킨다. 이러한 맥락에서 '뜨거운' 소립자들은 속도가 빛의 속도에 아주 가까운 것들인 반면, '차가운' 소립자들은 속도가 빛의 속도에 훨씬 미치지 못하는 것들이다. (우주 속에 존재하는 물질의 온도는 우주가 팽창하면서 떨어지기 때문에, 뜨거운 물질은 충분한 시간이 흐르고 나면 결국에는 차가운 물질로 변하게 될 것이다. 실로 오늘날 우리가 우주배경복사에서 검출해 내는 것들은 '따뜻한' 소립자들로서, 빛의 속도에 약간 미치지 못하는 속도를 가지고 있는 것들이다. 물론 은하들의 형성에 중요성을 지니는 시기는 현재가 아닌, 물질이 덩어리를 형성하기 시작했던 때인 것이다. 대폭발 직후인 그 시기가 계속되는 동안, 이 두 종류의 물질들 사이에 있었던 덩어리를 이루는 작용에 있어서의 차이라는 것은 결정적으로 중요한 것이 된다.)

뜨거운 물질의 가설적 형태 모형과 차가운 물질의 가설적 형태 모형 사이의 중요한 차이는 바로 이것이다. 즉 뜨거운 물질의 가설적 형태의 소립자는 차가운 물질의 가설적 형태의 소립자보다 훨씬 더 빠르게 움직이고 있기 때문에, 뜨거운 물질의 가설적 형태는 우주 공간의 그 어떤 작은 부분으로부터도 신속하게 탈출하게 된다. 따라서 뜨거운 물질의 가설적 형태가 형성하고 있는 그 어떤 덩어리도, 차가운 물질의 가설적 형태가 생성시키게 될 덩어리보다 훨씬 더 커지게 될 것이다. 도대체 얼마나 더 커지느냐 하는 문제는, 뜨거운 물질의 가설적 형태의 소립자가 가지고 있는 질량에 달려 있다. 예를 들어 만약 물질의 가설적 형태가, 전자 1개가 가지고 있는 질량의 약 10만분의 1과 같은 질량을 가진 중성미자들로 이루어져 있다면, 대폭발 이후 형성될 수 있었던 가장 작은 덩어리들은 태양이 가지고 있는 질량의 약 10^{16}배에 해당하는 질량을 가지고 있게 된다. 대규모의 은하는 '겨우' 10^{12} 태양 질량에 해당하는 질량을 가지고 있기 때문에, 우리는 우리은하의 질량보다 1만 배나 더 큰 질량에 대해 논의하고 있게 되는 것이다. 이처럼 뜨거운 물질의 가설적 형태——적어도 그것의 가장 중요한 후보 물질인 중성미자의 형태——는 우리가 가장 큰 은하 무리들 속에서 발견하게 되는 것과 유사한 질량을 가진 덩어리들을 생성시키게 될 것이다.

만약 실제 우주가 이러한 방식으로 작용한다면 **다른** 어떤 과정이, 뜨거운 물질의 가설적 형태가 생성시킨 은하 무리 크기의 덩어리들 안에서 형성된 작은 덩어리들로부터 우주——은하들——의 기본적인 구조를 만들어 온 것이 분명한 것이다. 더욱이 만약 이러한 시나리오에 우리가 찾는 사실의 핵심이 들어 있다면, 우리는 우주가 아래에서부터 위를 향하는 것과 반대가 되는, 위에서부터 아래로 향하는 방식——즉 작은 구조물들이 형성되기에 앞서 가장 큰 구조물이 생성되는——으로 형성되었다고 말할 수 있는 것이다.(도해 8)

뜨거운 물질의 가설적 형태와는 대조적으로, 차가운 물질의 가설적 형태 모형에서는 모두 아래에서부터 위로 향하는 순서의 형성과정을 강요한다.(도해 9) 차가운 물질의 가설적 형태는 작은 덩어리들을 아주 잘 형성시키게 되는데, 그 까닭은 이 물질이 평균보다 더 밀도가 높은 섭동을 향해 그것을 끌어당기게 되는 보이지 않는 중력이란 손으로부터 '도망치는' 경향을 보이지 않기 때문이다. 하지만 차가운 물질의 가설적 형태는 완전하게 성공적인 이론의 모든 필요 조건들을 만족시킬 만큼 충분히 커다란 크기의 덩어리를 형성하지는 못한다.

차가운 물질의 가설적 형태 안에 들어 있는 소립자들은 이렇다 할 만한 무작위의 움직임을 보이고 있지 않기 때문에, 가설 속 소립자들의 정확한 질량이라는 것은 그 계산에서 전혀 역할을 하지 못한다. 즉 그것들은 모두 '차가운' 것이 될 수 있을 정도로 충분히 큰 질량을 가지고 있는 것이다. 따라서 우리는 그것들이 생성시키는 덩어리의 종류에 의해, 차가운 물질의 가설적 형태들 사이에서의 차이를 구별해 낼 수 있게 되길 바랄 수 없는데, 그 이유는 본질적으로 모든 결과들이 같기 때문이다. 우리가 오늘날의 현대우주학에 존재하는 엄청나게 많은 수의 차가운 물질의 가설적 형태의 후보 물질들에 대해 생각해 보게 될 때, 우리는 이 점을 더욱 유감스러운 것으로 여기게 될 수도 있다.

차가운 물질의 가설적 형태 모형이 발생시키는 덩어리들은 10^8에서 10^{15} 태양 질량에 해당하는 질량의 범위(은하 무리들의 특징이 되고 있는)를 가지고 있지만, 그 분포의 질량이 낮은 쪽 끝에서 선택적으로 덩어리를 형성한다. 그런데 여기서 어려운 문제가 생겨난다. 즉 108 태양 질량은 소(小)은하의 질량에 해당하는 것인 반면, 우주에 대한 우리의 시계(視界)를 지배하는 거대한 나선의, 그리고 타원의 은하들의 질량은 평균적으로 10^{12} 태양 질량에 해당하는 것이기 때문이다. 이렇게 나타난 결과에 대한 한 가지 자연스러운 반응은, 차가운 물질의 가설적 형태에 의해 생겨난 보다 작은 물체들은 거대한 은하들의 특징이 되고 있는 보다 더 큰 물체들로 그것들 자체가 결합하여 덩어리를 이루어 왔다는 쪽으로 결론을 내리는 것이 될 수도 있다.

유감스럽게도 차가운 물질의 가설적 형태 모형은 극복해야 할 또 하나의 장애를 가지고 있는데, 그것은 대폭발을 설명하는 팽창 이론으로부터 생겨나는 것이다. 팽창 이론 모형에 따라 우주학자들이 우주의 밀도는 임계 밀도와 같다고 가정했을 때, 그들이 컴퓨터를 이용해 만들어 낸 우주는 상대적으로 작은 질량을 지닌(10^8에서 10^{10} 태양 질량) 덩어리들은 지나칠 정도로 너무 많이, 그리고 큰 질량을 지닌 덩어리들의 수는 충분치가 않게 생성된다. 만약 물질의 평균 밀도가 임계 밀도의 단지 약 20퍼센트에만 달해도 차가운 물질의 가설적 형태는 훌륭하게 작용한다. 이러한 경우 작은 규모의 덩어리들이 지나치게 많이 생겨난다는 문제점은, 우리가 그 모형을 관측 결과에 맞출 수 없을 정도로 그리 심각한 것이 되지 않는다.

어쩌면 독자는 물질의 평균 밀도는 임계 밀도의 겨우 20퍼센트와 같다는 것이 우리가 관측을 통해 얻어낸 자료에 근접하는 것이라는 점을 잊지 않았을 수도 있다. 이러한 자료는 물질의 가설적 형태의 밀도가 가시적 물질이 가지고 있는 밀도의 최소한 5에서 10배에 달한다는 것을 암시하는 것이다. 팽창 이론 모형이 거둔 성공은 물질의 밀도가 임계 밀도와 같은, 연구가 가능한 모형을 발견하기 위한 탐색을 추진해 왔다는 것이다. 만약 물질의 가설적 형태의 밀도가 임계 밀도의 한참 아래로 떨어진다면 차가운 물질의 가설적 형태가 선호되는 것으로 여겨질 수도 있지만, 만약 우리가 임계 밀도에 근접하는 밀도를 지닌 존속할 수 있는 우주의 모형을 찾고자 한다면, 뜨거운 물질의 가설적 형태가 부분적으로는 다른 모형들이 기권하게 되는 것으로 인해 앞으로 나서게 되는 것이다.

물질의 가설적 형태는 마초스로 이루어져 있는가?

일부 천문학자들은 **마초스**(엄청난 질량의, 압축되어 있는 헤일로 물체들)가 우주 속에 존재하는 물질의 가설적 형태에 대한 설명이 될 수도 있을 것이라는 가능성(이론가들이 최초로 주장했던)에 대해 조사해 왔다. 마초스는 차가운 물질의 가설적 형태라는 일반 범주에 속하는 것이지만, 그것들은 소립자들이 아닌 대신 비교적 큰 물체들이다. 마초스는 커다란 바위들, 소행성 크기의 물체들, 혹은 목성과 같은 질량이 큰 행성일 수도 있다——이것들은 모두 중입자적 물체들이다.

하지만 마초스는 한층 더 기괴한 것일 수도 있다. 즉 그것들은 '평범한' 중입자적 소립자들이 아닌 대신 비중입자적 물질로 되어 있을 수도 있기 때문이다. 천문학자들은 마초스를 오로지 그것들의 중력 효과에 의해 검출해 내기 때문에, 그들은 그것들을 연구하기 위한 다른 방법 없이는 마초스가 어떤 종류의 물질로 이루어져 있는지에 대해 결정을 내릴 수 있게 되길 바랄 수가 없는 것이다. 하지만 마초스는 스스로 복사를 거의 혹은 전혀 하지 않기 때문에, 이러한 '다른 방법들'이라는 것은 턱도 없이 부족하게 될 것으로 보인다. 마초스는 블랙홀들인 것으로 밝혀지기조차 한다. 비록 블랙홀은 그것으로부터 그 어떤 물질도 빠져 나가지 못하게 하지만——광자들이나, 또는 다른 질량이 없는 소립자들까지도——중력은 '빠져 나간다.' 즉 블랙홀은 그것이 생성시키는 중력에 의해 우주에 영향을 끼치는 것이다.

현재 마초스는 우리은하나 그와 비슷한 다른 은하들의 은하 헤일로 전체에 걸쳐 퍼져 있는 것으로 보인다. 마초스를 발견하고자 하는 천문학자들의 희망은, 중력이 빛을 휘게 만든다고 예측했던 아인슈타인의 일반상대성 이론의 또 다른 측면이나, 또는 동일한 결과를 가져오게 되겠지만 그것을 대신할 수 있는 다른 견해를 더 선호한다면, 중력은 우주 공간을 구부러지게 만든다는 예측일 수도 있는데, 그렇지 않았더라면 직선의 탄도를 그러면서 진행했을 빛줄기가 엄청난 양의 중력이 존재하는 곳에서는 휘어진 길을 택하게 된다는 것에 달려 있는 것이다. 아인슈타인의 일반상대성 이론에서 이 부분은 1919년 개기일식이 일어나고 있는 동안 관측에 의해 최초로 직접 확증을 받게 되었으며, 그 이후로 반복해서 입증되어 왔다.

지구와 멀리 떨어져 있는 별 사이를 거의 가로막는 것처럼 똑바로 자리잡고 있는 마초스는, 그 별로부터 나오는 빛을 휘게 만들 것이다. 이 마초스는 빛을 휘게 만들 뿐만 아니라, 또한 빛을 집중시키는 경향을 보이기도 할 것이다. 이러한 '중력의 렌즈 효과' 의 결과로, 마초스가 지구와 그 별 사이를 거의 똑바로 통과하면서 마초스가 그 별에 대한 우리의 시선을 따라 거의 똑바로 놓여 있게 될 때, 그 별은 며칠 동안 더 밝아지는 것처럼 보이게 될 것이다.

천문학자들은 그들의 끈질긴 시선을 받게 될 수십억 개의 별들 가운데서 그러한 사건을 찾아내게 되길 바랄 수 있을까? 그리고 그들은 어떻게 그것을, 변광성들이 혼자서도 일으키게 되는 그러한 일시적으로 밝아지는 현상과 구별할 수 있을 것인가? 이 질문에 대한 답들은 자세하게 설명해야 하는 것이고, 기본적으로는 '그렇다' 이며, '열심히 연구함으로써' 가 된다. 지난 몇 년 동안, 천문학자들은 마초스에 의한 별빛의 편향으로 돌릴 수 있는 사건들을 발견해 왔다. 다른 일로는 사용되는 일이 없는 오스트레일리아의 마운트 스트롬로 천문대의 망원경을 이용하여 계속되고 있는 마초스에 대한 탐색은, 대(大)마젤란운과 우리은하 중심부에 있는 몇십 개의 별들을 향한 조준선을 따라 3개의 물체들을 찾아냈다.

이제 이러한 마초스 탐색은 중요한 결론을 이끌어 내기 위한 충분한 통계학적 근거를 얻어가기 시작하고 있다. 이 조사는 이들 물체들이 그것들 가까이 지나가는 별빛의 빛줄기에 생성시키는 중력에 의한 렌즈 효과를 관측함으로써, 그 질량이 태양의 몇 배나 되는 것에서부터 수성의 질량 정도(태양이 가지고 있는 질량의 1천만분의 1)에 이르는 물체들을 발견해 낼 수 있다. 이 1차적인 결과는 이러한 질량 범위에서 마초스는 임계 밀도의 10퍼센트나 될 정도의 많은 물질의 밀도를 우주에 제공할 수도 있지만, 그 이상은 아니다. 달리 말해 보면, 만약 이 1차적 결론이 앞으로 몇 년 이내에 정확한 것으로 증명된다면, 우리는 마초스가 존재한다——어떤 형태로 되어 있는지는 여전히 해결되지 않은 채로 남아 있는——는 것을 알게 될 것이다. 마초스는 물질의 가설적 형태의 대부분을 제공하는 것이 될 수도 있지만, 현재 나와 있는 결과에 따르면, 그것들은 우주가 팽창하는 것을 멈추게 할 수는 없다는 것이다.

중입자적 물질로 구성되어 있는 이 엄청난 질량의 압축되어 있는 헤일로 물체는, 또한 우리가 10장에서 논의했던 이유들로 인해 물질의 가설적 형태의 대부분을 제공해 줄 것 같지도 않다. 이러한 평가가 변할 때까지, 우리는 물질의 가설적 형태의 성격을 설명하기 위해 마초스가 아닌 다른 후보 물질을 찾아봐야만 할 것이다.

물질의 가설적 형태는 뜨겁고 차가운 두 가지 성질을 모두 가지고 있는가?

우리는 뜨거움 대 차가움이라는 이 딜레마가 우리를 어디로 이끌어 가는지 쉽게 알 수 있다. 우주를 지배하는 보이지 않는 물질이 부분적으로는 뜨거운 물질의 가설적 형태로, 그리고 또 부분적으로는 차가운 물질의 가설적 형태로 구성되어 있다는 우주학적 모형은, 그 두 가지 유형의 물질의 가설적 형태들 중 한 가지만을 택했을 때 얻을 수 있는 것보다 더 나은 결과를 산출한다. 오컴의 면도날 이론은 이 점에 대해 뭐라고 말해야만 하는가?

이 면도날 이론은 우리가 반드시 그렇게 해야만 할 필요가 있는 것이 아니라면, 우주에 또 하나의 실재를 보태지 말아야 한다고 말해 주고 있으며, 대다수의 우주학자들에게 있어서 두 종류나 되는 물질의 가설적 형태 중 하나는 잉여가 되는 것이다. 두 유형 모두에 대한 열정적인 옹호자라면 이 우주는 가시적 물질보다 적어도 5에서 10배 더 많은 물질의 가설적 형태를 포함하고 있다는 사실을 우리가 받아들일 수 있기 때문에, 물질의 가설적 형태를 두 가지 종류로 나눠도 두 가지 유형 각각을 위한 충분한 재료가 여전히 남아 있다고 대답할지도 모른다. 이 옹호자는 만약 이론가들이, 그 각각이 모종의 근거로 해서 정당한 것으로 인정될 수 있는 것으로서, 물질의 가설적 형태일 수도 있는 수십 가지의 후보 물질들을 만들어 냈다면, 그것들 중 2개를 실재하는 것으로서 받아들이는 것은 적당히 꾸며낸 요소들이 되기보다는 오히려 엄청나게 많은 분석 · 검토를 거치면서 가설들을 버리는 것이 된다고 덧붙여 말할 수도 있을 것이다.

소립자물리학자들은 여기에서 한 단계 더 앞서고 있었다. 1993년,

두 가지 물질의 가설적 형태에 대한 인지된 필요성에 부응하여 캐나다의 천체물리학 이론연구소의 과학자들은, 뜨거운 물질의 가설적 형태와 차가운 물질의 가설적 형태로 자연 붕괴하는 것으로 되어 있는 새로운 유형의 중성미자에 대한 가설을 세우고 있었던 것이다! 이 (전적으로 가설적인) 과정에서 중성미자는 레이저의 작용을 모방한다. 레이저 내부에서는 1개의 광자가 다른 동일한 광자들이 발출되도록 '자극하게' 되는데, 자극을 받은 광자들이 이번에는 한층 더 많은 발출을 일으키도록 자극하게 된다. 이것으로 생겨나는 결과는 간섭성빛, 즉 동일한 파장과 진동수를 지닌 광자들의 빛줄기의 흐름이다. 이 가설 속의 중성미자들이 각기 2개의 소립자들로 자연 붕괴될 때, 그것들 중 하나(차가운 물질의 가설적 형태)는 더 많은 중성미자의 생성을 자극하게 되고, 그것들은 마찬가지로 각기 2개의 소립자들로 자연 붕괴되며, 그것들 중에서 보다 질량이 큰 것은 한층 더 많은 중성미자의 생성을 자극하게 되는 것이다.

만약 사실이라면, 이것은 아주 중요한 의미를 지니게 되는데, 그것은 현재 물질의 가설적 형태에 대한 연구의 대부분에 대한 언급이 될 수 있는 것이다. 두 겹으로 된 물질의 가설적 형태는 실제 우주를 설명하고 있는 것으로 드러날 수도 있으며, 단일한 유형의 소립자가 가지고 있는 두 가지의 측면이 될 수도 있는 것이다. (누가 알겠는가?) 여러 가지 훌륭한 주장들로부터 가장 회자되는 한 구절을 인용해 보면, 후속 연구가 필요하게 되리라는 것이다. 하지만 현재로서는 적절한 것으로 여겨지는 카드를 전부 탁자에 늘어놓고 있는 상태이기 때문에, 끝으로 오늘날까지 이룩한 가설 속에서의 만족에 기여할 수 있는 것을 언급하기로 하겠다.

약간의 편향

실제 우주와 비교하기 위해 컴퓨터를 이용해 은하들을 만들어 내는 것에 대하여, 내가 설명해 온 것의 대부분은 이론가들이 '편향'이라고 부르는 인자와 관계가 있는 것이지만, 나는 그것을 하나의 적당히 꾸며낸 요소로서의 성격을 가지고 있다고 본다. 편향은 은하들의 분포는 물질의 가설적 형태의 분포를 따라가는 것이 아닐 수도 있다는 사실에 대한 언급이다. 물질의 가설적 형태가 중력을 통해 우주를 지배하고 있기 때문에, 컴퓨터를 이용해 추적하는 작업은 그것의 덩어리짓기이다. 일반적인 가시적 물질은 단순히 함께 붙어다니는 반면, 그보다 5에서 1백 배나 더 큰 밀도를 가진 물질의 가설적 형태는 덩어리를 이루거나 그렇지 않거나 둘 중 하나의 성격을 보인다. 하지만 실제 우주에서 은하들은 이 물질의 가설적 형태——그리고 그것에 딸려 있는 일반적인 물질——가 특히 밀도가 높은 덩어리가 되는 곳에서 나타나는 것일 수도 있다. 바꿔 말하면, 우리가 관측할 수 있는 구조물은 가장 밀도가 높은 덩어리들일 수 있으며, 밀도가 그 정도까지 높지는 않은 많은 다른 구조물들은 우주 전체에 퍼져 있을 수도 있다는 것이다. 실로 만약 별이 빛을 내게 만드는 과정인, 별이 형성되기 시작하도록 '촉발' 시키기 위해서는 일반적인 물질의 몇몇 최저 밀도에 도달해야만 한다고 우리가 가정한다면, 이것은 상당히 이치에 맞는 것으로 여겨진다.

만약 이것이 사실이라면, 은하 무리 하나는 별의 형성에 요구되는 최저 수준 이상으로 돌출한 밀도의 분포에 있어서의, 많은 최고점들을 가지고 있는 부분들을 나타내 주는 것이 될 수도 있다. 우주가 실제로 덩어리를 이루고 있다는 것——즉 물질의 가설적 형태가 덩어리를 이루고 있다는 것——은 우리 눈으로 확인되는 덩어리짓기보다 상당히 덜 두드러진 것이 될 수도 있는데, 그 까닭은 별의 형성에 요구되는 최저 밀도에 의해 소개된 편향이 크기가 작은 모든 덩어리들을 보이지 않는 것이 되도록 만들 것이기 때문이다.

편향은 차가운 물질의 가설적 형태 모형에서 한 가지 중요한 역할을 하는데, 그것은 실제 우주를 모방하기에는 지나치게 많은, 그리고 너무 가까운 거리를 두고 존재하는 작은 덩어리들을 만들어 내게 되는 경향이 있다. 편향으로는 이러한 덩어리들 대부분이 결코 별들이나 은하들을 형성하지 못하게 된다. 편향으로는 우리는 보다 작은 덩어리들 대부분을 '잃게' 되어, 우리가 눈으로 확인할 수 있는 것과 훨씬 더 유사한 결과를 얻게 된다. 우리는 편향 **없이는** 지금의 차가운 물질의 가설적 형태 모형은 쓸모없다고 말할 수 있다.

이 우주학적 방랑에서 우리가 마주쳐 온 모든 적당히 꾸며낸 요소들 가운데서 편향은 최선의 것 가운데 하나인 것 같다. 차가운 물질의 가설적 형태와 뜨거운 물질의 가설적 형태는 각기 그 옹호자들을 가지고 있으며, 설득력에 있어서 그들의 논증은 상당히 고르게 균형이 잡혀 있다. 어떤 모형도 그것이 가지고 있는 가장 단순한 형태로는 효력을 발휘할 수 없을 것이라는 점에는 거의 모든 우주학자들이 동의할 것이며, 우리 눈으로 확인할 수 있는 현상을, 그리고 이러한 모형을 받아들이거나 버리는 데는 어떤 이유들이 존재하는지를 설명하기 위해서 그 모형이 얼마나 복잡해야 할 것인가 하는 문제는 우리(전체 인간들이 우주를 이해하기 시작하는 것을 대변하는)에게 달려 있는 것이다.

우주의 뜨거운 물질의 가설적 형태 모형과 차가운 물질의 가설적 형태 모형 사이의 차이를 해결하기 위해서, 밀도를 측정하고 그것에 의해 우주의 실제 나이를 결정하기 위해서, 그리고 어떻게 해서 가장 큰 구조물이 존재하게 되었는지를 이해하기 위해서 우리가 가지고 있는 바람은 무엇인가? 성능이 향상된 컴퓨터가 도움이 되겠지만, 우리가 진정 필요로 하는 것은 우주 공간 속에서의 물질의 분포, 또는 은하의 형성으로 이어지는 원시적인 씨앗들, 또는 현재에는 우리가 단지 추측할 수 있을 뿐인 물질의 가설적 형태 소립자의 실체와 같은 것들 중 하나를 보다 확실하게 관측하는 일이다.

물질의 실제 분포에 대한 관측은 수십 년간의 주의 깊은, 그리고 지루한 연구를 필요로 하게 되겠지만, 분명 우주의 구조와 밀도에 대한 향상된 지식을 우리에게 제공하게 될 것이다. 두번째로, 은하들의 씨앗에 대한 좀더 많은 정보를 찾기 위한 탐색은 1, 2년 안에 가능해지리라는 것이 거의 확실시된다. 그것은 은하 형성에 대한 일부 모형들을 우리가 제외시켜 버리는 것을 가능하게 해줄 것이며, 다른 모형들은 조사의 다음 단계로 넘어갈 수 있게 해줄 것이다. 물질의 가설적 형태 그 자체에 대한 세번째 탐색은, 우주의 주요 구성 성분을 드러내 보여 주는 것에 있어서 내년에라도 당장 성공을 거두게 될 수 있다. 하지만 생각건대 우리는 오랜 세월을 계속 지나치게 많은 후보가 되는 유형들 가운데 남은 채, 가설 속에 존재하는 특정한 물질의 가설적 형태 소립자들을 제외시키는 것 이상의 작업은 할 수 없는 상태로 보내게 될 수도 있다.

이 연구가 끝나가게 되면서, 나는 우리가 얼마나 더 많은 것을 알게 되었는지를 강조하는 것과, 대폭발로부터 현재의 상황에 우리가 있을 수 있게 해준 우주의 진화 과정에 대해 우리가 알고 있는 것이 얼마나 하잘것없는 것인지를 강조하는 것 사이에서 갈팡질팡하고 있다. 마거릿 겔러는 우주의 역사를 이해하는 데 있어서 우리가 처해 있는 어려움을, 영화가 시작되면서 몇 장면을 본 다음 영화가 거의 끝나갈 무렵까지 내처 잠을 자버렸기 때문에, 아주 당연하게도 그 사이에 어떤 사건이 전개되었는지 추측만이라도 하기 위해 엄청난 정신적 노력을 해야만 하는 영화 관객에 비유하기를 좋아한다. 이 비유에서 처음 몇 장면은 절대적으로 평탄한 우주로부터 아주 미세한 일탈을 보여 주고 있는 우주배경복사의 관측에 해당하는 것이며, 끝의 몇 장면들은 현재 우리가 보고 있는 우주의 모습을 나타낸다. 우리가 수십억 광년 떨어져 있는 은하 무리들(도판 12)을 관측할 때, 시간을 멀리까지 거슬러 올라간다 하더라도 우리는 우주배경복사가 자유롭게 진행하기 시작했던 때인 대폭발 이후 1백만 년과, 퀘이사와 은하들이 엄청난 수로 이미 형성된 때인 1, 20억 년 후 사이의 기간에 걸치는 것인, 사라져 버린 중요한 장면들을 볼 수 없을 것이다.

앞으로의 10여 년 동안, 엄청나게 개선된 적외선 검출 장치와 함께 더 나아진 천체망원경들이 도플러 효과가 그림을 그려 놓았을 사라진 장면들 중 일부를 발견한다는 희망을 주게 될 것이다——어린 은하들과 아직도 생성중인 은하들로부터의 복사는 1차적으로는 적외선으로 나타난다. 따라서 2000년대초가 되면, 우리는 은하들이 어떻게 형성되었는지에 대해 훨씬 더 잘 이해하고 있게 될 것이다. 또한 그럴 가능성이 충분히 있는 일로서, 만약 천문학자들이 허블 상수의 실제적인 값을 결정하여 가장 오래된 별들의 나이가 얼마나 된 것인가 하는 문제를 해결할 수 있게 된다면, 우리는 그들에게 훌륭한 일련의 성취에 대해 축하를 보낼 수 있게 될 것이다. 하지만 이것이 은하들은 어떻게 형성되었는가, 우주의 대부분은 무엇으로 이루어져 있는 것인가, 그리고 우주의 미래에는 무엇이 기다리고 있는가 하는 것과 같은, 현재 불붙어 있는 우주학적 논쟁을 말끔하게 해결해 줄 것이라고 상상한다면 그것은 어리석은 일일 것이다. 그리고 이 책이 보다 새로운 학문적 저술 더미에 파묻혀 보이지 않게 될 때쯤이면 엄청나고 새로운 우주학적 의문점들이 나타나, 현재의 의문점들만큼이나 활발하게 대답을 요구하고 있게 되리라는 것을 자신 있게 예측해 볼 수도 있는 것이다.

색 인

박범수
경희대 영문과 졸업, 동 대학원 석사
현재 영어 번역가로 활동
역서: 《클래식》《미술사학 입문》《본다는 것의 의미》
《고고학이란 무엇인가》《판타지 공장》《이혼의 역사》

문예신서
198

아인슈타인의 최대 실수

초판발행: 2002년 12월 20일

지은이: 도널드 골드스미스
옮긴이: 박범수
총편집: 韓仁淑
펴낸곳: 東文選
제10-64호, 78.12.16 등록
110-300 서울 종로구 관훈동 74
전화: 737-2795

ISBN 89-8038-247-2 94440
ISBN 89-8038-000-3 (문예신서)

東文選 現代新書 100

철학적 기본 개념

라파엘 페르버

조국현 옮김

우리는 모두 철학을 가지고 있다. 철학의 싹이 우리 속에 있기 때문에 우리는 철학을 할 수 있다. 물론 보편 정신의 철학은 발전되지 못했을 뿐만 아니라 때때로 잘못되어 있다. 이러한 사실을 놓고 볼 때 철학 외적인 입장이 아닌 철학적 입장에서 철학을 교정할 수 있다는 점이 중요하다. 우리는 철학을 밖에서 바라보기 위해 철학 밖으로 나갈 수 없다. 마찬가지로 우리 일상철학의 옳고 그름을 판단할 수 있는 척도를 제시할 특정한 관점을 얻으려고 철학 밖으로 나갈 수도 없다. 보편 정신은 오히려 스스로 이러한 척도를 세워야 하며, 자가 교정을 위한 요소들을 자신으로부터 찾아내야 한다. 여기에 딱 들어맞는 말이 있다. 언어에 대해서 말하기 위한 언어 밖의 관점이 존재하지 않는 것처럼 철학에 대해서 철학하기 위한 철학 밖의 관점이 존재하지 않는다. 철학 밖에 철학적 입장이 존재하지 않는다는 점에서 철학하기의 필연성이 도출된다. 아리스토텔레스는 다음과 같은 딜레마를 통해 철학하기의 필연성을 역설한다. 철학을 할 필요가 없다는 것을 증명하려면 철학을 해야 한다. 따라서 인간은 어떤 경우에도 철학을 해야 한다.

이 책은 철학을 공부하는 학생과 철학에 흥미를 느끼는 일반인을 위한 작은 사고력 훈련 학교이다. 저자는 철학적 기본 개념인 '철학' '언어' '인식' '진리' '존재' 그리고 '선'의 세계로 독자를 안내한다. 저자는 철학의 내용·방법 그리고 철학적 요구의 문제에 대해서 알기 쉬우면서도 수준 높게 접근한다. 이 책은 철학 입문서이며, 동시에 새로운 관점에서 플라톤 철학과 분석 철학을 결합시키려고 시도하는 저자의 체계적인 사고 과정을 보여 준다.

프랙탈 구조로 씌어진 미래 여행 안내서

미래를 원한다

조엘 드 로스네[著]

김덕희 + 문 선[譯]

조엘 드 로스네

미래를 원한다

미래는 이렇게 준비되어 있다. 앉아서 기다릴 것인가, 창조해 나갈 것인가? 그리고 우리는 무엇을 준비해야 할 것인가?

정치가들은 10년을 마치 영원한 것처럼 보고 있다. 그들이 말하는 미래는 주로 다음 선거기간에 초점이 맞추어져 있다. 그런 그들에게 우리의 미래를 맡길 수는 없다. 오랫동안 신비한 미래의 지평선처럼 여겨왔던 2000년은 이제 진부한 것이 되어 버렸다. 2100년조차도 현재 진행중인 사업운영적 측면에서 거의 흥미를 끌지 못한다. 다시 말해 100년 앞을 내다보아도 결코 충분치 않다는 말이다.

미국 MIT대학 교수 및 프랑스 파스퇴르 연구소 응용연구원을 역임한 바 있으며, 현재 프랑스 과학산업단지 국제협력관계 임원인 조엘 드 로스네 박사의 2000년대에 대한 고찰은 과학과 기술 분야를 넘어선다. 그는 미래 세계에 필요한 새로운 정치적·경제적·환경적·문화적 접근을 해보인다. 보다 정당하고 보다 공평한 사회를 건설하기 위해 미래의 학교와 언론·산업은 어떻게 구상되어야 하는가?

지금의 청소년들의 미래는 어떤 모습이며, 무엇을 가르치고 준비시켜야 할까? 미래 세계를 향한 흥미진진한 여행 안내서로서 미래를 꿈꾸는 자라면 반드시 읽어야 할 필독서!

【주요 내용】

- 새로운 생명기능 출현
- 프랙탈 시간, 프랙탈 지식
- 카오스의 언저리
- 가이아와 사이바이온트의 공생
- 마법의 수정구슬
- 다섯번째 패러다임
- 배운다는 것은 제거한다는 것이다
- 기생경제, 빅 브라더, 전자마약
- 가상현실 : 복제와 편재성
- 역마케팅과 선별마케팅
- 미래의 정부, 미래의 언론
- 지능적 기업, 가상기업

東文選 現代新書 16

딸에게 들려 주는 작은 철학

롤란트 시몬 셰퍼

안상원 옮김

★독일 청소년 저작상 수상(97)

★청소년을 위한 좋은 책(99, 한국간행물윤리위원회)

작은 철학이 큰사람을 만든다. 아이들과 철학을 이야기하는 것이 요즘 유행처럼 되었다. 아이들에게 철학을 감추지 않는 것, 그것은 분명히 옳은 일이다. 세계에 대한 어른들의 질문이나 아이들의 질문들은 종종 큰 차이가 없으며, 철학은 여기에 답을 줄 수 있다. 이 작은 책은 신중하고 재미있게, 그러면서도 주도면밀하게 철학의 질문들에 대답해 준다.

이 책의 저자 시몬 셰퍼 교수는 독일의 원로 철학자이다. 그가 원숙한 나이에 철학에 대한 깊은 이해를 가지고 자신의 딸이거나 손녀로 가정되고 있는 베레니케에게 대화하듯 철학 이야기를 들려 주고 있다. 만약 그 어려운 수수께끼를 설명한다면 어떻게 할 것인가를 모형적으로 제시하고 있다.

철학은 우리의 구체적인 삶과 멀리 떨어져 있는 삶이 아니다. 우리가 사용하고 있는 말이란 무엇이며, 안다는 것은 무엇인가. 세계와 자연, 사회와 도덕적 질서, 신과 인간의 의미는 무엇인가 등 철학적 사유의 본질적 테마들로 모두 아홉 개의 장으로 나누어 이야기하고 있다. 쉽게 서술되었지만 내용은 무게를 가지고 있어서 중·고등학생뿐만 아니라 대학생과 성인들에게 철학에 대한 평이한 길라잡이가 될 것이다.

東文選 現代新書 1

21세기를 위한 새로운 엘리트

FORSEEN 연구소 (프)

김경현 옮김

우리 사회의 미래를 누르고 있는 경제적·사회적 그리고 도덕적 불확실성과 격변하는 세계에서 새로운 지표들을 찾는 어려움은 엘리트들의 역할과 책임에 대한 재고를 요구한다.

엘리트의 쇄신은 불가피하다. 미래의 지도자들은 어떠한 모습을 갖게 될 것인가? 그들은 어떠한 조건하의 위기 속에서 흔들린 그들의 신뢰도를 다시금 회복할 수 있을 것인가? 기업의 경영을 위해 어떠한 변화를 기대해야 할 것인가? 미래의 결정자들을 위해서 어떠한 교육이 필요한가? 다가오는 시대의 의사결정자들에게 필요한 자질들은 어떠한 것들일까?

이 한 권의 연구보고서는 21세기를 이끌어 나갈 엘리트들에 대한 기대와 조건분석을 시도하고 있으며, 구체적으로 그들이 담당할 역할과 반드시 갖추어야 될 미래에 대한 비전을 제시하고 있다.

본서는 프랑스의 세계적인 커뮤니케이션 그룹인 아바스 그룹 산하의 포르셍 연구소에서 펴낸 《미래에 대한 예측총서》 중의 하나이다. 63개국에 걸친 연구원들의 활동을 바탕으로 세계적인 차원에서 우리 사회를 변화시키게 될 여러 가지 추세들을 깊숙이 파악하고 있다.

사회학적 추세를 연구하는 포르셍 연구소의 이번 연구는 단순히 미래를 예측하는 데에 그치는 것이 아니라, 미래를 준비하는 자들로 하여금 보충적인 성찰의 요소들을 비롯해서, 그들을 에워싸고 있는 세계에 대한 보다 넓은 이해를 지닌 상태에서 행동하고 앞날을 맞이하게끔 하기 위해서 이 관찰을 활용하자는 것이다.

東文選 現代新書 81

영원한 황홀

파스칼 브뤼크네르

김웅권 옮김

“당신은 행복해지기 위해 사는가?”

당신은 왜 사는가? 전통적으로 많이 들어온 유명한 답변 중 하나는 “행복해지기 위해서 산다”이다. 이때 ‘행복’은 우리에게 목표가 되고, 스트레스가 되며, 역설적으로 불행의 원천이 된다. 브뤼크네르는 그러한 ‘행복의 강박증’으로부터 당신을 치유하기 위해 이 책을 썼다. 프랑스의 전 언론이 기립박수에 가까운 찬사를 보낸 이 책은 사실상 석 달 가까이 베스트셀러 1위를 지켜내면서 프랑스를 ‘들었다 놓은’ 철학 에세이이다.

“어떻게 지내십니까? 잘 지내시죠?”라고 묻는 인사말에도 상대에게 행복을 강제하는 이데올로기가 숨쉬고 있다. 당신은 행복을 숭배하고 있다. 그것은 서구 사회를 침윤하고 있는 집단적 마취제다. 당신은 인정해야 한다. 불행도 분명 삶의 뿌리다. 그 뿌리는 결코 뽑히지 않는다. 이것을 받아들일 때 당신은 ‘행복의 의무’로부터 해방될 것이고, 행복하지 않아도 부끄럽지 않게 될 것이다.

대신 저자는 자유롭고 개인적인 안락을 제안한다. ‘행복은 어림치고 접근해서 조용히 잡아야 하는 것’이다. 현대인들의 ‘저속한 허식’인 행복의 웅덩이로부터 당신 자신을 건져내라. 그때 ‘빛나지도 계속되지도 않는 것이 지닌 부드러움과 덧없음’이 당신을 따뜻이 안아 줄 것이다. 그곳에 영원한 만족감이 있다.

중세에서 현대까지 동서의 명현석학과 문호들을 풍부하게 인용하는 저자의 깊은 지식샘, 그리고 혀끝에 맛을 느끼게 해줄 듯 명징하게 떠오르는 탁월한 비유 문장들은 이 책을 오래오래 되읽고 싶은 욕심을 갖게 한다. 독자들께 권해 드린다. — 조선일보, 2001. 11. 3.

東文選 現代新書 98

미국식 사회 모델

쥐스탱 바이스

김종명 옮김

미국 (똑)바로 알기! 미국은 이제 단지 전세계의 모델이 아니다. 미국은 이미 세계 그 자체이다. 현재와 같은 군사적 · 문화적 · 경제적 반식민 상태에서 우리가 미국을 제대로 바라볼 수 있을까? 우리는 미국을 얼마나 알고 있으며, 또 한국과 미국의 비교는 가능한가? 한편으로는 대북 문제에서부터 금메달 및 개고기 문제에 이르기까지, 다른 한편으로는 병역기피성 미국시민권 취득에서부터 미국 가서 아이낳기 붐에 이르기까지, 사사건건 구겨진 자존심에 감정적으로 대응해서야 어찌 미국을 제대로 알 수 있겠는가.

본서는 구소련의 붕괴 이후 자유주의 모델의 국가들 중에서 다른 어떤 나라들보다도 더 보편성을 추구하였고, 그래서 전인류에게 모범이 될 만한 사회 · 정치를 포괄하는 하나의 체계, 즉 완비된 모델을 제시하려고 노력하는 미국과 프랑스를 비교 · 분석하고 있다.

유럽의 계몽주의에 뿌리를 둔 미국과 프랑스의 보편주의는 미국과 구소련 사이의 대립 앞에서 오랫동안 인식되지 못했으나, 냉전이 끝난 오늘날에는 이 둘의 차이가 새삼스레 부각되고 있다. 한때 그 역사적 몰락이 예고되었다고 믿었던 미국의 힘이 1980년대말 이래로 전세계에 그 광휘를 드러내고 있으며, 이전의 그 어느때보다도 더욱 전세계에 그들의 행동 양식과 경제에 대한 가르침을 주려는 기세이다. 이와 달리 연합된 유럽을 대표하는 프랑스식 모델은 거의 배타적으로 영향력을 행사하는 미국식 모델 때문에 점점 외부로의 영향력을 상실하고 있고, 내적으로도 그 정체성을 잃어가고 있다.

바로 이런 시점에서 본서는 유럽의 견유주의를 대표하는 프랑스식 모델과 월슨주의를 표방하는 미국식 모델이 정치적 · 경제적 · 사회적 측면에서 어떻게 다른지를 비교 · 분석해 주고 있다.